Messunsicherheit bei Koordinatenmessungen

Michael Hernla

Messunsicherheit bei Koordinatenmessungen

Ermittlung der aufgabenspezifischen Messunsicherheit durch Unsicherheitsbilanzen

4., überarbeitete und erweiterte Auflage

Bibliografische Information der Deutschen Nationalbibliothek
Die Deutsche Nationalbibliothek verzeichnet diese Publikation in der Deutschen Nationalbibliografie; detaillierte bibliografische Daten sind im Internet über http://dnb.dnb.de abrufbar.

Dischingerweg 5 · D-72070 Tübingen

Internet: www.expertverlag.de
eMail: info@verlag.expert

Printed in Germany

ISBN 978-3-8169-3509-4 (Print)
ISBN 978-3-8169-8509-9 (ePDF)

Vorwort des Autors

Die Ermittlung der Messunsicherheit von Koordinatenmessungen schien lange Zeit ein schwierig lösbares Problem zu sein. Die Betreiber bzw. Bediener von Koordinatenmessgeräten waren hier in der Regel allein auf ihre Erfahrung aus der täglichen praktischen Arbeit angewiesen.
Dieses Buch stellt den ersten Versuch dar, das bisher bekannte Wissen zum Thema zusammenzufassen und in eine einigermaßen bequem handhabbare Form zu bringen. Dabei werden sowohl Messtechniker angesprochen, die mit möglichst geringem Aufwand die Messunsicherheit für ein definiertes und einmal gemessenes Prüfmerkmal ermitteln wollen, als auch Personenkreise mit einem gewissen theoretischen Interesse an Hintergrundwissen.
In den Text sind sowohl die mathematischen Grundlagen als auch praktische Erfahrungen eingeflossen, die der Autor in seiner eigenen beruflichen Tätigkeit gesammelt hat. Neu sind vor allem die Berechnungstabellen zur Berechnung der Messunsicherheit für eine Reihe von häufigen und typischen Prüfmerkmalen bei Koordinatenmessungen, die an Hand von Beispielen erläutert werden, und für die entsprechende Formulare als Arbeitsblätter zur Verfügung stehen.
Es ist zu hoffen, dass mit diesem Buch etwas mehr Klarheit in die Problematik kommt, und dass die Ermittlung der Messunsicherheit von Koordinatenmessungen damit zu einer Art Routinetätigkeit werden kann. Für Verbesserungsvorschläge sind Verlag und Autor offen und dankbar.

Dortmund, November 2006 Michael Hernla

Vorwort zur 2. Auflage

Die Berechnung der Messunsicherheit von Koordinatenmessungen hat sich inzwischen in der Praxis bewährt. Die Methode ist Gegenstand der Richtlinie VDI/VDE 2617 Blatt 11 Messunsicherheitsbilanzen und wurde von der Deutschen Akkreditierungsstelle DAkkS als ein Verfahren zur Bestimmung der Messunsicherheit bei der Akkreditierung von Prüflaboratorien in der Koordinatenmesstechnik nach ISO 17025 anerkannt.
Außerdem liegen Vergleiche mit den anderen Methoden zur Ermittlung der Messunsicherheit und zur Wirtschaftlichkeit vor, über die im Buch berichtet wird.

In der zweiten Auflage wurden die wohl leider unvermeidlichen Fehler korrigiert sowie der Inhalt wesentlich überarbeitet und um folgende Merkmale erweitert:

- Formabweichung auch für Linien- und Flächenform
- Alle Arten von Lauf und Gesamtlauf
- Bei mehreren Tastern bzw. Tasterstellungen Abschätzung der Rotationsabweichungen aus dem Grenzwert der Mehrfachtaster-Ortsabweichung nach ISO 10360-5
- Messunsicherheit für Position, Linien- und Flächenform für beliebige Punkte und Orientierungen im Bezugssystem

An weiteren Themen wird noch gearbeitet, z.B. Abweichungen des Drehtisches, die Verwendung weiterer (vor allem optischer) Sensoren auf Koordinatenmessgeräten oder die Ausweitung auf verschiedene Arten von Koordinatenmesssystemen. Hier liegen zwar Ideen und einzelne Anwendungen vor, für eine systematische Aufbereitung braucht die Ermittlung der Messunsicherheit jedoch noch Zeit zur Reife.

Dortmund, Juni 2014 Michael Hernla

Vorwort zur 4. Auflage

Seit Erscheinen der ersten Auflage dieses Buches im Jahr 2007 haben sich die hier beschriebenen Messunsicherheitsbilanzen zu einer Art Standard in der Koordinatenmesstechnik entwickelt. Es liegen umfangreiche Anwendungserfahrungen vor, und die Anwendungsmöglichkeiten wurden deutlich erweitert.

Inzwischen gibt es neben den klassischen taktilen Koordinatenmessgeräten Versionen für Gelenkarm-KMG, optische Koordinatenmesssysteme (OKMS), KMG mit Bildverarbeitung, Multisensor-KMG und Röntgen-Computertomografiegeräte (CT). Für den Autor selbst überraschend, ließen sich die ursprünglich nur für taktile KMG vorgesehenen Berechnungen relativ leicht an die Besonderheiten dieser anderen Arten von Koordinatenmesssystemen anpassen. Hier wird auf die wesentlichen Besonderheiten eingegangen, ohne alle Unterschiede im Detail zu beschreiben.

Die Messunsicherheitsbilanzen sind heute mit der Richtlinie VDI/VDE 2617 Blatt 11 als eine Voraussetzung zur Akkreditierung von Prüf- und von Kalibrierlaboratorien sowohl von der Deutschen (DAkkS) als auch von der Schweizer Akkreditierungsstelle (SAS) anerkannt.

In der aktuellen Auflage wurde zusätzlich die Messung mit Drehtisch aufgenommen. Die Best-Einpassung von Lochmustern nach Gauß und nach Tschebyschew wurde komplett neu hinzugefügt, ebenso die Unsicherheiten der Scheitelpunkte am Kreisausschnitt und an der Halbkugel.
Die Kapitel zum Virtuellen KMG (VCMM) und zur Ermittlungsmethode mit kalibrierten Werkstücken wurden an die neuesten Entwicklungen angepasst. Die Beschreibungen der einzelnen Berechnungstabellen wurden überarbeitet, so dass damit der aktuelle Stand der Messunsicherheitsbilanzen dokumentiert ist.

Zum Schluss wurde das Kapitel über die unabhängigen Messabweichungen erweitert, um die vielfältigen Anwendungsmöglichkeiten zu veranschaulichen.

Dortmund, April 2020 Michael Hernla

Inhalt

1	Einleitung	1
2	Grundlagen	2
2.1	Begriffe	2
2.2	Messunsicherheit	4
2.3	Ermittlung der Messunsicherheit	7
2.3.1	Mathematisches Modell	7
2.3.2	Eingangsgrößen	7
2.3.3	Methoden A und B	7
2.3.4	Standardunsicherheiten	7
2.3.5	Sensitivitätskoeffizienten	8
2.3.6	Standardunsicherheit der Messgröße	8
2.3.7	Erweiterte Messunsicherheit	9
2.4	Andere Verteilungen	10
2.5	Systematische Messabweichungen	12
2.6	Messprozesseignung	13
2.7	Bestätigung der Konformität	15
3	Besonderheiten von Koordinatenmessungen	16
3.1	Überblick	16
3.2	Ausgleichsrechnung	17
3.2.1	Einführung	17
3.2.2	Kovarianzmatrix	18
3.2.3	Kreis	19
3.2.4	Kugel	24
3.2.5	Ebene	27
3.2.6	Zylinder	29
3.2.7	Kegel	31
3.2.8	Bevorzugte Messpunktanordnungen	35
3.2.9	Lochmuster	36
3.3	Geometrieabweichungen	39
3.3.1	Längenmessabweichungen	39
3.3.2	Richtungsabweichungen	41
3.3.3	Formabweichungen	43
3.3.4	Vereinfachte Grenzwerte	45
3.3.5	Beispiel	47
4	Einflussgrößen bei Koordinatenmessungen	48
4.1	Allgemeines	48
4.2	Werkstückoberfläche	49
4.2.1	Ermittlungsmethode B	49
4.2.2	Ermittlungsmethode A	51
4.3	Taster	52
4.3.1	Einmessen	52
4.3.2	Rotationsabweichungen	52
4.4	Geometrieabweichungen	55

4.5 Temperatur 56
4.6 Definition der Messgröße 59
4.7 Lageabweichungen 62
4.8 Bezugssystem 65
4.9 Drehtisch 67
4.10 Aufspannung 69

5 Virtuelles KMG 70
5.1 Konzept 70
5.2 Vorgehen 71
5.3 Beispiel 72
5.4 Grenzen der Methode 73

6 Kalibrierte Werkstücke 74
6.1 Konzept 74
6.2 Vorgehen 74
6.3 Beispiel 75
6.4 Grenzen der Methode 77

7 Berechnung der Messunsicherheit 78
7.1 Allgemeines 78
7.2 Vorgehen 79
7.3 Beispiele 81
7.3.1 Überblick 81
7.3.2 Durchmesser 83
7.3.3 Abstand 85
7.3.4 Position 89
7.3.5 Symmetrie 95
7.3.6 Koaxialität 99
7.3.7 Koaxialität zur gemeinsamen Achse 101
7.3.8 Richtung 105
7.3.9 Form 108
7.4 Grenzen der Methode 110
7.5 Anwendung in der Praxis 111

8 Berechnungstabellen 115
8.1 Überblick 115
8.2 Durchmesser 117
8.3 Abstand 119
8.4 Position 124
8.5 Symmetrie 133
8.6 Koaxialität 139
8.7 Koaxialität zur gemeinsamen Achse 143
8.8 Richtung und Winkel 146
8.9 Form 151
8.10 Lauf 153

9 Andere Bauformen und Sensoren 154
9.1 Überblick 154
9.2 Gelenkarm-KMG 154

9.3 Optische Koordinatenmesssysteme 155
9.4 KMG mit Bildverarbeitung 156
9.5 Multisensor-KMG 158
9.6 Computertomografiegeräte 160

10 Unabhängige Messabweichungen 162
10.1 Fragestellung 162
10.2 Filterung 163
10.3 Harmonische Analyse 164
10.4 Modell für Oberflächenmessungen 165
10.5 Messunsicherheit 167
10.6 Beispiele 169

11 Literatur 171

Stichwortregister 175

1 Einleitung

Die Ermittlung und Angabe der Messunsicherheit von Koordinatenmessungen ist die Grundvoraussetzung für vergleichbare Messergebnisse, die benötigt werden für

- die Beurteilung der Eignung von Prüfprozessen,
- die Bestätigung der Konformität von Messergebnissen mit Spezifikationen und
- die Sicherstellung der weltweiten Austauschbarkeit von Produkten.

In den bekannten Normen ISO 10360 ff. und Richtlinien VDI/VDE 2617 ff. werden die Kenngrößen und Prüfverfahren für die Genauigkeit von Koordinatenmessgeräten beschrieben. Sie eignen sich jedoch nicht zur Ermittlung der aufgabenspezifischen Messunsicherheit von beliebigen Prüfmerkmalen. Diese hängt ganz wesentlich von der Anzahl und Lage der Messpunkte auf der durch Formabweichungen geprägten Oberfläche des Werkstücks ab.

Dazu wurden erst in der jüngeren Vergangenheit die Methoden der numerischen Simulation (Virtuelles KMG) bzw. mit kalibrierten Werkstücken sowie die Berechnung aus den abgeschätzten Einzeleinflüssen entwickelt (Messunsicherheitsbilanz). Die letztere ist mit dem geringsten Aufwand verbunden.

Das Buch vermittelt die Grundlagen zur Ermittlung der Messunsicherheit nach dem international anerkannten Leitfaden zur Angabe der Unsicherheit beim Messen (GUM) sowie die Umsetzung der dort beschriebenen Methoden bei Koordinatenmessungen. Schwerpunkt ist die Berechnung der Messunsicherheit für eine breite Auswahl von häufigen Prüfmerkmalen, die durch entsprechende Berechnungstabellen unterstützt wird.

Themen:

- Grundbegriffe
- Ermittlung der Messunsicherheit nach GUM
- Besonderheiten von Koordinatenmessungen
- Eingangsgrößen bei Koordinatenmessungen
- Messunsicherheit mit dem Virtuellen KMG
- Messunsicherheit mit kalibrierten Werkstücken
- Beispiele zur Berechnung der Messunsicherheit
- Messunsicherheitsbilanzen für Durchmesser, Abstand, Position, Symmetrie, Koaxialität, Koaxialität zur gemeinsamen Achse, Richtung, Winkel, Form, Lauf
- Andere Arten von Koordinatenmesssystemen: Gelenkarm-KMG, optische Koordinatenmesssysteme, KMG mit Bildverarbeitung, Multisensor-KMG, Röntgen-Computertomografiegeräte (CT)
- Ausblick: Unabhängige Messabweichungen

2 Grundlagen

2.1 Begriffe

Die folgenden Begriffserklärungen beruhen im wesentlichen auf dem Internationalen Wörterbuch der Metrologie (VIM) [25] und wurden in einigen Fällen gekürzt bzw. umformuliert.

Einflussgröße	Physikalische Größe, die sich bei einer direkten Messung nicht auf die Messgröße auswirkt, aber die Beziehung zwischen der Anzeige und dem Messergebnis beeinflusst
Eingangsgröße	Physikalische Größe, die gemessen werden oder auf andere Weise ermittelt werden muss, um einen Messwert der Messgröße zu erhalten; Bestandteil des Modells der Messung
Fehlergrenze	Grenzwert der laut Spezifikation zulässigen Messabweichungen eines Messmittels in Bezug auf einen Referenzwert
Genauigkeit	Ausmaß der Annäherung eines Messwertes an den (unbekannten) wahren Wert der Messgröße; setzt sich aus Richtigkeit und Präzision zusammen; Qualitativer Begriff, der nicht für Zahlenangaben verwendet werden darf
Justieren	Verändern des Messmittels, um festgelegte Anzeigewerte für die Werte einer Messgröße zu erhalten
Kalibrieren	Herstellen einer Beziehung zwischen dem Größenwert eines Normals und einem Anzeigewert mit der beigeordneten Messunsicherheit sowie Herstellen einer Beziehung zwischen einem Anzeigewert und einem Messergebnis
Kalibrierschein	Dokument über das Ergebnis einer Kalibrierung und die Rückführung eines Messergebnisses zur nächsthöheren Ebene der Kalibrierhierarchie bis zum nationalen Normal; enthält Angaben zum Messverfahren und das Messergebnis einschließlich der Messunsicherheit (auch: Kalibrierbericht)
Messabweichung	Differenz zwischen dem Messwert und dem Bezugswert (richtigen Wert) der Messgröße
Messen	Experimentelle Ermittlung des Größenwertes der Messgröße
Messergebnis	Der Messgröße zugewiesener Größenwert (Messwert) und seine Messunsicherheit; diese kann durch eine Wahrscheinlichkeitsdichtefunktion beschrieben, durch einen Zahlenwert ausgedrückt oder manchmal auch vernachlässigt werden
Messgröße	Größe, die gemessen werden soll (Prüfmerkmal)

Messprozess	Alle systematisch geplanten Tätigkeiten und zufällig auftretenden Ereignisse während des Ablaufs einer Messung; umfasst mindestens Messobjekt, Messmittel, Normale, Hilfsmittel, Handhabung und Umgebungseinflüsse
Messprozesseignung	Eigenschaft eines Messprozesses, eine Messgröße mit einer ausreichenden Genauigkeit zu messen; wird anhand des Verhältnisses der Messunsicherheit U des Messverfahrens zur Toleranz T des Prüfmerkmals bewertet
Messunsicherheit	Dem Messergebnis beigeordneter Parameter, der die mögliche Streuung der Messwerte kennzeichnet; meist wird die erweiterte Messunsicherheit U für eine Überdeckungswahrscheinlichkeit (Vertrauensniveau) von 95 % angegeben
Präzision	Ausmaß der Übereinstimmung von Anzeigen oder Messwerten an denselben oder ähnlichen Objekten unter vorgegebenen Bedingungen; Teil der Genauigkeit; Qualitativer Begriff, der nicht für Zahlenangaben verwendet werden darf
Prüfen	Feststellen der Übereinstimmung eines Prüfmerkmals mit der Spezifikation; Prüfen wird unterteilt in Zählen, nichtmaßliches und maßliches Prüfen, letzteres wiederum in Messen und Lehren
Prüfmittel	Alle Mittel zur Durchführung einer Prüfung, z.B. Messmittel, Lehren, Normale (Maßverkörperungen), Referenzmaterialien, Vergleichsmuster, Software, Hilfsmittel
Prüfmittelfähigkeit	Eigenschaft eines Prüfmittels, ein Prüfmerkmal mit einer ausreichenden Genauigkeit zu prüfen; wird anhand des Streubereiches der Ergebnisse statistischer Untersuchungen (z.B. *R&R*) im Verhältnis zur Toleranz T des Prüfmerkmals beurteilt; Prüfmittelfähigkeit darf nicht mit Messprozesseignung verwechselt werden
Richtigkeit	Ausmaß der Annäherung des Mittelwertes einer unendlichen Anzahl wiederholter Messwerte an einen Referenzwert; Teil der Genauigkeit; Qualitativer Begriff, der nicht für Zahlenangaben verwendet werden darf
Standardunsicherheit	Als Standardabweichung ausgedrückte Messunsicherheit (Standardmessunsicherheit)
Toleranz	Differenz zwischen Höchstwert und Mindestwert bzw. oberer und unterer Spezifikationsgrenze bzw. oberer und unterer Grenzabweichung; Formelzeichen T

2.2 Messunsicherheit

Im allgemeinen Sprachgebrauch bedeutet das Wort „Unsicherheit“ Zweifel. Der Begriff „Messunsicherheit“ drückt demnach also Zweifel an der Gültigkeit eines Messergebnisses aus. Derselbe Begriff wird aber auch für Zahlenangaben als quantitative Maße der Messunsicherheit verwendet.

Die Definition im Internationalen Wörterbuch der Metrologie (VIM) [25] lautet:

> *Nichtnegativer Parameter, der die Streuung der Werte kennzeichnet, die der Messgröße auf der Grundlage der benutzten Information beigeordnet ist*

Dieser Parameter kann z.B. eine Standardabweichung bzw. Standardunsicherheit oder ein festgelegtes Vielfaches davon sein, oder auch die halbe Spannweite eines Intervalls mit einer vorgegebenen Überdeckungswahrscheinlichkeit.
Die Messunsicherheit enthält im allgemeinen viele Komponenten. Einige dieser Komponenten können aus der statistischen Verteilung der Ergebnisse einer Messreihe ermittelt und durch Standardabweichungen gekennzeichnet werden. Die anderen Komponenten, die ebenfalls durch Standardabweichungen charakterisiert werden können, werden aus angenommenen Wahrscheinlichkeitsdichteverteilungen ermittelt, die auf Erfahrung oder anderen Informationen beruhen.

Die am häufigsten vorkommende Wahrscheinlichkeitsdichteverteilung ist die Normalverteilung. Ihre Streubreite lässt sich durch die Standardabweichung s der Messwerte zu ihrem Mittelwert $\overline{x}$ beschreiben (Bild 2.1).

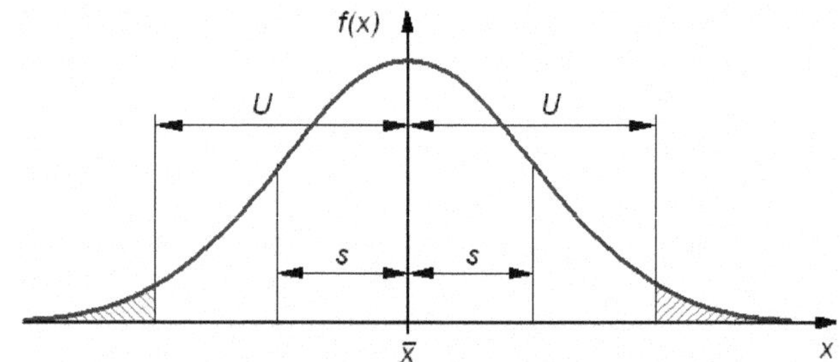

Bild 2.1: Zufallsstreubereich der Normalverteilung

Der arithmetische Mittelwert $\overline{x}$ berechnet sich dabei aus der Summe aller Messwerte, dividiert durch ihre Anzahl n:

$$\overline{x} = \frac{1}{n}\sum_{i=1}^{n} x_i \tag{2.1}$$

Die Standardabweichung s ist die mittlere quadratische Abweichung der einzelnen Messwerte von ihrem Mittelwert $\overline{x}$:

$$s = \sqrt{\frac{1}{n-1}\sum_{i=1}^{n}(x_i - \overline{x})^2} \tag{2.2}$$

Praktisch ist die Standardabweichung aber nicht besonders gut als Messunsicherheitsangabe geeignet, da nur ca. 68 % der Messwerte in dem Intervall zwischen $\overline{x}$-s und $\overline{x}$+s liegen. Ein erheblicher Anteil der Messwerte (ca. 32 %) weicht um einen größeren Betrag vom Mittelwert $\overline{x}$ ab. Deshalb wird im Leitfaden zur Angabe der Unsicherheit beim Messen (GUM) [63] die erweiterte Messunsicherheit U wie folgt definiert:

$$U = k \cdot s \qquad (2.3)$$

Der Erweiterungsfaktor wird meist mit k=2 für die Überdeckungswahrscheinlichkeit (Vertrauensniveau) P=95 % festgelegt. Die erweiterte Messunsicherheit U ist also gerade doppelt so groß wie die Standardabweichung s. In dem Intervall zwischen $\overline{x}$-U und $\overline{x}$+U liegen ca. 95 % der Messwerte. Dieser Anteil wird in den meisten Fällen als geeignet angesehen, um den Streubereich der Messwerte zu beschreiben. Es besteht dann aber immer noch ein Restrisiko von 5 %, dass Messwerte außerhalb dieses Bereiches liegen.

Werden von derselben Messgröße mehrere Werte als Stichprobe gemessen, so kann aus den Messwerten ein Stichprobenmittelwert berechnet werden. Die Streuung dieses Mittelwertes hängt von der Anzahl der Messwerte in der Stichprobe ab und ist wesentlich kleiner als die der Einzelwerte, siehe Bild 2.2.

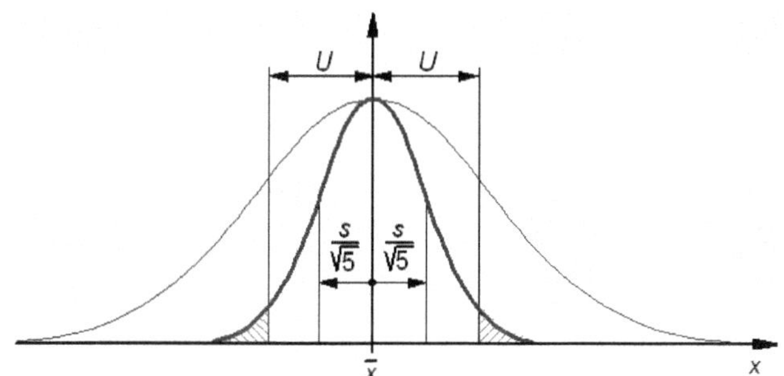

Bild 2.2: Zufallsstreubereich des Mittelwertes einer Stichprobe aus n=5 Messwerten für die Verteilung aus Bild 2.1

Die Standardabweichung $s_{\overline{x}}$ dieses Mittelwertes wird auch als Standardunsicherheit $u(x)$ bezeichnet und beträgt:

$$s_{\overline{x}} = u(x) = \frac{s}{\sqrt{n}} \qquad (2.4)$$

Die Unsicherheit ist also umgekehrt proportional zur Wurzel aus der Messwertanzahl und wird mit wachsender Messwertanzahl n kleiner. Häufig wird jedoch aus Gründen der Wirtschaftlichkeit nur einmal gemessen. Dann ergibt sich mit n=1 wieder die Standardunsicherheit des Einzelmesswertes $u(x)$=s nach Gleichung (2.2).
Die erweiterte Messunsicherheit $U_{\overline{x}}$ des Mittelwertes erhält man auch hier nach Gleichung (2.3) durch Multiplikation der Standardunsicherheit $s_{\overline{x}}$=$u(x)$ mit dem Erweiterungsfaktor k.

Wird die Standardabweichung s der Messwerte nur aus einer einzigen und noch dazu relativ kleinen Stichprobe nach Gleichung (2.2) berechnet, sind die Stichprobenmesswerte nicht normalverteilt. Dann ist von einer t-Verteilung (Student-Verteilung) der Messwerte auszugehen, und die erweiterte Messunsicherheit U berechnet sich anstelle von Gleichung (2.3) wie folgt:

$$U = s \cdot t_{1-\alpha/2,n-1} \tag{2.5}$$

Der Faktor $t_{1-\alpha/2,n-1}$ ist der Wert (das Quantil) der t-Verteilung für das zweiseitige Vertrauensniveau P=1-α und die Zahl von f=n-1 Freiheitsgraden. Die Tabelle 2.3 zeigt die Werte der t-Verteilung (Student-Verteilung) für verschiedene Freiheitsgrade f und das Vertrauensniveau P=95 %. Für kleine Stichprobenumfänge n sind die Werte deutlich größer als 2, nähern sich aber mit wachsender Messwertanzahl an den Wert 1,96 an. Zur Vereinfachung der Rechnung wurde der Erweiterungsfaktor in Gleichung (2.3) mit k=2 festgelegt.

Tabelle 2.3: Werte der t-Verteilung für das Vertrauensniveau P=95 % und verschiedene Freiheitsgrade f=n-1

f	t	f	t	f	t
1	12,71	7	2,36	24	2,06
2	4,30	8	2,31	29	2,04
3	3,18	9	2,26	39	2,02
4	2,78	11	2,20	60	2,00
5	2,57	14	2,14	120	1,98
6	2,45	19	2,10	---	1,96

Die nach Gleichung (2.5) mit dem Wert der t-Verteilung berechnete erweiterte Messunsicherheit U berücksichtigt gegenüber Gleichung (2.3) die größere Unsicherheit aus der Schätzung der Standardabweichung s aus einer kleinen Stichprobe.

Das Messergebnis y für die Messgröße Y wird mit der erweiterten Messunsicherheit U und dem Erweiterungsfaktor k in der folgenden Form angegeben:

$$Y = y \pm U \qquad \text{mit } U = k \cdot s \text{ und } k\text{=2 } (P\text{=95 \%}) \tag{2.6}$$

Die erweiterte Messunsicherheit U wird maximal mit zwei Ziffernstellen angegeben. In der Regel wird der berechnete Wert aufgerundet, er darf aber auch um maximal 5 % abgerundet werden. Der Wert y der Messgröße wird mit derselben Anzahl von Nachkommastellen angegeben.

2.3 Ermittlung der Messunsicherheit

2.3.1 Mathematisches Modell

Nach dem Leitfaden zur Angabe der Unsicherheit beim Messen (GUM) [63] ist das mathematische Modell der Messung der Ausgangspunkt der Unsicherheitsermittlung. Es beschreibt den funktionellen Zusammenhang zwischen der Messgröße Y und den Eingangsgrößen X_i einschließlich aller Korrektionen (Korrekturen) durch eine Gleichung in der Form $Y=f(X_i)$. Beispiele enthalten die Kapitel 7 und 8.

2.3.2 Eingangsgrößen

Eingangsgrößen sind alle Größen, die gemessen oder auf andere Weise ermittelt werden, um einen Messwert der Messgröße zu erhalten, und die Bestandteil des Modells der Messung sind. Die wichtigsten Eingangsgrößen bei Koordinatenmessungen werden in den Kapiteln 3 und 4 erläutert, die Kapitel 7 und 8 enthalten Beispiele.

2.3.3 Methoden A und B

Der GUM [63] unterscheidet zwei Methoden zur Ermittlung der Messunsicherheit. Bei der Methode A werden Wiederholungsmessungen durchgeführt, bei der Methode B werden bekannte Informationen herangezogen. Die Methode A erfordert z.B. bei Koordinatenmessungen das mehrmalige Messen desselben Werkstücks an verschiedenen Stellen der Oberfläche.

Bei der Methode B werden bekannte Informationen aus anderen Quellen verwendet, z.B. Angaben von Messgeräteherstellern (vor allem Fehlergrenzen der Messgeräte), Normen, Richtlinien, Tabellenbücher, Fachliteratur und andere Veröffentlichungen.

Das hier beschriebene Vorgehen beruht hauptsächlich auf der Methode B und verzichtet weitgehend auf Wiederholungsmessungen. Es kann aber in Einzelfällen sinnvoll sein, nach der Methode A z.B. dasselbe Werkstück wiederholt an verschiedenen Stellen der Oberfläche zu messen, um kleinere Messunsicherheiten zu erhalten, siehe die Abschnitte 4.2.2 und 7.5.

2.3.4 Standardunsicherheiten

Die Unsicherheiten der Eingangsgrößen werden durch Standardunsicherheiten ausgedrückt. Diese lassen sich auf verschiedenen Wegen ermitteln:

- Bei der Methode A ist die Standardunsicherheit gleich der Standardabweichung der Messreihe, also $u(x_i)=s$.
- Bei der Methode B wird die Standardunsicherheit aus dem Grenzwert und der Verteilungsform der Wahrscheinlichkeitsdichteverteilung berechnet.
- Bei Koordinatenmessungen erhält man die Standardunsicherheiten der Formelementeparameter aus der Ausgleichsrechnung selbst, siehe Kapitel 3.

Bei der Methode B ist die Standardunsicherheit $u(x_i)$ das Produkt des Grenzwertes a_i der bekannten oder angenommenen Verteilung der Eingangsgröße und des Verteilungsfaktors b_i aus Bild 2.4:

$$u(x_i) = a_i \cdot b_i \tag{2.7}$$

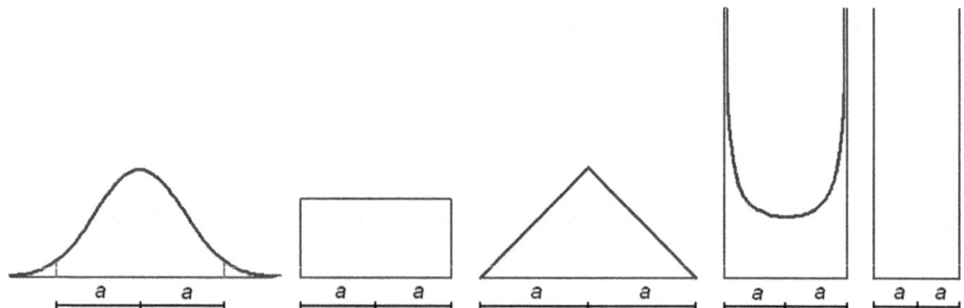

Bild 2.4: Verschiedene Wahrscheinlichkeitsdichteverteilungen mit symmetrischen Grenzwerten a, gleichen Standardunsicherheiten $u(x_i)$ und den Verteilungsfaktoren b: Normalverteilung (P=95 %) $b = 0{,}5$, Rechteckverteilung $b = 1/\sqrt{3} \approx 0{,}58$, Dreieckverteilung $b = 1/\sqrt{6} \approx 0{,}41$, Arcsin-Verteilung $b = 1/\sqrt{2} \approx 0{,}71$, Bimodale Verteilung $b = 1$

Nach dem GUM ist bei einer unbekannten Verteilungsform immer eine Rechteckverteilung anzunehmen. In vielen Fällen lässt sich aber anhand von dokumentierten Messwerten eine annähernde Normalverteilung belegen. Eine Dreieckverteilung entsteht durch Überlagerung von zwei gleich breiten Rechteckverteilungen. Eine Arcsin-Verteilung (auch: U-Verteilung) tritt z.B. bei schlecht geregelten Klimaanlagen auf, wenn periodisch abwechselnd warme und kalte Luft in den Messraum eingeblasen wird und sich damit ein sinusförmiger Temperaturverlauf ergibt. Die Bimodale Verteilung wird bei bekannten, aber nicht korrigierten systematischen Abweichungen angewendet, z.B. bei komplexen Größen in der Elektrotechnik.

2.3.5 Sensitivitätskoeffizienten

Die Sensitivitätskoeffizienten c_i (Empfindlichkeitskoeffizienten) sind die partiellen Ableitungen $\delta f/\delta x_i$ der Messgröße Y nach den einzelnen Eingangsgrößen X_i für deren aktuelle Werte x_i. Sie geben an, wie empfindlich die Messgröße auf Änderungen der jeweiligen Eingangsgröße reagiert, und sind deshalb wie Verstärkungsfaktoren anzusehen.

Bei Koordinatenmessungen sind sie z.B. dann zu beachten, wenn die Messpunkte nicht die ganze Oberfläche, sondern nur einen Teil davon erfassen, oder wenn sich die Messlänge deutlich von der Auswertelänge unterscheidet. Dementsprechend sind sie für einzelne Eingangsgrößen als Längenverhältnisse zu berechnen.

2.3.6 Standardunsicherheit der Messgröße

Unter der Voraussetzung, dass die Eingangsgrößen unabhängig voneinander sind, erhält man die Standardunsicherheit $u(y)$ der Messgröße nach dem speziellen Fortpflanzungsgesetz der Unsicherheiten aus dem GUM [63]:

$$u(y) = \sqrt{\sum_{i=1}^{N} \left(\frac{\delta f}{\delta x_i} \right)^2 u^2(x_i)} \qquad (2.8)$$

In einer anderen Schreibweise des Fortpflanzungsgesetzes (2.8) werden die Unsicherheitsbeiträge $u_i(y)$ aller N Eingangsgrößen quadratisch addiert:

$$u(y) = \sqrt{\sum_{i=1}^{N} u_i^2(y)} \tag{2.9}$$

Bei den Parametern von Ausgleichselementen sind die Unsicherheitsbeiträge $u_i(y)$ jeweils das Produkt aus der Standardabweichung s_i der zufälligen und unabhängigen Messabweichungen, dem Faktor b_i und dem Sensitivitätskoeffizienten c_i:

$$u_i(y) = s_i \cdot b_i \cdot c_i \tag{2.10}$$

Bei allen anderen Eingangsgrößen wird das Produkt aus dem Grenzwert a_i, dem Verteilungsfaktor b_i und dem Sensitivitätskoeffizient c_i berechnet:

$$u_i(y) = a_i \cdot b_i \cdot c_i \tag{2.11}$$

2.3.7 Erweiterte Messunsicherheit

Die erweiterte Messunsicherheit U erhält man durch Multiplikation der Standardunsicherheit $u(y)$ der Messgröße mit dem Erweiterungsfaktor k:

$$U = k \cdot u(y) \tag{2.12}$$

Bei normalverteilten Messgrößen wird mit dem Erweiterungsfaktor k=2 für einen geforderten Grad des Vertrauens von etwa 95 % gerechnet. Die erweiterte Messunsicherheit U wird in der Regel auf eine Ziffernstelle aufgerundet, er darf aber auch um maximal 5 % abgerundet werden. Der Schätzwert y der Messgröße wird mit derselben Anzahl von Nachkommastellen angegeben, z.B. L= (100,000 ± 0,006) mm.

In den meisten Fällen kann man davon ausgehen, dass die Voraussetzung der normalverteilten Messgrößen erfüllt ist. Eine Besonderheit ergibt sich, wenn einzelne Unsicherheitsbeiträge $u_i(y)$ der Parameter von Ausgleichselementen relativ groß sind und aus nur einer oder wenigen Messungen gewonnen wurden. Dann kann die Wahrscheinlichkeitsdichteverteilung der Messgröße deutlich von der Normalverteilung abweichen, und es ist stattdessen von einer t-Verteilung auszugehen. An die Stelle des Faktors k=2 tritt der Wert der t-Verteilung für das zweiseitige Vertrauensniveau P=95 %, siehe Tabelle 2.3. Für die f Freiheitsgrade werden die effektiven Freiheitsgrade ν_{eff} eingesetzt, die im Einzelfall zu berechnen sind:

$$\nu_{eff} = \frac{u^4(y)}{\sum_{i=1}^{N} \frac{u_i^4(y)}{(n_i - p_i) \cdot m_i}} \tag{2.13}$$

Die Gleichung enthält die Standardunsicherheit $u(y)$ der Messgröße und die Unsicherheitsbeiträge $u_i(y)$ der Eingangsgrößen (jeweils in der vierten Potenz) sowie die Anzahl n_i der Messpunkte am Formelement. Die Variable p_i bezeichnet die Anzahl der freien Parameter des jeweiligen Formelements und m_i ggf. die Anzahl der Messungen, aus denen die mittlere Standardabweichung am Ausgleichselement ermittelt wurde.

2.4 Andere Verteilungen

Der Erweiterungsfaktor k=2 in Gleichung (2.12) gilt nur für normalverteilte Messgrößen. In den meisten Fällen kann man davon ausgehen, dass diese Voraussetzung erfüllt ist. Nach dem zentralen Grenzwertsatz der Wahrscheinlichkeitsrechnung ergibt die Überlagerung vieler voneinander unabhängiger Eingangsgrößen unabhängig von den einzelnen Verteilungen in der Regel annähernd eine Normalverteilung.

Bei Verteilungen mit gleich großen Standardabweichungen ergibt sich meist recht schnell eine Normalverteilung. Zum Beispiel erhält man bei der Überlagerung von zwei gleich breiten Rechteckverteilungen eine Dreieckverteilung. Überlagert man dazu eine dritte Rechteckverteilung mit gleicher Breite, ist das Ergebnis kaum noch von einer Normalverteilung zu unterscheiden, siehe Bild 2.5.

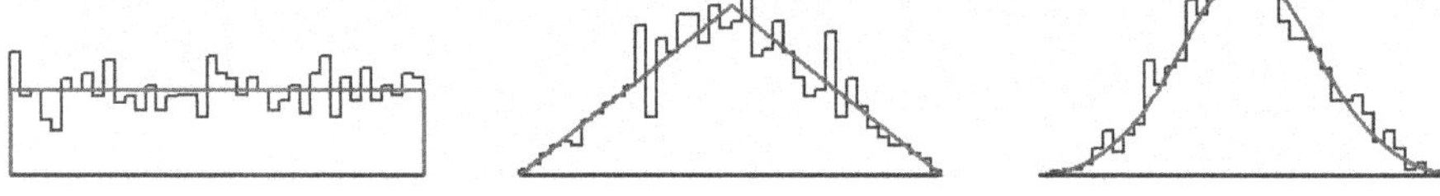

Bild 2.5: Überlagerung von gleich breiten Rechteckverteilungen durch Simulation; links 1, mitte 2, rechts 3 Verteilungen

Eine Ausnahme liegt vor, wenn eine einzelne Eingangsgröße überwiegt und deutlich von der Normalverteilung abweicht. Dann entspricht die Wahrscheinlichkeitsdichteverteilung der Messgröße häufig z.B. eher einer Rechteckverteilung, und der Erweiterungsfaktor müsste dementsprechend kleiner als k=2 gewählt werden. Er kann dann entweder berechnet oder durch Simulation ermittelt werden.

Eine Besonderheit sind die sogenannten Betragsverteilungen erster und zweiter Art, wie sie vor allem bei der Messung von Form- und Lageabweichungen auftreten, siehe die Bilder 2.6 und 2.7. Liegt der Messwert y einer Messgröße mit einer solchen Verteilung nahe bei Null, weicht ihre Form stark von der Normalverteilung ab, und die Vertrauensgrenzen sind deutlich breiter als bei der Normalverteilung.

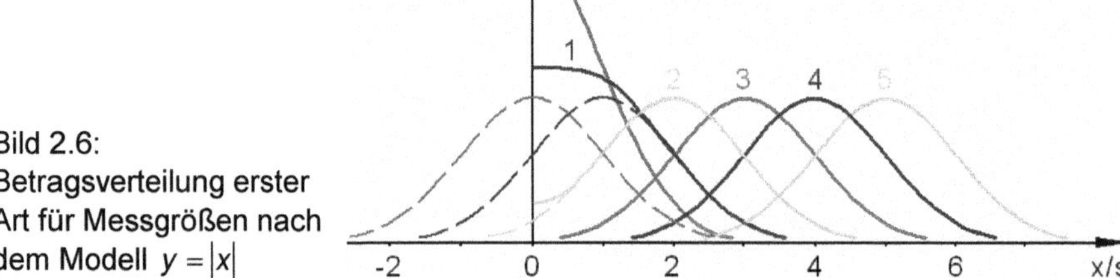

Bild 2.6: Betragsverteilung erster Art für Messgrößen nach dem Modell $y = |x|$

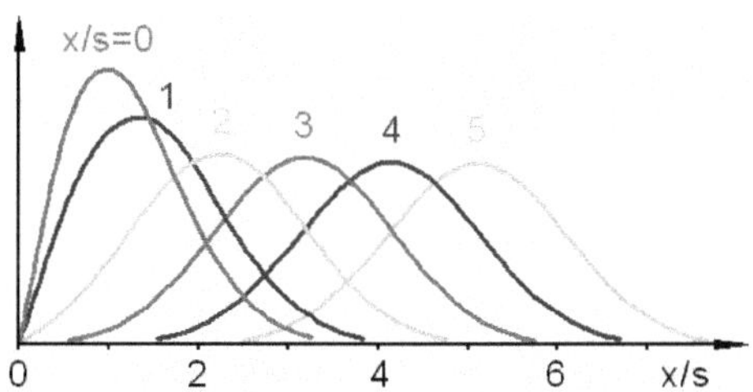

Bild 2.7:
Betragsverteilung zweiter Art für Messgrößen nach dem Modell $y = \sqrt{x}$

Das Problem kann häufig dadurch umgangen werden, dass das Entstehen der Betragsverteilung erster Art von vornherein verhindert wird. Bei der Betragsbildung geht nämlich das Vorzeichen der Abweichung verloren. Wertet man aber anstelle der Beträge die Abweichungen vorzeichenrichtig aus, erhält man immer annähernd eine Normalverteilung. Gleichzeitig lassen sich aus den Messergebnissen ganz einfach Korrekturwerte für die Fertigung ableiten.
Bei Merkmalen mit Abweichungen in zwei Koordinatenrichtungen wie z.B. Koaxialität und Position in beliebiger Richtung sind die beiden Koordinaten einzeln und vorzeichenrichtig auszuwerten. Eine andere Möglichkeit ist, die Abweichungen vorzeichenrichtig auf die Verbindungsgerade zwischen Toleranzmitte und Istlage der Abweichung zu projizieren [16]. Die so berechneten Abweichungen in radialer Richtung sind dann auch in der Toleranzmitte normalverteilt, siehe Bild 2.8.

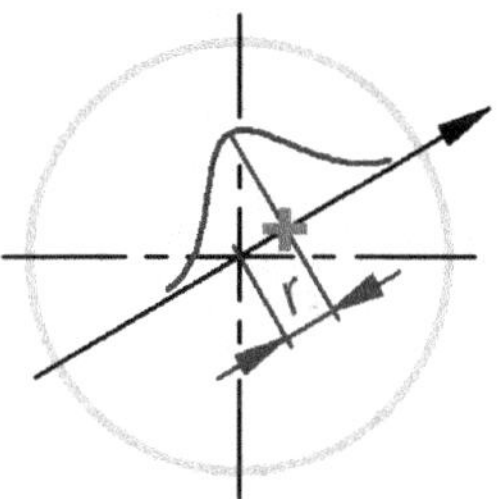

Bild 2.8:
Kreisförmige Toleranzzone und vorzeichenrichtig projizierte radiale Abweichungen

Wie die Bilder 2.6 und 2.7 zeigen, weichen die Betragsverteilungen erster und zweiter Art vor allem dann stark von der Normalverteilung ab, wenn der Messwert *y* nahe bei Null liegt. Wird der Messwert *x* größer, nähern sich die Betragsverteilungen an die Normalverteilung an. Schon bei x/s=3 sind die Messabweichungen praktisch immer normalverteilt. Hier ist der Messwert *x* nur um die Hälfte größer als die erweiterte Messunsicherheit U=2s nach Gleichung (2.3) bzw. (2.12).
Die Messunsicherheit muss aber auf jeden Fall deutlich kleiner als die Toleranz sein (siehe Abschnitt 2.6 Messprozesseignung). Das heißt, dass die Unsicherheiten für eine angenommene Normalverteilung richtig abgeschätzt werden, wenn das Messergebnis in der Nähe der Toleranzgrenze liegt.
Erst wenn der Messwert *x* nahe bei Null liegt, wird die Vertrauensgrenze der Betragsverteilung größer als die der Normalverteilung. Diese größere Unsicherheit hat aber keine Auswirkung auf die Bewertung des Messergebnisses, da diese an der Toleranzgrenze stattfindet. Die größere Unsicherheit in der Toleranzmitte hat also keine praktischen Folgen und kann damit außer acht gelassen werden.

2.5 Systematische Messabweichungen

Obwohl nach dem Leitfaden zur Angabe der Unsicherheit beim Messen (GUM) [58] bekannte systematische Abweichungen immer zu korrigieren sind, wird das in der messtechnischen Praxis häufig unterlassen. So sind Längenmessungen bei Temperaturen weit verbreitet, die von der Referenztemperatur 20°C abweichen, ohne die dadurch verursachten Längenmessabweichungen zu korrigieren. Diese Tatsache muss mit einer höheren Messunsicherheit berücksichtigt werden.
Ein dazu früher angewendetes Vorgehen war die lineare Addition des Betrages der systematischen Messabweichung b zur erweiterten Messunsicherheit U:

$$U = k \cdot u(y) + |b| \qquad (2.14)$$

Dieses Vorgehen lässt sich jedoch nicht mit den Grundsätzen des GUM vereinbaren, da dann nicht mehr von der erweiterten Messunsicherheit U mittels Division durch den Erweiterungsfaktor k auf die Standardunsicherheit $u(y)$ in (2.12) zurückgerechnet werden kann.
Stattdessen wird die bekannte systematische Abweichung b häufig quadratisch zur Standardunsicherheit $u(y)$ aller anderen Eingangsgrößen addiert. Diese enthält auch die Unsicherheit, mit der b selbst bestimmt wurde:

$$U = k \cdot \sqrt{u^2(y) + b^2} \qquad (2.15)$$

Die bekannte systematische Abweichung b kann entweder ein positives oder ein negatives Vorzeichen haben. Sie wird deshalb als eine zusätzliche Eingangsgröße mit der Standardunsicherheit $u(x_i) = b$ behandelt.
Diese Vorgehensweise hat Eingang in Normen und Richtlinien für die Koordinatenmesstechnik gefunden, z.B. DIN EN ISO 15530-3 [55], VDI/VDE 2617 Blatt 8 [63] und VDI/VDE 2630 Blatt 2.1 [67]. In [15] werden einige Konsequenzen diskutiert, z.B. dass bei großen systematischen Abweichungen zweckmäßig ein Erweiterungsfaktor k kleiner als zwei verwendet werden sollte.

Aber auch die quadratische Addition nach Gleichung (2.15) erfüllt nicht alle Anforderungen des GUM, z.B. wenn in einer Kalibrierkette mehrfach systematische Abweichungen nicht korrigiert werden [26] [34]. Diese können sich entweder addieren oder gegenseitig (teilweise) aufheben. Werden sie aber als Standardunsicherheiten quadratisch addiert, wird die Standardunsicherheit der Messgröße immer größer, unabhängig von den Vorzeichen. Deshalb wird in [26] [34] gefordert, dass bekannte systematische Abweichungen immer zu korrigieren sind. Nur am letzten Ende der Kalibrierkette ist die quadratische Addition zulässig.
Allein schon die größere Messunsicherheit nach Gleichung (2.15) sollte Anlass genug sein, bekannte systematische Abweichungen immer zu korrigieren, z.B. wenn abweichend von der Referenztemperatur 20°C gemessen wurde.

2.6 Messprozesseignung

Die Grundlagennorm für das betriebliche Qualitätsmanagement ISO 9001 [46] legt im Abschnitt 7.6 Anforderungen für die Lenkung von Überwachungs- und Messmitteln fest. Danach muss sichergestellt werden, dass Überwachungen und Messungen in einer Weise durchgeführt werden, die mit den Anforderungen an die Überwachung und Messung vereinbar ist. Das bedeutet, dass die Genauigkeit der Messungen in einem angemessenen Verhältnis zur Toleranz des Prüfmerkmals stehen soll. Diese Forderung lässt sich auf unterschiedliche Weise prüfen, wobei die Messprozesseignung und die Prüfmittelfähigkeit am weitesten verbreitet sind.

Prüfmittelfähigkeit ist die Eigenschaft eines Messmittels, ein Prüfmerkmal mit einer ausreichenden Genauigkeit zu messen. Sie wird anhand des Streubereiches der Ergebnisse statistischer Untersuchungen (z.B. *R&R*) im Verhältnis zur Toleranz T des Prüfmerkmals beurteilt [30]. Die Untersuchungen beschränken sich dabei in der Regel auf einzelne Einflüsse wie z.B. Messmittel und Prüfer (Bediener) und haben damit nur eine begrenzte Aussagekraft. Prüfmittelfähigkeit darf deshalb nicht mit Messprozesseignung verwechselt werden.

Der Messprozess umfasst dagegen alle systematisch geplanten Tätigkeiten und zufällig auftretenden Ereignisse während des Ablaufs einer Messung. Das sind mindestens Messmittel, Normale, Hilfsmittel, Messobjekt (Werkstück), Umgebungseinflüsse und Handhabung durch den Bediener. Die Messprozesseignung ist die Eigenschaft eines Messprozesses, ein Prüfmerkmal mit einer ausreichenden Genauigkeit zu messen. Sie wird anhand des Verhältnisses der Messunsicherheit U des Messverfahrens zur Toleranz T des Prüfmerkmals beurteilt.

Diese Vorgehensweise wird z.B. in der DGQ-Schrift 13-61 Prüfmittelmanagement [2] und im VDA Band 5 Prüfprozesseignung [37] verfolgt. Sie entspricht der Goldenen Regel der Fertigungsmesstechnik, die bereits in den Zwanziger Jahren des 20. Jahrhunderts formuliert wurde: Die Messunsicherheit soll nicht größer als ein Zehntel bis ein Fünftel der Toleranz sein. Diese Forderung wurde in [1] begründet und später immer wieder übernommen:

$$\frac{U}{T} \leq 0{,}1 \ldots 0{,}2 \tag{2.16}$$

Der Grenzwert der Messunsicherheit im Verhältnis zur Toleranz des Prüfmerkmals muss von dem Prozessverantwortlichen festgelegt werden. DGQ 13-61 [2] und VDA Band 5 [37] berücksichtigen zwar, dass die Kosten für die Messung mit zunehmender Genauigkeit überproportional ansteigen. Deshalb werden bei kleineren Toleranzen größere Grenzwerte U/T empfohlen. Dabei bleiben allerdings die Forderungen an den Fertigungsprozess selbst außer acht. Diese werden im folgenden diskutiert.

Bei allen Messungen vergrößert sich die fertigungsbedingte Prozesseigenstreuung s_1 durch Überlagerung mit der Streuung der Messeinrichtung s_2 zur beobachteten Prozessgesamtstreuung s [7] [10], wie sie z.B. aus einer Messreihe ermittelt wird:

$$s = \sqrt{s_1^2 + s_2^2} \tag{2.17}$$

Die Prozessgesamtstreuung s wird durch die Forderung an die Prozessfähigkeit c_p des Fertigungsprozesses begrenzt, die z.B. durch folgende Beziehung festgelegt ist:

$$c_p = \frac{T}{6 \cdot s} \tag{2.18}$$

Die erweiterte Messunsicherheit U in Gleichung (2.16) wird nach Gleichung (2.3) bzw. (2.12) mit der Standardabweichung s_2 der Messeinrichtung berechnet:

$$\frac{U}{T} = \frac{2 \cdot s_2}{T} \tag{2.19}$$

Damit ergibt sich ein Zusammenhang zwischen dem Verhältnis der Messunsicherheit U zur Toleranz T, dem Grenzwert c_p der Prozessfähigkeit und dem Verhältnis der Prozessgesamtstreuung s zur Prozesseigenstreuung s_1 (Bild 2.9):

$$\frac{s}{s_1} = \frac{1}{\sqrt{1-\left(3 \cdot c_p \frac{U}{T}\right)^2}} \tag{2.20}$$

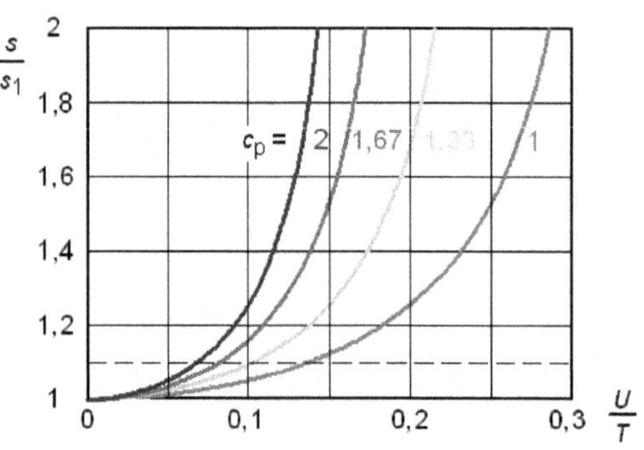

Bild 2.9: Zusammenhang zwischen der Messunsicherheit U, der Toleranz T, der Prozessfähigkeit c_p und dem Verhältnis der Prozessgesamtstreuung s zur Prozesseigenstreuung s_1

Sind die beiden Streuungen s_1 und s_2 gleich groß, beträgt das Verhältnis s/s_1=1,41, und die Prozessgesamtstreuung s ist 1,4-mal so groß wie die Prozesseigenstreuung s_1. Ist die Streuung s_2 der Messeinrichtung nur halb so groß wie die Prozesseigenstreuung, beträgt das Verhältnis s/s_1=1,12, und die Prozessgesamtstreuung s vergrößert sich um rund 10 % gegenüber s_1 (gestrichelte Linie im Bild 2.9).
Dieses Verhältnis ist sinnvoll, da die Kosten für die gleiche Streuung bei der Messeinrichtung in der Regel kleiner sind als bei der Fertigungseinrichtung. An der gestrichelten Linie im Bild 2.9 kann man deshalb den Grenzwert für das Verhältnis U/T in Abhängigkeit von dem angestrebten c_p ablesen. Bei gleicher Toleranz und zunehmender Forderung an die Prozessfähigkeit muss auch die Messunsicherheit kleiner werden: Für c_p=1 reicht U/T=0,14 aus, für c_p=1,67 muss $U/T \leq$0,08 sein.

Es ist aber nicht ohne weiteres möglich, aus der Prozessgesamtstreuung und der bekannten Messunsicherheit auf die Prozesseigenstreuung zurückzurechnen, da die Messunsicherheit auch systematische Anteile enthält. Zur Trennung der Streuungen des Fertigungs- und des Messprozesses muss parallel zur Ermittlung der Prozessstreuung ein kalibriertes Werkstück gemessen werden. Daraus sind die zufälligen und systematischen Messabweichungen zu bestimmen (siehe auch [36]).

2.7 Bestätigung der Konformität

Ein wesentlicher Bestandteil des GPS-Normensystems sind die Entscheidungsregeln zur Feststellung der Übereinstimmung oder Nicht-Übereinstimmung mit Spezifikationen nach ISO 14253-1 [55]. Aufgrund der Messunsicherheit ist es möglich, dass Entscheidungen über die Verwendbarkeit falsch getroffen werden, wenn das Messergebnis nahe an einer Spezifikationsgrenze liegt.
So könnte ein fehlerhaftes Werkstück als gut oder umgekehrt ein gutes als fehlerhaft eingestuft werden. Um das zu vermeiden, werden die Spezifikationen für den Hersteller (Lieferant) um den Betrag der Messunsicherheit eingeengt und für den Abnehmer (Kunde) entsprechend erweitert, siehe Bild 2.10. Die Messunsicherheit kann natürlich beim Hersteller und beim Abnehmer unterschiedlich groß sein.

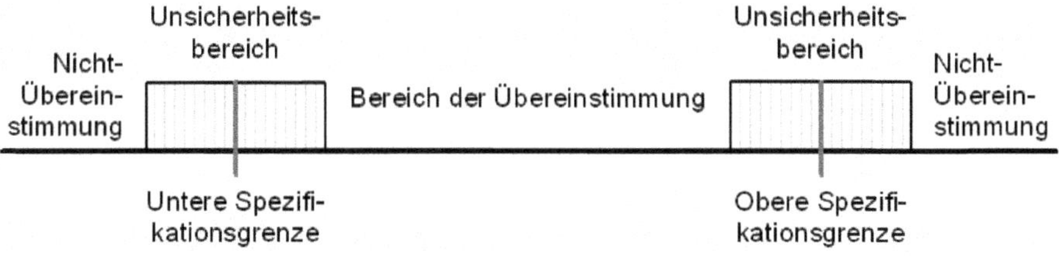

Bild 2.10: GPS-Entscheidungsregeln nach ISO 14253-1 [55]

Der Hersteller darf nur Produkte ausliefern, deren Prüfmerkmale innerhalb dieses eingeschränkten Bereichs der Übereinstimmung liegen. Der Kunde wiederum darf nur Produkte reklamieren, deren Prüfmerkmale außerhalb des erweiterten Bereiches liegen, weil nur dann zweifellos ein Fehler nachgewiesen ist.

Die Messunsicherheit wird nach dem Leitfaden zur Angabe der Unsicherheit beim Messen (GUM) [63] und ISO 14253-1 [55] als Grenze eines Vertrauensbereiches angegeben, der einem Vertrauensniveau von P=95 % entspricht. Es besteht also immer noch ein Restrisiko von 5 %, dass Messwerte außerhalb dieses Bereiches liegen und deshalb die Entscheidung trotzdem fehlerhaft ist. Das wird jedoch als vertretbar angesehen.

Die Festlegungen der Norm gelten überdies nur dann, wenn zwischen Hersteller und Abnehmer nichts anderes vereinbart ist. Ihnen ist freigestellt, in einer ausdrücklichen Vereinbarung auf die Einschränkung bzw. Erweiterung der Spezifikationen zu verzichten, so wie es der bisherigen Praxis entspricht.

Im Bereich der geometrischen Größen wurde die Messunsicherheit bisher aus zwei Gründen meist vernachlässigt: Einmal erschien der Anteil der durch die Messunsicherheit verursachten Fehlentscheidungen gering, und zum anderen war die Unsicherheit bei vielen Messungen gar nicht bekannt, um sie in der beschriebenen Weise zu berücksichtigen. Das wird sich aber mit dem Erscheinen weiterer Normen des GPS-Normensystems auf lange Sicht ändern.

3 Besonderheiten von Koordinatenmessungen

3.1 Überblick

Dieses Kapitel wendet sich ausdrücklich an den mathematisch interessierten Leser, der etwas über die Hintergründe der Formeln und Fehlergrenzen erfahren möchte, die zur Berechnung der Messunsicherheit von Koordinatenmessungen verwendet werden. Das mathematische Verständnis ist aber nicht erforderlich, um die Messunsicherheiten für einzelne Prüfmerkmale zu berechnen. Dazu werden im Kapitel 7 Beispiele und im Kapitel 8 Hilfsmittel in Form von Berechnungstabellen beschrieben.

Die wesentliche Besonderheit von Koordinatenmessungen ist die Berechnung der Messergebnisse mittels Ausgleichsrechnung. Dabei werden aus den erfassten Messpunkten mit der Methode der kleinsten Quadrate nach Gauß mittlere Formelemente berechnet, die sich in der Regel durch mehrere Ergebnisparameter charakterisieren lassen. Dementsprechend ist die Unsicherheit nach Abschnitt 3.1.7 des GUM für eine Menge zusammengehöriger Messgrößen zu ermitteln, die gleichzeitig aus derselben Messung gewonnen werden. Auf diese Weise wird der Einfluss der Anzahl und Anordnung der Messpunkte sowie der örtlichen Formabweichungen der Oberfläche des Messobjektes erfasst. Die Antastabweichungen des KMG sind aber ebenfalls enthalten. Auf die Einzelheiten wird im Abschnitt 3.2 sowie im Kapitel 4 ausführlich eingegangen.

Darüber hinaus soll auch Einfluss der Geometrieabweichungen des KMG erläutert werden. Bei allen KMG ist zwar der Grenzwert $E_{0,\,\mathrm{MPE}}$ der Längenmessabweichung spezifiziert, er gilt aber nicht für die Messung von anderen Prüfmerkmalen. Allerdings können dafür aufgrund einfacher geometrischer Zusammenhänge Grenzwerte auf der Basis des Grenzwertes $E_{0,\,\mathrm{MPE}}$ der Längenmessabweichung abgeleitet werden, siehe Abschnitt 3.3. Dabei wird vorausgesetzt, dass das KMG regelmäßig mit den in den Normen bzw. Richtlinien festgelegten Verfahren überwacht wird, und dass die festgelegten Grenzwerte jederzeit eingehalten sind.

Der Einfluss der Umgebungsbedingungen auf die Messung wird vollständig abgeschätzt. Dabei sind sowohl die Temperatureinflüsse auf das Messobjekt als auch auf das KMG selbst in Betracht zu ziehen. Einzelheiten enthält der Abschnitt 4.5.

3.2 Ausgleichsrechnung

3.2.1 Einführung

Alle Koordinatenmessgeräte arbeiten heute mit der Ausgleichsrechnung, bei der aus mehr oder weniger vielen Messpunkten besteingepasste idealgeometrische Ersatzelemente berechnet werden. Sie hat den wesentlichen Vorteil, durch die Mittelung über alle Messwerte sehr stabile Messergebnisse zu liefern. Sie wurde von CARL FRIEDRICH GAUSS bereits vor über zweihundert Jahren begründet und ist heute die allgemein anerkannte Grundlage für viele Messungen in Wissenschaft und Technik.

Die Ausgleichsrechnung und ihre Unsicherheit werden z.B. in [31] und [38] allgemein beschrieben und haben mit DIN 1319 Teil 4 [41] Eingang in die Normung gefunden. Sie ist auch Gegenstand des GUM-Supplement 2 [65]. Die Messunsicherheit von Koordinatenmessungen wird z.B. in [4] [9] [17] [28] [29] behandelt.

Der mathematische Ansatz der Ausgleichsrechnung ist die Forderung, dass die Quadratesumme der Abweichungen δ_i der einzelnen Messpunkte senkrecht zur Oberfläche möglichst klein sein soll (Ausgleichsbedingung):

$$\sum \delta_i^2 = \text{Minimum} \tag{3.1}$$

Deshalb spricht man auch von der Methode der kleinsten Quadrate (MKQ). Der Ansatz führt auf ein lineares homogenes Gleichungssystem der Form:

$$\mathbf{M} \cdot \mathbf{x} = \mathbf{v} \tag{3.2}$$

Dabei ist **M** die Matrix der Normalgleichungen (auch: Koeffizientenmatrix), die die Lage der einzelnen Messpunkte auf dem Formelement enthält, **v** ein Vektor, der die Abweichungen der Messpunkte vom Ausgleichselement enthält, und **x** der Vektor der Lösungen mit den einzelnen Ergebnisparametern des Formelements, z.B. Mittelpunktkoordinaten und Radius des Ausgleichskreises.
Die Matrix **M** der Normalgleichungen ergibt sich aus der Designmatrix **A**, indem diese mit ihrer transponierten Matrix $\mathbf{A}^T$ multipliziert wird:

$$\mathbf{M} = \mathbf{A}^T \cdot \mathbf{A} \tag{3.3}$$

Die Designmatrix **A** wiederum enthält die partiellen Ableitungen der linearisierten Formelementegleichung für alle Messpunkte. Sie ist für jedes Formelement und jede Messpunktanordnung verschieden. Die Positionen der einzelnen Messpunkte auf der Oberfläche des Formelementes müssen dazu nur näherungsweise bekannt sein. In der Regel reichen die Steuerdaten des KMG aus.
Der Vektor **v** schließlich ist das Produkt der transponierten Designmatrix $\mathbf{A}^T$ mit den Abweichungen δ_i der Messpunkte vom Ausgleichselement:

$$\mathbf{v} = \mathbf{A}^T \cdot \delta_i \tag{3.4}$$

Das Gleichungssystem (3.2) wird in der Regel nicht in einem, sondern in mehreren Schritten (iterativ) gelöst. Der Bediener des KMG merkt davon nichts, da das von der Software des KMG automatisch ausgeführt wird. Die Matrix **M** der Normalgleichungen ist gleichzeitig die Grundlage für die Berechnung der Messunsicherheit – siehe den folgenden Abschnitt.

3.2.2 Kovarianzmatrix

Die zur Matrix **M** der Normalgleichungen in (3.2) inverse Gewichtsmatrix $\mathbf{M}^{-1}$ wird häufig auch mit dem Buchstaben **Q** bezeichnet und liefert durch Multiplikation mit der Varianz σ^2 der zufälligen und unabhängigen Messabweichungen die Kovarianzmatrix **S**:

$$\mathbf{S} = \mathbf{M}^{-1} \cdot \sigma^2 = \mathbf{Q} \cdot \sigma^2 \tag{3.5}$$

Die Varianz σ^2 ist meist nicht bekannt und wird durch das Quadrat der Standardabweichung s der Messpunkte vom Ausgleichselement abgeschätzt. Die Kovarianzmatrix **S** enthält die Varianzen s_j^2 (auf der Hauptdiagonalen) und die Kovarianzen s_{jk} der einzelnen Ergebnisparameter. Bei drei Parametern lautet die Matrix allgemein:

$$\mathbf{S} = \begin{pmatrix} s_1^2 & s_{12} & s_{13} \\ s_{12} & s_2^2 & s_{23} \\ s_{13} & s_{23} & s_3^2 \end{pmatrix} = \begin{pmatrix} q_{11} & q_{12} & q_{13} \\ q_{12} & q_{22} & q_{23} \\ q_{13} & q_{23} & q_{33} \end{pmatrix} \cdot s^2 \tag{3.6}$$

Die Standardunsicherheit u_j eines Ergebnisparameters ist gleich der Wurzel aus seiner Varianz s_j^2 bzw. der Wurzel aus dem Element q_{jj} von der Hauptdiagonalen der Gewichtsmatrix **Q**, multipliziert mit der Standardabweichung s:

$$u_j = \sqrt{s_j^2} = \sqrt{q_{jj}} \cdot s \tag{3.7}$$

Die Kovarianzen s_{jk} außerhalb der Hauptdiagonalen beschreiben die gegenseitige Abhängigkeit der Ergebnisparameter. Sie sind dann zu berücksichtigen, wenn eine Messgröße aus mehreren Parametern desselben Formelementes berechnet wird. Die Korrelationskoeffizienten r_{jk} erhält man allgemein aus Gleichung (3.6) mittels Division der Kovarianzen s_{jk} durch die Varianzen s_j und s_k:

$$r_{jk} = \frac{s_{jk}}{s_j \cdot s_k} \tag{3.8}$$

Der Korrelationskoeffizient liegt immer zwischen -1 und +1. Liegt keine Korrelation vor, ist sein Betrag klein und liegt nahe bei null.

Bei bestimmten, bevorzugten Messpunktanordnungen werden die Kovarianzen null, und die einzelnen Parameter sind voneinander unabhängig. Das ist z.B. bei gleichabständig über den ganzen Umfang verteilten Messpunkten am Kreis der Fall. Für solche Sonderfälle lassen sich die Standardunsicherheiten der Ergebnisparameter relativ leicht mit einfach handhabbaren Formeln berechnen.

Zur Berechnung der Standardunsicherheiten $u(x_j)$ der Ergebnisparameter muss die Matrix **M** der Normalgleichungen zur Gewichtsmatrix **Q** invertiert werden. Dafür sind im Buchhandel fertige Programme in höheren Programmiersprachen erhältlich, z.B. [3]. Für den hier beschriebenen Zweck reicht die Matrizeninversion in den Tabellenkalkulationsprogrammen aus, die heute jede handelsübliche Bürosoftware enthält.

3.2.3 Kreis

Ein Kreis wird durch die drei Ergebnisparameter x und y für den Mittelpunkt und r für den Radius beschrieben. Dabei muss jeder Punkt (x_i, y_i) auf der Kreislinie die folgende Gleichung erfüllen:

$$(x_i - x)^2 + (y_i - y)^2 - r^2 = 0 \tag{3.9}$$

Praktisch liegen die Messpunkte aber nicht auf dem idealen Kreis, so dass die Koordinaten des Kreismittelpunktes und der Radius nach der Bedingung der kleinsten Summe der Abweichungsquadrate nach (3.2) berechnet werden müssen. Dazu ist zunächst die Kreisgleichung (3.9) zu linearisieren, indem eine Taylorreihenentwicklung nach den Variablen x, y und r nach den ersten Gliedern abgebrochen wird:

$$(x_i - x) + (y_i - y) + r = 0 \tag{3.10}$$

Nach Division durch den Kreisradius r ergibt sich für jeden einzelnen Messpunkt mit dem Polarwinkel ϕ_i zum Kreismittelpunkt:

$$\cos\varphi_i + \sin\varphi_i + 1 = 0 \tag{3.11}$$

So erhält man die Designmatrix **A** für alle n Messpunkte:

$$\mathbf{A} = \begin{pmatrix} \cos\varphi_1 & \sin\varphi_1 & 1 \\ \cos\varphi_2 & \sin\varphi_2 & 1 \\ \vdots & \vdots & \vdots \\ \cos\varphi_n & \sin\varphi_n & 1 \end{pmatrix} \tag{3.12}$$

Die Koeffizientenmatrix **M** nach (3.3) lautet für den Ausgleichskreis ausführlich:

$$\mathbf{M} = \mathbf{A}^T \cdot \mathbf{A} = \begin{pmatrix} \sum\cos^2\varphi_i & \sum\cos\varphi_i \sin\varphi_i & \sum\cos\varphi_i \\ \sum\cos\varphi_i \sin\varphi_i & \sum\sin^2\varphi_i & \sum\sin\varphi_i \\ \sum\cos\varphi_i & \sum\sin\varphi_i & \sum 1 \end{pmatrix} \tag{3.13}$$

Summiert wird jeweils über alle n Messpunkte. In (3.13) sind nur die Polarwinkel ϕ_i der Messpunkte zum Kreismittelpunkt enthalten. Damit ist die Anordnung der Messpunkte ausschlaggebend für die Unsicherheiten der Ergebnisparameter.

Der Lösungsvektor **x** in (3.2) gibt die Reihenfolge der einzelnen Ergebnisparameter an und muss für die richtige Zuordnung der Varianzen und Kovarianzen beachtet werden. Hier ist die Reihenfolge x, y und r:

$$\mathbf{x} = \begin{pmatrix} x \\ y \\ r \end{pmatrix} \tag{3.14}$$

Als Beispiel soll angenommen werden, dass vier Messpunkte gleichabständig über einen Viertelkreis im Bereich zwischen 135° und 225° angeordnet sind. Die Koeffizientenmatrix **M** nach (3.13) lautet dann:

$$\mathbf{M} = \begin{pmatrix} 2{,}87 & 0 & -3{,}35 \\ 0 & 1{,}13 & 0 \\ -3{,}35 & 0 & 4 \end{pmatrix} \tag{3.15}$$

Für die dazu inverse Gewichtsmatrix **Q** ergibt sich:

$$\mathbf{Q} = \begin{pmatrix} 14{,}93 & 0 & 12{,}49 \\ 0 & 0{,}88 & 0 \\ 12{,}49 & 0 & 10{,}70 \end{pmatrix} \tag{3.16}$$

Daraus erhält man nach Gleichung (3.7) mit der Standardabweichung s der zufälligen und unabhängigen Abweichungen der Messpunkte vom Ausgleichskreis die Standardunsicherheiten u_X und u_Y der Mittelpunktkoordinaten, u_R des Kreisradius sowie u_D des Durchmessers:

$$u_X = \sqrt{14{,}93} \cdot s = 3{,}86 \cdot s \tag{3.17}$$

$$u_Y = \sqrt{0{,}88} \cdot s = 0{,}94 \cdot s$$

$$u_R = \sqrt{10{,}70} \cdot s = 3{,}27 \cdot s$$

$$u_D = 2 \cdot u_R = 6{,}54 \cdot s$$

Die Unsicherheit u_D des Durchmessers ist doppelt so groß wie die des Radius u_R. Das Bild 3.1 zeigt die Streubereiche des Kreismittelpunktes und der Kreislinie. Die Unsicherheit der Kreislinie ist dort klein, wo die Messpunkte liegen, und wird immer größer, je weiter sich der betrachtete Ort auf der Kreislinie von diesem Bereich entfernt. Die Unsicherheit des Kreismittelpunktes weist eine ausgeprägte Richtungscharakteristik auf und ist in Richtung der Winkelhalbierenden des Kreisausschnittes, auf dem die Messpunkte liegen, besonders groß.

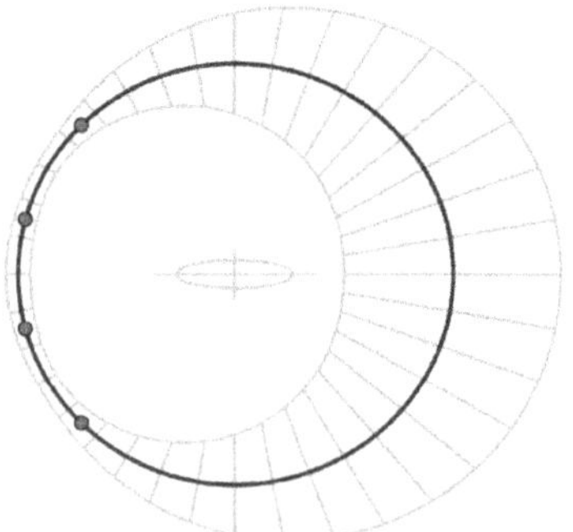

Bild 3.1: Streubereiche des Ausgleichskreises mit vier Messpunkten am Kreisausschnitt 90°

Für bestimmte Sonderfälle der Messpunktanordnung ergeben sich einfache Formeln für die Standardunsicherheiten der Ergebnisparameter. Als Beispiel soll angenommen werden, dass die vier Messpunkte gleichabständig über den ganzen Kreisumfang angeordnet sind. Die Koeffizientenmatrix **M** nach (3.13) lautet dann:

$$\mathbf{M} = \begin{pmatrix} 2 & 0 & 0 \\ 0 & 2 & 0 \\ 0 & 0 & 4 \end{pmatrix} \tag{3.18}$$

Für die dazu inverse Gewichtsmatrix **Q** ergibt sich:

$$\mathbf{Q} = \begin{pmatrix} 0{,}5 & 0 & 0 \\ 0 & 0{,}5 & 0 \\ 0 & 0 & 0{,}25 \end{pmatrix} \tag{3.19}$$

Daraus erhält man nach Gleichung (3.7) mit der Standardabweichung s der zufälligen und unabhängigen Abweichungen der Messpunkte vom Ausgleichskreis die Standardunsicherheiten u_X und u_Y der Mittelpunktkoordinaten, u_R des Radius sowie u_D des Durchmessers:

$$u_X = u_Y = \sqrt{0{,}5} \cdot s = 0{,}71 \cdot s \tag{3.20}$$

$$u_R = \sqrt{0{,}25} \cdot s = 0{,}5 \cdot s$$

$$u_D = 2 \cdot u_R = s$$

Die Unsicherheit u_D des Durchmessers ist doppelt so groß wie die des Radius u_R. Wie das Bild 3.2 zeigt, ist die Unsicherheit bei gleichabständig über den ganzen Kreisumfang angeordneten Messpunkten unabhängig von der Richtung. Der Streubereich der Kreislinie überall gleich breit, und der Streubereich des Kreismittelpunktes ist selbst auch ein Kreis.

Bild 3.2: Streubereiche des Ausgleichskreises mit vier am ganzen Umfang gleichmäßig verteilten Messpunkten (gleicher Maßstab wie im Bild 3.1)

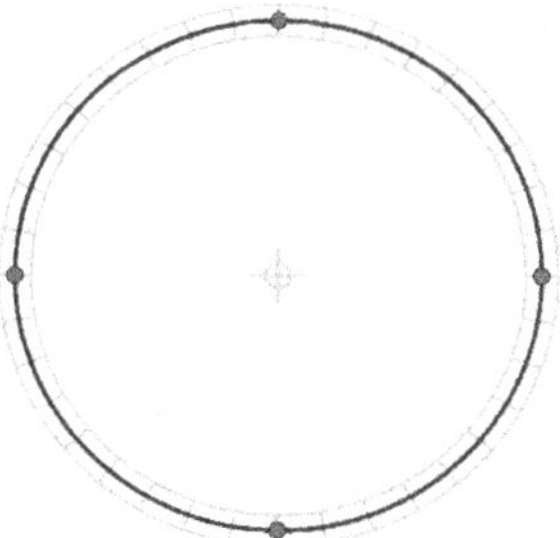

Für den Sonderfall gleichmäßig am ganzen Kreisumfang angeordneter Messpunkte verschwinden alle Elemente der Koeffizientenmatrix **M** in (3.18) außerhalb der Hauptdiagonalen. Ihre Kehrwerte ergeben die Elemente der Gewichtsmatrix **Q** nach (3.19), die somit ganz einfach zu berechnen sind.

Die Standardunsicherheiten u_M des Kreismittelpunktes und u_D des Kreisdurchmessers hängen dann nur noch von der Punktanzahl n und der Standardabweichung s der zufälligen und unabhängigen Messabweichungen ab (Tabelle 3.10):

$$u_M = u_X = u_Y = \sqrt{\frac{2}{n}} \cdot s \tag{3.21}$$

$$u_D = 2 \cdot u_R = \sqrt{\frac{4}{n}} \cdot s$$

In der Gewichtsmatrix **Q** nach (3.16) stehen in der linken unteren und in der echten oberen Ecke zwei gleiche Zahlenwerte. Das ist die Kovarianz, die durch die Messpunktanordnung im Bild 3.1 entsteht. Im allgemeinen Fall sind alle Kovarianzen als Elemente der Gewichtsmatrix **Q** von null verschieden. Den Korrelationskoeffizienten r_{XR} erhält man nach Gleichung (3.8) mit den Werten aus (3.16) und (3.17):

$$r_{XR} = \frac{s_{XR}}{s_X \cdot s_R} = \frac{12{,}49}{3{,}86 \cdot 3{,}27} = 0{,}99 \tag{3.22}$$

Der Korrelationskoeffizient r_{XR} beschreibt die gegenseitige Abhängigkeit der Mittelpunktkoordinate X und des Radius R. Er ist fast eins, d.h. es liegt eine sehr starke Abhängigkeit zwischen diesen beiden Parametern vor. Wird der berechnete Radius aufgrund zufälliger Messabweichungen groß, nimmt auch die Mittelpunktkoordinate einen großen Wert an – und umgekehrt.

Die Unsicherheiten am Kreisausschnitt hängen hauptsächlich von dem Bereich ab, den die Messpunkte überdecken [4]. Für innerhalb des Kreisausschnittes gleichabständig angeordnete Messpunkte ist der Zusammenhang im Bild 3.3 grafisch dargestellt. Dabei ist u_D die Standardunsicherheit des Durchmessers, u_I die größte Standardunsicherheit des Mittelpunktes in Richtung der Winkelhalbierenden des Bereiches der Messpunkte und u_{II} die kleinste senkrecht dazu (siehe Bild 3.1).

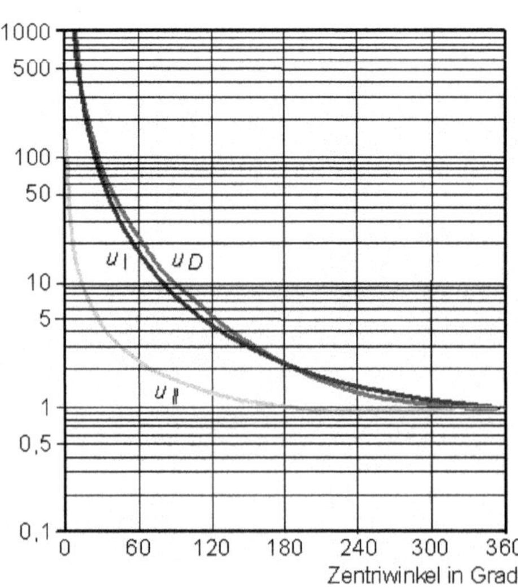

Bild 3.3:
Verhältnisse der Unsicherheiten der Parameter am Kreisausschnitt in Abhängigkeit vom Zentriwinkel des Bereiches der Messpunkte, bezogen auf den Vollkreis (logarithmiert, 100 Punkte)

Beim Halbkreis (Winkelbereich 180°) ist die Standardunsicherheit u_D des Durchmessers "nur" etwa doppelt so groß wie beim ganzen Kreis. Im Bild 3.1 beträgt der Winkelbereich 90°, und die Unsicherheit u_D ist etwa zehnmal so groß. Die Kurve endet beim Faktor 1000 bzw. dem Winkelbereich 10°. Für kleinere Winkel lassen sich die Unsicherheiten aber auch berechnen.
Die größte Standardunsicherheit u_I des Mittelpunktes in Richtung der Winkelhalbierenden des Bereiches der Messpunkte entspricht der großen Halbachse der Streuungsellipse im Bild 3.1. Sie verhält sich ähnlich wie der Durchmesser.
Die kleinste Standardunsicherheit u_{II} des Mittelpunktes weicht von den beiden anderen Kurven deutlich ab. Beim Halbkreis (Winkelbereich 180°) ist die Standardunsicherheit u_{II} immer noch so groß wie beim ganzen Kreis, und beim Kreisausschnitt von 60° erst doppelt so groß. Auch bei kleineren Winkelbereichen liegt die Kurve deutlich unter den beiden anderen. In dieser Richtung lässt sich die Mittelpunktkoordinate des Kreises also deutlich genauer messen.

Die kleinste Unsicherheit der Kreislinie im Scheitelpunkt (im Bild 3.1 links bei 180°) ist praktisch unabhängig vom Winkelbereich der Messpunkte und wird hauptsächlich von ihrer Anzahl beeinflusst. Die Tabelle 3.4 zeigt einige Beispiele. Zum Vergleich sind die Unsicherheiten des Kreismittelpunktes für die Näherung nach Gleichung (3.21) angeführt. Die Unsicherheit des Scheitelpunktes ist maximal rund 20 % größer und lässt sich deshalb auch mit dieser Näherung berechnen. Dazu wird die Näherung für die Unsicherheit u_M des Kreismittelpunktes mit dem Verhältnisfaktor aus der letzten Spalte der Tabelle multipliziert, der nur von der Punktzahl abhängt.
Damit ist es einfach möglich, die Unsicherheit des Abstandes oder der Lage von Scheitelpunkten zu bestimmen, z.B. an Langlöchern.

Tabelle 3.4: Kleinste Unsicherheiten der Kreislinie u_S im Scheitelpunkt des Kreisausschnitts für verschiedene Punktzahlen und Winkelbereiche mit Näherung für den Kreismittelpunkt u_M nach Gleichung (3.21) sowie Verhältnisse u_S/u_M

Punkt-zahl	Standardunsicherheit für Winkelbereich 180°	40°	10°	Näherung für Mittelpunkt	Verhältnis 180° zur Näherung
n	u_S	u_S	u_S	u_M	u_S / u_M
3	1,00	1,00	1,00	0,82	1,22
4	0,82	0,80	0,80	0,71	1,17
5	0,72	0,70	0,70	0,63	1,14
6	0,65	0,63	0,63	0,58	1,13
8	0,56	0,54	0,54	0,50	1,12
10	0,50	0,48	0,48	0,45	1,11
12	0,45	0,44	0,44	0,41	1,10
24	0,32	0,31	0,31	0,29	1,10
48	0,22	0,22	0,22	0,20	1,10
100	0,15	0,15	0,15	0,14	1,10

3.2.4 Kugel

Eine Kugel wird durch die vier Ergebnisparameter x, y und z für den Mittelpunkt und r für den Radius beschrieben. Dabei muss jeder Punkt (x_i, y_i, z_i) auf der Kugelschale die folgende Gleichung erfüllen:

$$(x_i - x)^2 + (y_i - y)^2 + (z_i - z)^2 - r^2 = 0 \tag{3.23}$$

Nach Division der linearisierten Form der Gleichung durch den Kugelradius r ergibt sich für jeden einzelnen Messpunkt:

$$\cos\phi_i \cos\psi_i + \sin\phi_i \cos\psi_i + \sin\psi_i + 1 = 0 \tag{3.24}$$

Dabei ist ϕ_i der Azimutwinkel in der horizontalen Ebene senkrecht zum Tasterschaft (X-Y-Ebene) und ψ_i der Elevationswinkel für die Auslenkung des Messpunktes aus dieser Ebene (in Z-Richtung). Letzterer ist am Äquator null und reicht bis +90° bzw. -90°. Die Koeffizientenmatrix **M** der Ausgleichskugel nach (3.3) lautet:

$$\mathbf{M} = \begin{pmatrix} \sum\cos^2\phi_i\cos^2\psi_i & \sum\cos\phi_i\sin\phi_i\cos^2\psi_i & \sum\cos\phi_i\cos\psi_i\sin\psi_i & \sum\cos\phi_i\cos\psi_i \\ \sum\cos\phi_i\sin\phi_i\cos^2\psi_i & \sum\sin^2\phi_i\cos^2\psi_i & \sum\sin\phi_i\sin\psi_i\cos\psi_i & \sum\sin\phi_i\cos\psi_i \\ \sum\cos\phi_i\cos\psi_i\sin\psi_i & \sum\sin\phi_i\sin\psi_i\cos\psi_i & \sum\sin^2\psi_i & \sum\sin\psi_i \\ \sum\cos\phi_i\cos\psi_i & \sum\sin\phi_i\cos\psi_i & \sum\sin\psi_i & \sum 1 \end{pmatrix} \tag{3.25}$$

Summiert wird jeweils über alle n Messpunkte. In (3.25) sind nur die Winkel ϕ_i und ψ_i der Messpunkte zum Kugelmittelpunkt enthalten. Die Anordnung der Messpunkte ist ausschlaggebend für die Unsicherheit der Ergebnisparameter.
Im einfachsten Fall wird die Kugel mit fünf Punkten so gemessen, dass ein Punkt auf dem oberen Scheitel (Nordpol) der Kugel und die anderen vier um 90° versetzt am Äquator liegen. Die Koeffizientenmatrix **M** nach (3.25) lautet dann:

$$\mathbf{M} = \begin{pmatrix} 2 & 0 & 0 & 0 \\ 0 & 2 & 0 & 0 \\ 0 & 0 & 1 & 1 \\ 0 & 0 & 1 & 5 \end{pmatrix} \tag{3.26}$$

Für die dazu inverse Gewichtsmatrix **Q** ergibt sich:

$$\mathbf{Q} = \begin{pmatrix} 0{,}5 & 0 & 0 & 0 \\ 0 & 0{,}5 & 0 & 0 \\ 0 & 0 & 1{,}25 & -0{,}25 \\ 0 & 0 & -0{,}25 & 0{,}25 \end{pmatrix} \tag{3.27}$$

Daraus erhält man nach Gleichung (3.7) mit der Standardabweichung s der unabhängigen Abweichungen der Messpunkte von der Ausgleichskugel die Standardunsicherheiten der Mittelpunktkoordinaten u_X und u_Y (senkrecht zum Tasterschaft), u_Z (in Schaftrichtung des Tasters) sowie u_R des Radius und u_D des Durchmessers:

$$u_X = u_Y = \sqrt{0{,}5} \cdot s = 0{,}71 \cdot s \tag{3.28}$$

$$u_Z = \sqrt{1{,}25} \cdot s = 1{,}12 \cdot s$$

$$u_R = \sqrt{0{,}25} \cdot s = 0{,}5 \cdot s$$

$$u_D = 2 \cdot u_R = s$$

Die Unsicherheiten u_X und u_Y des Kugelmittelpunktes sind gleich groß. Die Unsicherheit u_Z der Mittelpunktkoordinate ist dagegen deutlich größer, da in Richtung des Tasterschaftes nur ein Punkt auf dem oberen Scheitel der Kugel angetastet wurde. Die Unsicherheit u_D des Durchmessers ist doppelt so groß wie die des Radius u_R.

Das Bild 3.5 zeigt die Streubereiche des Kugelmittelpunktes und der Kugelschale. Die Unsicherheit der Kugelschale ist am oberen Scheitelpunkt klein und wird immer größer, je weiter sich der betrachtete Ort auf der Kugelschale von diesem Punkt entfernt. Die Unsicherheit des Kugelmittelpunktes weist eine ausgeprägte Richtungscharakteristik auf. Die Unsicherheit ist in Richtung der Winkelhalbierenden des Kugelausschnittes, auf dem die Messpunkte liegen, besonders groß.

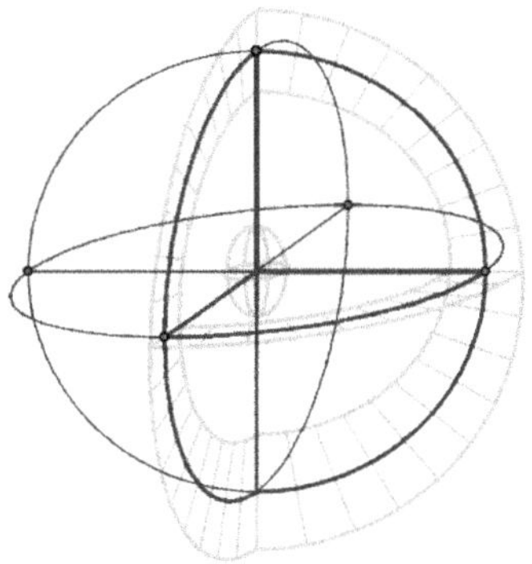

Bild 3.5:
Streubereiche der Ausgleichskugel mit fünf Messpunkten auf einer Halbkugel

Wird die Halbkugel mit zwei Punkten auf dem oberen Scheitel – also mit insgesamt sechs Punkten – gemessen, wird die Unsicherheit des Kugelmittelpunktes in Richtung des Tasterschaftes mit $u_Z = 0{,}87 \cdot s$ kleiner. Die Unsicherheiten u_X und u_Y des Kugelmittelpunktes sowie u_D des Durchmessers bleiben unverändert.

Für andere Messpunktzahlen und -anordnungen müssen die Standardunsicherheiten jeweils neu berechnet werden. Für gleichmäßige Punktverteilungen auf einer Halbkugel lassen sich folgende Näherungen angeben:

$$u_X = u_Y = 1{,}3 \cdot \sqrt{\frac{2}{n}} \cdot s \qquad (3.29)$$

$$u_Z = 1{,}8 \cdot \sqrt{\frac{2}{n}} \cdot s$$

$$u_D = 2 \cdot u_R = 1{,}5 \cdot \sqrt{\frac{4}{n}} \cdot s$$

Die Unsicherheit u_Z gilt in Richtung des Tasterschaftes, u_X und u_Y senkrecht dazu.

Im Bild 3.5 ist der Streubereich der Kugelschale am oberen Scheitelpunkt am schmalsten. Das entspricht dem höchsten Punkt einer Kugel, die mit einem senkrecht nach unten orientierten Taster gemessen wurde. Das ist gleichzeitig auch die typische Anordnung beim Einmessen des Tasters, wo die Tastkugel dann an ihrem unteren Scheitelpunkt die kleinste Unsicherheit aufweist. Die Unsicherheit dieses Scheitelpunktes ist deutlich kleiner als die des Mittelpunktes in Schaftrichtung des Tasters. Sie entspricht meist annähernd der des Tastermittelpunktes senkrecht zum Tasterschaft. Die Tabelle 3.6 zeigt einige Beispiele für verschiedene Punktzahlen und -muster.

Tabelle 3.6 Standardunsicherheiten der Parameter an der Halbkugel, relativ zur Standardabweichung *s* am Ausgleichselement

Messpunktanordnung	Mittelpunkt senkrecht zum Schaft u_M/s	Mittelpunkt in Schaftrichtung u_Z/s	Scheitelpunkt u_S/s	Durchmesser u_D/s
5 Punkte nach Bild 3.5	0,71	1,12	1,00	1,00
6 Punkte: 5 Punkte nach Bild 3.5 und ein zusätzlicher Punkt oben	0,71	0,87	0,71	1,00
25 Punkte wie bei Antastabweichung nach ISO 10360-5 [50]	0,35	0,55	0,35	0,66
100 Punkte gleichmäßig auf der Halbkugel verteilt	0,17	0,29	0,20	0,32

Die Unsicherheit des Scheitelpunktes ist praktisch unabhängig vom Tasterradius bzw. -durchmesser. Der Tasterdurchmesser fällt also aus der Unsicherheitsbilanz heraus, wenn der Taster senkrecht zur Oberfläche steht (parallel zur Auswerterichtung). Er ist dagegen zu berücksichtigen, wenn er parallel dazu steht (senkrecht zur Auswerterichtung). Bei dem Sonderfall mit fünf Punkten wird mit der Standardunsicherheit des Scheitelpunktes nach Tabelle 3.6 gerechnet.

3.2.5 Ebene

Eine Ebene wird durch die drei Ergebnisparameter z für die Koordinate des Schwerpunktes (x_s, y_s, z_s) der Messpunkte senkrecht zur Ebene sowie α_x und α_y für die beiden projizierten Winkel beschrieben, die die Ebene mit der X- und der Y-Achse des Koordinatensystems einschließt. Dabei muss jeder Punkt (x_i, y_i, z_i) auf der Ebene die folgende Gleichung erfüllen:

$$\alpha_X \cdot (x_i - x_s) + \alpha_Y \cdot (y_i - y_s) + z_i - z = 0 \tag{3.30}$$

Die Taylorreihenentwicklung nach den Variablen α_X, α_Y und z liefert bei Abbruch nach den ersten Gliedern die linearisierte Form der Gleichung:

$$x_{si} + y_{si} + 1 = 0 \qquad \text{mit} \quad x_{si} = x_i - x_s \quad \text{und} \quad y_{si} = y_i - y_s \tag{3.31}$$

Die Koeffizientenmatrix **M** nach (3.3) ergibt sich dann für die Ausgleichsebene zu:

$$\mathbf{M} = \begin{pmatrix} \sum x_{si}^2 & \sum x_{si} y_{si} & \sum x_{si} \\ \sum x_{si} y_{si} & \sum y_{si}^2 & \sum y_{si} \\ \sum x_{si} & \sum y_{si} & \sum 1 \end{pmatrix} \tag{3.32}$$

Summiert wird jeweils über alle n Messpunkte. In der Gleichung sind nur die Koordinatenabstände x_{si} und y_{si} der Messpunkte zu ihrem Schwerpunkt enthalten. Damit wird deutlich, dass die Unsicherheit der Ergebnisparameter entscheidend von der Messpunktanordnung abhängt.
Im einfachsten Fall werden vier Punkte auf der Ebene so gemessen, dass sie nahe an den Eckpunkten im Abstand von z.B. 10x10 mm liegen. Sie haben dann in jeder Koordinate den gleichen Betrag des Schwerpunktabstandes $|x_{si}|=5$ bzw. $|y_{si}|=5$. Die Koeffizientenmatrix **M** nach (3.32) lautet:

$$\mathbf{M} = \begin{pmatrix} 100 & 0 & 0 \\ 0 & 100 & 0 \\ 0 & 0 & 4 \end{pmatrix} \tag{3.33}$$

Für die dazu inverse Gewichtsmatrix **Q** ergibt sich:

$$\mathbf{Q} = \begin{pmatrix} 0{,}01 & 0 & 0 \\ 0 & 0{,}01 & 0 \\ 0 & 0 & 0{,}25 \end{pmatrix} \tag{3.34}$$

Daraus erhält man nach (3.7) mit der Standardabweichung s der unabhängigen Abweichungen der Messpunkte von der Ausgleichsebene die Standardunsicherheiten $u_{\alpha X}$ und $u_{\alpha Y}$ der beiden projizierten Winkel sowie u_Z der Koordinate senkrecht zur Ebene im Schwerpunkt der Messpunkte:

$$u_{\alpha X} = u_{\alpha Y} = \sqrt{0{,}01} \cdot s = 0{,}1 \cdot s \tag{3.35}$$

$$u_Z = \sqrt{0{,}25} \cdot s = 0{,}5 \cdot s$$

Das Bild 3.7 zeigt den Streubereich der Ebene. In der Mitte der Ebene, d.h. im Schwerpunkt der Messpunkte, ist die Unsicherheit am kleinsten, und zum Rand hin wird sie immer größer.

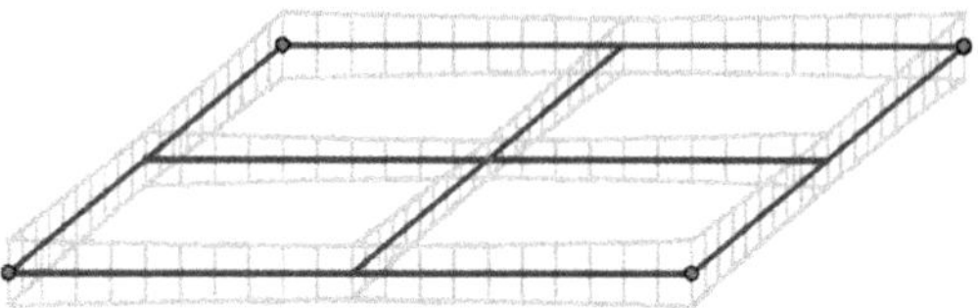

Bild 3.7:
Streubereich der Ausgleichsebene mit vier Messpunkten an den Eckpunkten (Enden)

Die Standardunsicherheit u_Z der Koordinate z im Schwerpunkt nach (3.35) hängt nur von der Messpunktanzahl n und der Standardabweichung s der zufälligen und unabhängigen Abweichungen der Messpunkte ab:

$$u_Z = \sqrt{\frac{1}{n}} \cdot s \tag{3.36}$$

Die Standardunsicherheiten $u_{\alpha X}$ und $u_{\alpha Y}$ der beiden projizierten Winkel in (3.35) werden in Bogenmaß berechnet, sind also dimensionslose Größen. Die Standardunsicherheiten u_{WX} und u_{WY} auf der Messlänge L_M (in Längeneinheiten) erhält man durch Multiplikation mit dieser Länge:

$$u_W = u_\alpha \cdot L_M \tag{3.37}$$

Die projizierten Winkel α_X und α_Y werden – z.B. auf der technischen Zeichnung – üblicherweise in dezimalgeteilten Grad angegeben. Dann sind auch die Standardunsicherheiten $u_{\alpha X}$ und $u_{\alpha Y}$ von Bogenmaß in Grad umzurechnen:

$$u_{\alpha^\circ} = u_\alpha \cdot \frac{180^\circ}{\pi} \tag{3.38}$$

Die Standardunsicherheiten $u_{\alpha X}$ und $u_{\alpha Y}$ der projizierten Winkel müssen jeweils für die aktuelle Messpunktanordnung berechnet werden. Für die regelmäßigen Punktmuster im Bild 3.8 sind in Tabelle 3.12 einfache Näherungen angegeben.

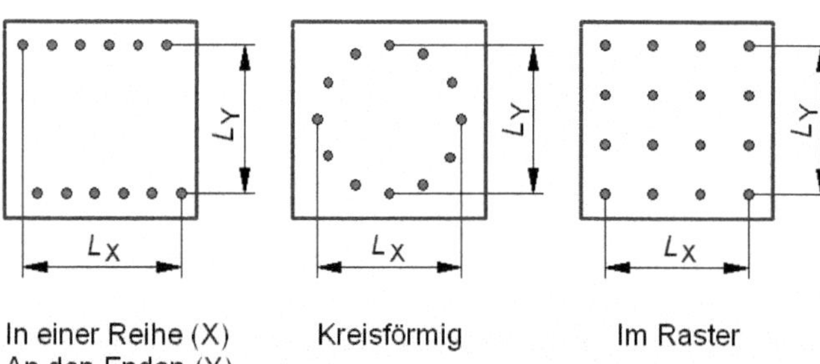

Bild 3.8:
Messpunktmuster auf einer Ebene

Für die Anordnung im Raster wie im Bild 3.8 rechts lässt sich keine einfache Formel angeben. Hier wird die Standardunsicherheit mit der Gleichung für die Anordnung in einer Reihe nach oben abgeschätzt.

3.2.6 Zylinder

Ein Zylinder wird durch die fünf Ergebnisparameter x und y für den Mittelpunkt in dem auf die Achse projizierten Schwerpunkt der Messpunkte, α_X und α_Y für die beiden projizierten Winkel der Achse sowie r für den Radius beschrieben. Dabei muss jeder Punkt (x_i, y_i, z_i) auf der Zylindermantelfläche die folgende Gleichung erfüllen:

$$\sqrt{(x_i - x - \alpha_X \cdot z_{si})^2 + (y_i - y - \alpha_Y \cdot z_{si})^2} - r = 0 \tag{3.39}$$

Dabei sind die z_{si} die Abstände der Messpunkte von ihrem auf die Achse projizierten Schwerpunkt z_s in Richtung der Zylinderachse. Die Taylorreihenentwicklung nach den Variablen x, y, α_X, α_Y und r liefert bei Abbruch nach den ersten Gliedern die linearisierte Form der Gleichung mit den Polarwinkeln ϕ_i der Messpunkte:

$$\cos\varphi_i + \sin\varphi_i + z_{si} \cdot \cos\varphi_i + z_{si} \cdot \sin\varphi_i + 1 = 0 \tag{3.40}$$

Die Koeffizientenmatrix **M** des Ausgleichszylinders nach (3.3) lautet:

$$\mathbf{M} = \tag{3.41}$$

$$\begin{pmatrix} \sum\cos^2\varphi_i & \sum\cos\varphi_i\sin\varphi_i & \sum z_{si}\cos^2\varphi_i & \sum z_{si}\cos\varphi_i\sin\varphi_i & \sum\cos\varphi_i \\ \sum\cos\varphi_i\sin\varphi_i & \sum\sin^2\varphi_i & \sum z_{si}\cos\varphi_i\sin\varphi_i & \sum z_{si}\sin^2\varphi_i & \sum\sin\varphi_i \\ \sum z_{si}\cos^2\varphi_i & \sum z_{si}\cos\varphi_i\sin\varphi_i & \sum z_{si}^2\cos^2\varphi_i & \sum z_{si}^2\cos\varphi_i\sin\varphi_i & \sum z_{si}\cos\varphi_i \\ \sum z_{si}\cos\varphi_i\sin\varphi_i & \sum z_{si}\sin^2\varphi_i & \sum z_{si}^2\cos\varphi_i\sin\varphi_i & \sum z_{si}^2\sin^2\varphi_i & \sum z_{si}\sin\varphi_i \\ \sum\cos\varphi_i & \sum\sin\varphi_i & \sum z_{si}\cos\varphi_i & \sum z_{si}\sin\varphi_i & \sum 1 \end{pmatrix}$$

Summiert wird jeweils über alle n Messpunkte. In der Gleichung sind nur die Polarwinkel ϕ_i und die Schwerpunktabstände z_{si} der Messpunkte enthalten. Damit wird deutlich, dass die Unsicherheit der Ergebnisparameter entscheidend von der Messpunktanordnung abhängt.

Im einfachsten Fall wird der Zylinder in zwei Radialschnitten mit je vier gleichabständigen Punkten am Umfang gemessen. Für einen Abstand dieser Messebenen von z.B. L_M=10 mm beträgt der Betrag des Schwerpunktabstandes für alle Punkte $|z_{si}|$=5. Die Koeffizientenmatrix **M** nach (3.41) lautet dann:

$$\mathbf{M} = \begin{pmatrix} 4 & 0 & 0 & 0 & 0 \\ 0 & 4 & 0 & 0 & 0 \\ 0 & 0 & 100 & 0 & 0 \\ 0 & 0 & 0 & 100 & 0 \\ 0 & 0 & 0 & 0 & 8 \end{pmatrix} \tag{3.42}$$

Für die dazu inverse Gewichtsmatrix **Q** ergibt sich:

$$\mathbf{Q} = \begin{pmatrix} 0{,}25 & 0 & 0 & 0 & 0 \\ 0 & 0{,}25 & 0 & 0 & 0 \\ 0 & 0 & 0{,}01 & 0 & 0 \\ 0 & 0 & 0 & 0{,}01 & 0 \\ 0 & 0 & 0 & 0 & 0{,}125 \end{pmatrix} \tag{3.43}$$

Daraus erhält man nach (3.7) mit der Standardabweichung s der unabhängigen Abweichungen der Messpunkte vom Ausgleichszylinder die Standardunsicherheiten u_X und u_Y der beiden Mittelpunktkoordinaten im Schwerpunkt, $u_{\alpha X}$ und $u_{\alpha Y}$ der projizierten Achswinkel sowie u_R des Radius bzw. u_D des Durchmessers:

$$u_X = u_Y = \sqrt{0{,}25} \cdot s = 0{,}5 \cdot s \tag{3.44}$$

$$u_{\alpha X} = u_{\alpha Y} = \sqrt{0{,}01} \cdot s = 0{,}1 \cdot s$$

$$u_D = 2 \cdot u_R = 2 \cdot \sqrt{0{,}125} \cdot s \approx 0{,}71 \cdot s$$

Die Unsicherheit hängt nur noch von der Messpunktanzahl n und der Standardabweichung s (in mm) der zufälligen und unabhängigen Abweichungen der Messpunkte ab. Das Bild 3.9 zeigt die Streubereiche des Zylinders. In der Mitte der Achse, d.h. im Schwerpunkt der Messpunkte, ist die Unsicherheit am kleinsten, und zum Rand hin wird sie immer größer.

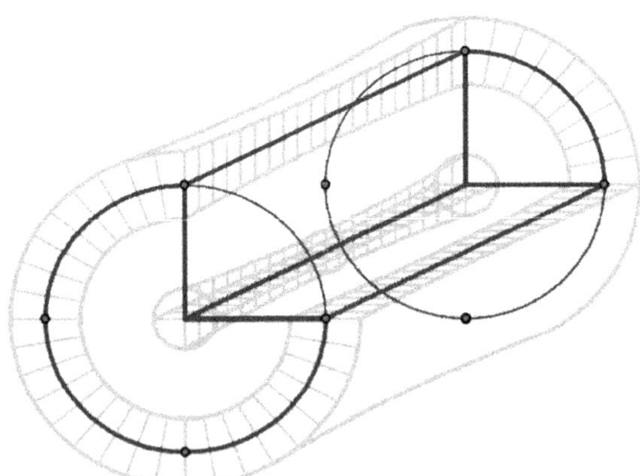

Bild 3.9: Streubereiche des Ausgleichszylinders mit je vier Messpunkten in zwei Radialschnitten

Die Standardunsicherheiten $u_{\alpha X}$ und $u_{\alpha Y}$ der Winkel werden in Bogenmaß berechnet, die projizierten Winkel α_X und α_Y aber üblicherweise in dezimalgeteilten Grad. Die Standardunsicherheiten sind dann nach (3.38) in Grad umzurechnen.

Die Standardunsicherheiten der Parameter müssen jeweils für die aktuelle Messpunktanordnung berechnet werden. Für einige regelmäßige Messpunktanordnungen sind in Tabelle 3.12 einfache Näherungen angegeben.

3.2.7 Kegel

Ein Kegel wird durch die sechs Ergebnisparameter x und y für den Mittelpunkt in dem auf die Achse projizierten Schwerpunkt der Messpunkte, α_X und α_Y für die beiden projizierten Winkel der Achse, α für den Neigungswinkel sowie r für den Radius (im Schwerpunkt der Messpunkte) beschrieben. Dabei muss jeder Punkt (x_i, y_i, z_i) auf der Kegelmantelfläche die folgende Gleichung erfüllen:

$$\sqrt{(x_i - x - \alpha_X \cdot z_{si})^2 + (y_i - y - \alpha_Y \cdot z_{si})^2} - z_{si} \cdot \tan\alpha - r = 0 \tag{3.45}$$

Dabei sind die z_{si} die Abstände der Messpunkte von ihrem auf die Achse projizierten Schwerpunkt z_s in Richtung der Kegelachse. Die Taylorreihenentwicklung nach den Variablen x, y, α_X, α_Y, α und r liefert bei Abbruch nach den ersten Gliedern näherungsweise die linearisierte Form der Gleichung mit den Polarwinkeln ϕ_i der Messpunkte:

$$\cos\varphi_i + \sin\varphi_i + z_{si} \cdot \cos\varphi_i + z_{si} \cdot \sin\varphi_i + \frac{z_{si}}{\cos^2\alpha} + 1 = 0 \tag{3.46}$$

Die Koeffizientenmatrix **M** des Ausgleichskegels nach (3.3) lautet:

$$\mathbf{M} = \tag{3.47}$$

$$\begin{pmatrix}
\sum\cos^2\varphi_i & \sum\cos\varphi_i\sin\varphi_i & \sum z_{si}\cos^2\varphi_i & \sum z_{si}\cos\varphi_i\sin\varphi_i & \frac{\sum z_{si}\cos\varphi_i}{\cos^2\alpha} & \sum\cos\varphi_i \\
\sum\cos\varphi_i\sin\varphi_i & \sum\sin^2\varphi_i & \sum z_{si}\cos\varphi_i\sin\varphi_i & \sum z_{si}\sin^2\varphi_i & \frac{\sum z_{si}\sin\varphi_i}{\cos^2\alpha} & \sum\sin\varphi_i \\
\sum z_{si}\cos^2\varphi_i & \sum z_{si}\cos\varphi_i\sin\varphi_i & \sum z_{si}^2\cos^2\varphi_i & \sum z_{si}^2\cos\varphi_i\sin\varphi_i & \frac{\sum z_{si}^2\cos\varphi_i}{\cos^2\alpha} & \sum z_{si}\cos\varphi_i \\
\sum z_{si}\cos\varphi_i\sin\varphi_i & \sum z_{si}\sin^2\varphi_i & \sum z_{si}^2\cos\varphi_i\sin\varphi_i & \sum z_{si}^2\sin^2\varphi_i & \frac{\sum z_{si}^2\sin\varphi_i}{\cos^2\alpha} & \sum z_{si}\sin\varphi_i \\
\frac{\sum z_{si}\cos\varphi_i}{\cos^2\alpha} & \frac{\sum z_{si}\sin\varphi_i}{\cos^2\alpha} & \frac{\sum z_{si}^2\cos\varphi_i}{\cos^2\alpha} & \frac{\sum z_{si}^2\sin\varphi_i}{\cos^2\alpha} & \frac{\sum z_{si}^2}{\cos^4\alpha} & \frac{\sum z_{si}}{\cos^2\alpha} \\
\sum\cos\varphi_i & \sum\sin\varphi_i & \sum z_{si}\cos\varphi_i & \sum z_{si}\sin\varphi_i & \frac{\sum z_{si}}{\cos^2\alpha} & \sum 1
\end{pmatrix}$$

Summiert wird jeweils über alle n Messpunkte. In der Gleichung sind nur die Polarwinkel ϕ_i und die Schwerpunktabstände z_{si} der Messpunkte sowie der Neigungswinkel α enthalten. Damit wird deutlich, dass die Unsicherheit der Ergebnisparameter entscheidend von der Messpunktanordnung abhängt, aber auch vom Neigungswinkel α.

Im einfachsten Fall wird der Kegel in zwei Radialschnitten mit je vier gleichabständigen Punkten am Umfang gemessen. Für einen Abstand dieser Messebenen von z.B. L_M=10 mm beträgt der Betrag des Schwerpunktabstandes für alle Punkte $|z_{si}|$=5. Der Neigungswinkel des Kegels soll α=10° betragen.

Die Koeffizientenmatrix **M** nach (3.47) lautet dann:

$$\mathbf{M} = \begin{pmatrix} 4 & 0 & 0 & 0 & 0 & 0 \\ 0 & 4 & 0 & 0 & 0 & 0 \\ 0 & 0 & 100 & 0 & 0 & 0 \\ 0 & 0 & 0 & 100 & 0 & 0 \\ 0 & 0 & 0 & 0 & 212{,}6 & 0 \\ 0 & 0 & 0 & 0 & 0 & 8 \end{pmatrix} \tag{3.48}$$

Für die dazu inverse Gewichtsmatrix **Q** ergibt sich:

$$\mathbf{Q} = \begin{pmatrix} 0{,}25 & 0 & 0 & 0 & 0 & 0 \\ 0 & 0{,}25 & 0 & 0 & 0 & 0 \\ 0 & 0 & 0{,}01 & 0 & 0 & 0 \\ 0 & 0 & 0 & 0{,}01 & 0 & 0 \\ 0 & 0 & 0 & 0 & 0{,}0047 & 0 \\ 0 & 0 & 0 & 0 & 0 & 0{,}125 \end{pmatrix} \tag{3.49}$$

Daraus erhält man nach (3.7) mit der Standardabweichung s der unabhängigen Restabweichungen der Messpunkte vom Ausgleichskegel die Standardunsicherheiten u_X und u_Y der beiden Mittelpunktkoordinaten im Schwerpunkt, $u_{\alpha X}$ und $u_{\alpha Y}$ der projizierten Achswinkel, u_α des Neigungswinkels α sowie u_R des Radius bzw. u_D des Durchmessers (im Schwerpunkt der Messpunkte):

$$u_X = u_Y = \sqrt{0{,}25} \cdot s = 0{,}5 \cdot s \tag{3.50}$$

$$u_{\alpha X} = u_{\alpha Y} = \sqrt{0{,}01} \cdot s = 0{,}1 \cdot s$$

$$u_\alpha = \sqrt{0{,}0047} \cdot s \approx 0{,}069 \cdot s$$

$$u_D = 2 \cdot u_R = 2 \cdot \sqrt{0{,}125} \cdot s \approx 0{,}71 \cdot s$$

Die Unsicherheit hängt nur noch von der Messpunktanzahl n und der Standardabweichung s (in mm) der zufälligen und unabhängigen Abweichungen der Messpunkte sowie vom Neigungswinkel α ab. Das Bild 3.10 zeigt die Streubereiche des Kegels. In der Mitte der Achse, d.h. im Schwerpunkt der Messpunkte, ist die Unsicherheit am kleinsten, und zum Rand hin wird sie immer größer.

Die Standardunsicherheiten der Winkel in (3.50) werden in Bogenmaß berechnet, die projizierten Winkel α_X und α_Y aber üblicherweise in dezimalgeteilten Grad. Die Standardunsicherheiten sind dann nach (3.38) in Grad umzurechnen. Dasselbe gilt für die Standardunsicherheit u_α des Neigungswinkels α.

Die Standardunsicherheiten der Parameter müssen jeweils für die aktuelle Messpunktanordnung berechnet werden. Für einige regelmäßige Messpunktanordnungen sind in Tabelle 3.12 einfache Näherungen angegeben.

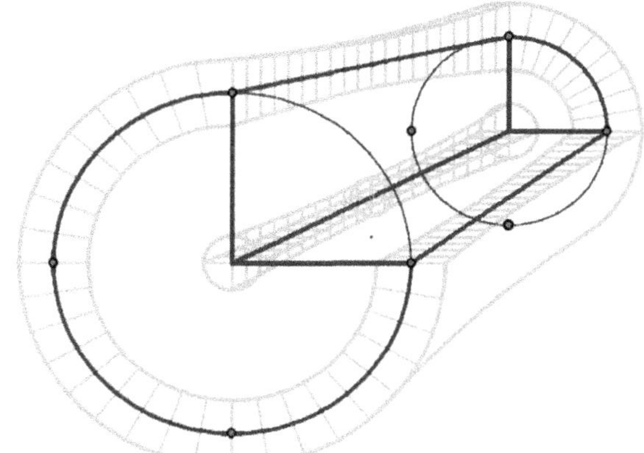

Bild 3.10: Streubereiche des Ausgleichskegels mit je vier Messpunkten in zwei Radialschnitten

Mit Gleichung (3.50) wird die Unsicherheit u_D des Kegeldurchmessers im Schwerpunkt der Messpunkte berechnet. Das ist jedoch nicht immer die gesuchte Messgröße. Vielmehr wird nicht selten der Durchmesser in einer definierten Stelle auf der Achse gesucht, d.h. am Schnittpunkt des Kegels mit einer Ebene. Den Kegeldurchmesser D_S an einer beliebigen Stelle im Abstand L_S vom Schwerpunkt der Messpunkte erhält man dann mit dem Durchmesser D im Schwerpunkt und dem Neigungswinkel α:

$$D_S = D(\pm)2 \cdot L_S \cdot \tan\alpha \tag{3.51}$$

Das Vorzeichen richtet sich nach der Orientierung des Kegels. Für die Unsicherheit hat es jedoch keine Bedeutung, solange die Messpunkte regelmäßig über die Oberfläche verteilt sind. Dann sind der Durchmesser D und der Neigungswinkel α unabhängig voneinander, und es kann das spezielle Fortpflanzungsgesetz der Messabweichungen (2.8) angewendet werden. Die Standardunsicherheit u_{DS} des Kegeldurchmessers D_S an der Stelle L_S lautet dann (siehe Bild 3.11):

$$u_{DS}^2 = u_D^2 + \left(\frac{2 \cdot L_S}{\cos^2\alpha} \cdot u_\alpha \right)^2 \tag{3.52}$$

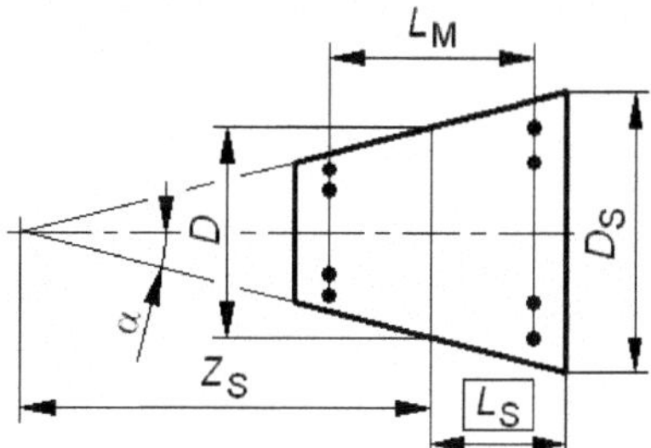

Bild 3.11:
Bezeichnungen am Kegel
- α Neigungswinkel
- D Durchmesser im Schwerpunkt
- D_S Durchmesser an der Stelle L_S
- L_M Messlänge (Bereich der Messpunkte)
- L_S Stelle für Durchmesserauswertung
- Z_S Abstand der Kegelspitze

Die Standardunsicherheit u_α des Neigungswinkels α aus (3.50) ist eine dimensionslose Größe. Man erhält für zwei Radialschnitte mit je vier gleichabständigen Punkten (n=8) u_D=0,71s sowie mit dem Schwerpunktabstand L_S=5 und α=10° aus Gleichung (3.52) die Standardunsicherheit u_{DS}=s.
Alternativ können auch die Faktoren aus Tabelle 3.12 verwendet werden. Für zwei Radialschnitte mit je vier gleichabständigen Punkten (n=8) sind die Faktoren für den Durchmesser im Schwerpunkt b_D=0,71 und für den Neigungswinkel b_α=0,71. Damit ergibt sich aus der folgenden Gleichung (3.53) ebenfalls u_{DS}=s. Die Rechnung ist wesentlich einfacher, da man ohne die Kovarianzmatrix auskommt:

$$u_{DS}^2 = (b_D \cdot s)^2 + \left(\frac{2 \cdot L_S}{L_M} \cdot b_\alpha \cdot s \right)^2 \qquad (3.53)$$

Die Unsicherheit wird natürlich mit wachsendem Abstand L_S vom Schwerpunkt der Messpunkte immer größer. Deshalb sollte der Abstand nicht wesentlicher größer als die halbe Messlänge sein, d.h. der Durchmesser sollte in dem Bereich ausgewertet werden, in dem der Kegel auch angetastet wurde.
In einigen Fällen wird die Koordinate der Kegelspitze auf der Achse berechnet, weil z.B. ein entsprechendes Maß in der Zeichnung eingetragen ist. Der Abstand z_S der Kegelspitze von der Kegelmitte (im Schwerpunkt der Messpunkte) berechnet sich aus dem Radius r an dieser Stelle und dem Neigungswinkel α (siehe Bild 3.11):

$$z_S = \frac{r}{\tan \alpha} \qquad (3.54)$$

Die Standardunsicherheit u_{ZS} dieses Abstandes erhält man durch Anwendung des Fortpflanzungsgesetzes (2.8) auf diese Gleichung. Mit den Standardunsicherheiten u_R des Radius r im Schwerpunkt und u_α des Neigungswinkels α ergibt sich:

$$u_{ZS} = \sqrt{\frac{1}{\tan^2 \alpha} u_R^2 + \frac{r^2}{\cos^4 \alpha} u_\alpha^2} \qquad (3.55)$$

Mit dem Radius r=10 sowie den Standardunsicherheiten u_R und u_α aus (3.50) erhält man u_{ZS} als Funktion der Standardabweichung s der zufälligen und unabhängigen Messabweichungen mit u_{ZS}=2,12s. Das ist ein Vielfaches der Werte in (3.50). Bei kleineren Winkeln wird der erste Ausdruck in Gleichung (3.55) noch größer, d.h. die Unsicherheit nimmt dann stark zu. Die Koordinate der Kegelspitze sollte in solchen Fällen besser nicht ausgewertet werden. Erst bei Neigungswinkeln von 40° und mehr fällt die Standardunsicherheit u_{ZS} unter den Wert 0,5s. Hier kann die Auswertung der Koordinate der Kegelspitze sinnvoll sein.

3.2.8 Bevorzugte Messpunktanordnungen

Die Tabelle 3.12 enthält Faktoren b_i für die Parameter von Formelementen für einige bevorzugte regelmäßige Messpunktanordnungen. Die Faktoren sind dimensionslose Größen. Erst durch Multiplikation mit der Standardabweichung s der unabhängigen Messabweichungen erhält man die Standardunsicherheiten $u(x_i)$ der Parameter:

$$u(x_i) = b_i \cdot s \tag{3.56}$$

Tabelle 3.12: Faktoren b_i der Formelementeparameter für bevorzugte regelmäßige Anordnungen von n Messpunkten

b_i	Formelementeparameter
$\sqrt{\frac{1}{n}}$	• Mittelwert und Schwerpunktkoordinate von Gerade, Ebene • Radius von Kreis [1)], Kugel [2)], Zylinder [1)], Kegel [1)] (im Schwerpunkt der Messpunkte)
$\sqrt{\frac{2}{n}}$	• Mittelpunktkoordinate von Kreis [1)] und Kugel [2)], • Schwerpunktkoordinate von Zylinder [1)] und Kegel [1)]
$\sqrt{\frac{4}{n}}$	• Durchmesser von Kreis [1)], Kugel [2)], Zylinder [1)] und Kegel [1)] (im Schwerpunkt der Messpunkte • Winkel [3)] von Gerade und Ebene (je $n/2$ an Enden, Bild 3.8)
$\sqrt{\frac{8}{n}}$	• Winkel [3)] einer Ebene (kreisförmige Messpunkte, Bild 3.8) • Winkel [3)] von Zylinder- und Kegelachse (zwei Radialschnitte mit der Punktzahl $n/2$)
$\sqrt{\frac{12\cdot(n-1)}{n\cdot(n+1)}}$	• Winkel [3)] von Gerade und Ebene (Messpunkte in Reihe oder gleichmäßige Anordnung auf der Ebene, Bild 3.8)
$\sqrt{\frac{24\cdot(n-1)}{n\cdot(n+1)}}$	• Winkel [3)] von Zylinder- und Kegelachse (gleichmäßige Punktanordnung auf der ganzen Oberfläche)
$\sqrt{\frac{4}{n}}\cdot\cos^2\alpha$	• Neigungswinkel [3)] des Kegels (zwei Radialschnitte mit der Punktzahl $n/2$)
$\sqrt{\frac{12\cdot(n-1)}{n\cdot(n+1)}}\cdot\cos^2\alpha$	• Neigungswinkel [3)] des Kegels (gleichmäßige Punktanordnung auf der ganzen Oberfläche)

Anmerkungen:

1) Bei Kreis, Zylinder und Kegel wird jeweils eine gleichmäßige Messpunktanordnung über den ganzen Umfang vorausgesetzt. Wird an einem Teilstück des Umfangs gemessen, ist der Faktor für den Zentriwinkel des Bereichs der Messpunkte aus dem Diagramm im Bild 3.3 abzulesen und mit b_i zu multiplizieren.
2) Mit einem Taster kann in der Regel nur eine Halbkugel angetastet werden. Bei einer gleichmäßigen Verteilung der Messpunkte auf dieser Halbkugel ist der Faktor b_i für den Radius bzw. den Durchmesser mit 1,5 zu multiplizieren, für die Mittelpunktkoordinate in Schaftrichtung des Tasters mit 1,8 und für die Koordinaten senkrecht dazu mit 1,3. Für Messungen mit kleinen Punktzahlen bis n=6 gelten die Sonderfälle nach Abschnitt 3.2.4.
3) Die Standardunsicherheiten der Winkel werden nach (3.56) in Längeneinheiten berechnet und beziehen sich immer auf die aktuelle Messlänge L_M als der Bereich, den die Messpunkte in der entsprechenden Richtung überdecken. Zur Umrechnung in Bogenmaß sind sie in Umkehrung von (3.37) durch L_M zu dividieren und dann ggf. nach (3.38) in Grad umzurechnen.

3.2.9 Lochmuster

Die Best-Einpassung von Lochmustern ist eine häufige Messaufgabe, wenn auf der Zeichnung kein vollständiges Bezugssystem angegeben ist, und entspricht auch eher der Funktion [24]. Die folgenden Ausführungen sind aber nicht auf Bohrungen beschränkt, sondern lassen sich genauso auch auf die Einpassung von geometrischen Elementen mit Außenmaßen wie Stifte oder Zapfen anwenden.

Zunächst wird die Best-Einpassung nach der Methode der kleinsten Summe der Abweichungsquadrate behandelt, d.h. die Ausgleichsrechnung nach Gauß. Hier wird nur der ebene Fall betrachtet, d.h. die Best-Einpassung innerhalb einer Ebene in einem Bezugssystem. Dabei wird die Verschiebung des Schwerpunktes der Ist-Positionen (P) zu den Nennlagen (N) aller *i* Bohrungsmittelpunkte (Anzahl *n*) in den zwei Koordinaten ermittelt, und zusätzlich die Drehung des Lochmusters um diesen Schwerpunkt. Für die beiden Koordinatendifferenzen ΔX und ΔY sowie die Winkeldifferenz ΔW gilt [24]:

$$\Delta x = \frac{1}{n}\sum_{i=1}^{n} x_{Pi} - x_{Ni} \qquad \Delta y = \frac{1}{n}\sum_{i=1}^{n} y_{Pi} - y_{Ni} \qquad \Delta w = \frac{\sum_{i=1}^{n}(w_{Pi} - w_{Ni}) * r_i}{\sum_{i=1}^{n} r_i^2} \tag{3.57}$$

Dabei sind r_i die radialen Abstände der einzelnen Bohrungsmitten von ihrem Schwerpunkt. Sind die beiden Mittelpunktkoordinaten der Bohrungen unabhängig voneinander und ihre Standardunsicherheiten jeweils gleich groß ($u_{Xi}=u_{Yi}=u_{Mi}$), gilt für die drei Messgrößen:

$$u_{\Delta XS} = u_{\Delta YS} = u_{MS} = \sqrt{\frac{1}{n^2}\sum_{i=1}^{n} u_{Mi}^2} \qquad \hat{u}_{\Delta W} = \frac{u_{MS}}{\sqrt{\sum_{i=1}^{n} r_i^2}} \tag{3.58}$$

Je mehr Bohrungen zu dem Lochmuster gehören, desto kleiner werden die Unsicherheiten. Sind die Mittelpunktunsicherheiten u_{Mi} und die radialen Abstände r_i jeweils gleich groß, vereinfachen sich die Gleichungen:

$$u_{\Delta XS} = u_{\Delta YS} = u_{MS} = \frac{u_M}{\sqrt{n}} \qquad \hat{u}_{\Delta W} = \frac{u_{MS}}{\sqrt{n} \cdot r} = \frac{u_M}{n \cdot r} \tag{3.59}$$

Die Winkelunsicherheit nach Gleichung (3.58) und (3.59) ist dimensionslos, d.h. in Bogenmaß angegeben. Man erhält sie in Längeneinheiten, indem sie mit dem radialen Abstand *r* des Bohrungsmittelpunktes von Schwerpunkt aller Mittelpunktkoordinaten des Lochmusters multipliziert wird:

$$u_{\Delta W} = \hat{u}_{\Delta W} \cdot r \tag{3.60}$$

Diese Winkelunsicherheit bewirkt, dass die einzelnen Elemente des Lochmusters ellipsenförmige Streubereiche aufweisen, die mit ihren großen Halbachsen tangential zum Schwerpunkt orientiert sind, siehe Bild 3.13.

Koordinaten und Drehwinkel des Lochmusters werden aus denselben Positionen der Bohrungen berechnet. Wenn die Position eines der Elemente des Lochmusters innerhalb dieses Lochmusters bestimmt wird, sind diese Größen also voneinander abhängig. Zur Vereinfachung wird hier auf die Berücksichtigung dieser Abhängigkeiten verzichtet, und die ermittelten Unsicherheiten sind größer.

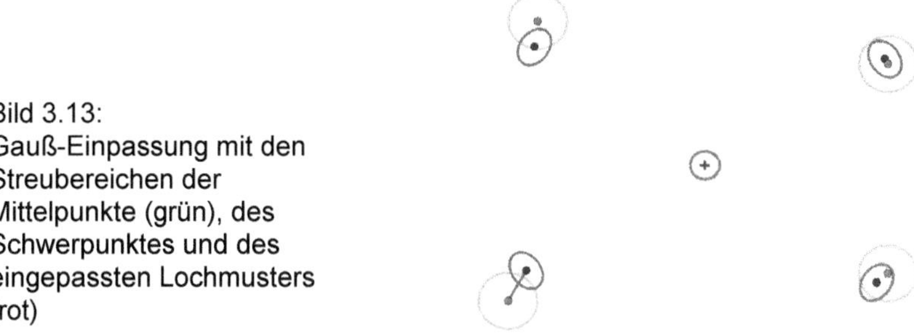

Bild 3.13:
Gauß-Einpassung mit den Streubereichen der Mittelpunkte (grün), des Schwerpunktes und des eingepassten Lochmusters (rot)

Bei der Best-Einpassung nach der Minimax-Bedingung (Tschebyschew) werden drei Parameter ermittelt, zwei Schwerpunktkoordinaten und ein Winkel. Deshalb sind mindestens drei Bohrungen erforderlich, um die drei Abweichungen zu berechnen. Zielfunktion ist die kleinste maximale Abweichung. Dann sind die Abweichungen bei drei Bohrungen gleich groß, siehe Bild 3.14 [24]. Die anderen Bohrungen spielen keine Rolle. Der Schwerpunkt und das eingepasste Lochmuster weisen ausgeprägte Streuungsellipsen auf. Sie sind tangential zum Schwerpunkt der drei Bohrungen mit den kleinsten maximalen Abweichungen orientiert.

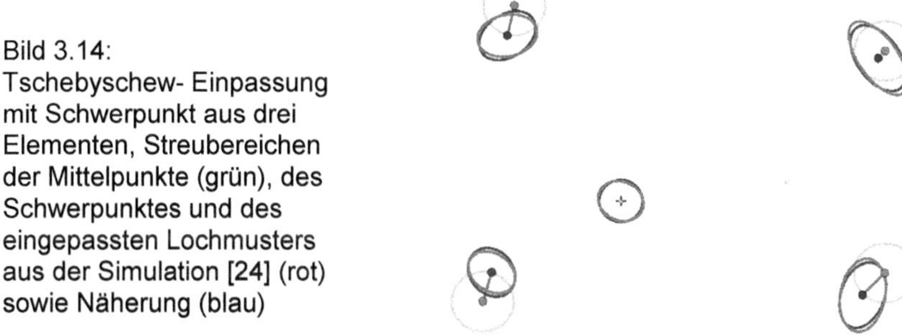

Bild 3.14:
Tschebyschew- Einpassung mit Schwerpunkt aus drei Elementen, Streubereichen der Mittelpunkte (grün), des Schwerpunktes und des eingepassten Lochmusters aus der Simulation [24] (rot) sowie Näherung (blau)

Der Schwerpunkt wird nach Gleichung (3.57), aber nur aus den drei Bohrungen berechnet, die nach der Best-Einpassung die kleinsten maximalen Abweichungen aufweisen und damit die Lage des Lochmusters bestimmen. Dann ergibt sich die Standardunsicherheit u_{MS} des Schwerpunktes aus diesen drei Mittelpunkten zu:

$$u_{MS} = \sqrt{\frac{1}{2 \cdot n} \sum_{i=1}^{n} u_{Mi}^2} \qquad \text{mit } n = 3 \qquad (3.61)$$

Sind die drei Mittelpunktunsicherheiten u_{Mi} etwa gleich groß, erhält man vereinfacht:

$$u_{MS} = \frac{u_M}{\sqrt{2}} \qquad (3.62)$$

Die Unsicherheit der Winkeldifferenz ΔW lässt sich ebenfalls angeben:

$$u_{\Delta W} = u_{MS} \cdot \frac{r}{\bar{r}} \qquad \text{mit } \bar{r} = \frac{1}{n} \sum_{i=1}^{n} r_i \quad \text{und } n = 3 \qquad (3.63)$$

Wenn das Lochmuster aus mehr als drei Elementen besteht, ist meist nicht bekannt, welche drei die Lage des Lochmusters bestimmen, und wo also der Schwerpunkt liegt. Weisen einzelne Elemente eine deutlich größere Unsicherheit als die anderen auf, führt auch das zu größeren Unsicherheiten radial zum Schwerpunkt, und die Unsicherheiten des Lochmusters werden ebenfalls größer. Deshalb wird hier eine Näherung angegeben, die in der Regel ausreichend große Unsicherheiten liefert, siehe Bild 3.15.

Bild 3.15: Tschebyschew-Einpassung mit Schwerpunkt aus allen vier Elementen, Streubereichen der Mittelpunkte (grün), des Schwerpunktes und des eingepassten Lochmusters aus der Simulation [24] (rot) sowie Näherung (blau)

Der Schwerpunkt wird wie bei der Gauß-Einpassung nach Gleichung (3.57) aus allen Bohrungen berechnet. Dann ergibt sich die Standardunsicherheit u_{MS} des Schwerpunktes aus allen Bohrungen zu:

$$u_{MS} = \sqrt{\frac{1}{n}\sum_{i=1}^{n} u_{Mi}^2} \qquad (3.64)$$

Sind alle Mittelpunktunsicherheiten u_{Mi} gleich groß, erhält man vereinfacht:

$$u_{MS} = u_M \qquad (3.65)$$

Die Unsicherheit der Winkeldifferenz ΔW berechnet man mit dem aktuellen Radius r und dem mittleren Radius $\bar{r}$ aus allen Bohrungen:

$$u_{\Delta W} = u_{MS} \cdot \frac{r}{\bar{r}} \qquad \text{mit} \quad \bar{r} = \frac{1}{n}\sum_{i=1}^{n} r_i \qquad (3.66)$$

Die großen Halbachsen der so entstehenden Streuungsellipsen (im Bild 3.15 blau) sind tangential zum Schwerpunkt aus allen Bohrungen orientiert. Sie weichen zwar von den Streubereichen des eingepassten Lochmusters (rot) ab, schließen diese aber praktisch vollständig ein. Die Unsicherheit wird also nach oben abgeschätzt.

Auch bei der Minimax-Einpassung nach Tschebyschew werden Koordinaten und Drehwinkel des Lochmusters aus denselben Positionen der Bohrungen berechnet. Wenn die Position eines der Elemente des Lochmusters innerhalb dieses Lochmusters bestimmt wird, sind diese Größen also voneinander abhängig. Zur Vereinfachung wird hier auf die Berücksichtigung dieser Abhängigkeiten verzichtet, und die ermittelten Unsicherheiten sind größer.

3.3 Geometrieabweichungen

3.3.1 Längenmessabweichungen

Die Längenmessabweichung eines KMG ist nach ISO 10360-1 [47] die „Anzeigeabweichung, mit der der Wert einer Längenmaßverkörperung ... bestimmt werden kann, wenn die Messung an zwei gegenüberliegenden Antastpunkten auf zwei nominell parallelen Flächen ... ausgeführt wird und die Antastpunkte von entgegengesetzten Richtungen angefahren werden“. Der Grenzwert der Längenmessabweichung wird meist in folgender Form angegeben:

$$E_{0,MPE} = \left(A + \frac{L}{K} \right) \mu\text{m} \tag{3.67}$$

Man unterscheidet den konstanten Anteil A und den längenabhängigen Anteil L/K. Der konstante Anteil A begrenzt dabei die Antaststreuungen des Messgerätes bei der Antastung der Endmaße an deren Messflächen mit je einem Punkt sowie die Abweichung des Tasterdurchmessers vom Einmessen. Er enthält auch die kurzperiodischen Abweichungen, die durch die unvollkommene Interpolation beim Abtasten des Maßstabsgitters entstehen.

Bei praktischen Messungen werden in der Regel jedoch mehr als ein bzw. zwei Punkte angetastet. Gleichzeitig überlagern sich die Antaststreuungen mit den örtlichen Formabweichungen der Oberfläche, und die Abweichungen werden durch die Ausgleichsrechnung ausgemittelt. Deshalb kann der konstante Anteil A allein keine Aussage über die Messabweichungen unter diesen Bedingungen liefern. Hier sind die im Kapitel 4 beschriebenen Ansätze erforderlich.

Der längenabhängige Anteil L/K kann dagegen als Grenzwert der Geometrieabweichungen des KMG für die aktuelle Messlänge L angesehen werden, die durch die Maßstabs- und Führungsabweichungen sowie durch die Temperatur in dem spezifizierten Bereich verursacht werden. Streng genommen gilt der Grenzwert nur für den Abstand von zwei Punkten wie am Endmaß, er lässt sich aber auch auf Bohrungsabstände, Durchmesser und Abstände ebener Flächen übertragen.

Die Messung einer Positionsabweichung in einer vorgegebenen Richtung entspricht einer Abstandsmessung, wobei das theoretische Maß als Nennmaß eingesetzt wird. Ist die Positionstoleranz mit dem Durchmesserzeichen vor dem Zahlenwert der Toleranz in die Zeichnung eingetragen, wird die Abweichung in beliebiger Richtung ermittelt. Dann sind die Unsicherheiten in den Koordinatenrichtungen einzeln zu berechnen und der größere Wert z.B. zur Bewertung der Messprozesseignung heranzuziehen.

Das Bild 3.16 zeigt ein Beispiel für die nach ISO 10360-2 [48] ermittelten Längenmessabweichungen mit ihren Grenzwerten. Die Abweichungen liegen meist in der Mitte des durch die beiden Geraden begrenzten Bereiches und nutzen ihn meist nur etwa bis zur Hälfte aus. Auf keinen Fall sind sie gleichmäßig über den ganzen Bereich verteilt, sondern eher normalverteilt.

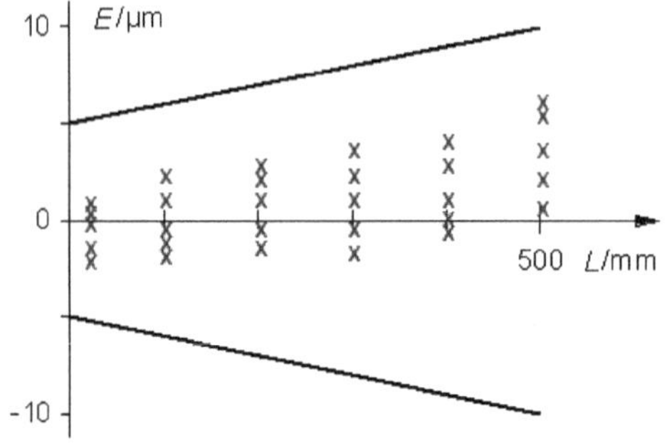

Bild 3.16:
Beispiel für Längenmessabweichungen E eines KMG mit dem Grenzwert

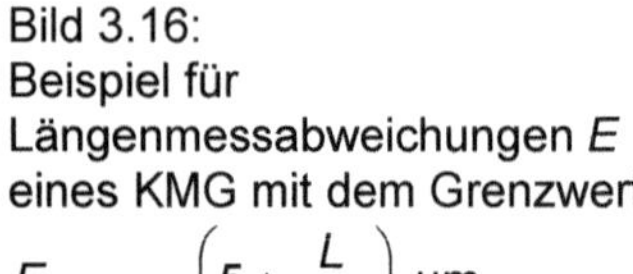

$$E_{0,MPE} = \left(5 + \frac{L}{100}\right)\ \mu m$$

Die Längenmessabweichung wird in der Regel mit Parallelendmaßen geprüft, andere Möglichkeiten sind Stufenendmaße, Kugelstäbe und Kugelplatten. Bei der Kugelplattenmessung lassen sich aus den Kugelabständen nicht nur die Längenmessabweichungen, sondern z.B. auch Geradheits- und Rechtwinkligkeitsabweichungen berechnen. Für einen gegebenen Grenzwert werden damit auch diese Abweichungen begrenzt und sind auf Längenmessungen rückführbar. Dieser Zusammenhang wird im folgenden benutzt, um Fehlergrenzen für die Geometrieabweichungen des KMG bei Form-, Lage- und Maßabweichungen abzuleiten [12]. Dabei wird natürlich vorausgesetzt, dass das KMG regelmäßig mit den in den Normen bzw. Richtlinien festgelegten Verfahren überwacht wird, und dass die festgelegten Grenzwerte jederzeit eingehalten sind.

Der längenabhängige Anteil L/K begrenzt zum Teil auch die temperaturbedingten Längenmessabweichungen. Hier muss allerdings die Angabe des Herstellers beachtet werden. In den meisten Fällen wird zwischen einem allgemeinen (relativ breiten) Temperaturbereich, in dem das KMG betrieben werden kann, und einem speziellen (relativ engen) Temperaturbereich unterschieden, in dem die Genauigkeit mit dem Grenzwert $E_{0,\,MPE}$ der Längenmessabweichung spezifiziert ist. Aber selbst in diesem engen Bereich wird vorausgesetzt, dass die Temperaturen des Werkstücks und der Maßstäbe des KMG gemessen und die temperaturbedingten Längenmessabweichungen rechnerisch korrigiert werden. Ohne diese Korrektur lässt sich der vom Hersteller angegebene Grenzwert $E_{0,\,MPE}$ der Längenmessabweichungen in der Regel nicht einhalten. Ein Beispiel enthält der Abschnitt 7.3.3 Abstand.

Besonders bei sehr genauen KMG liegen die Unsicherheitsbeiträge der Temperaturen der Maßstäbe und des Werkstücks selbst unter nahezu idealen Bedingungen mit Grenzabweichungen von 0,5 Grad häufig schon in der Größenordnung des längenabhängigen Anteils L/K oder sogar darüber. Dann ist der Temperatureinfluss nicht im Grenzwert $E_{0,\,MPE}$ enthalten und muss zusätzlich berücksichtigt werden.

3.3.2 Richtungsabweichungen

- Rechtwinkligkeit

Eine Rechtwinkligkeitsabweichung kann näherungsweise durch eine Längenmessung in Diagonalenrichtung unter dem Winkel α=45° bestimmt werden (Bild 3.17). Im ungünstigsten Fall liegt die Ursache der Längenmessabweichung ΔL allein in der Rechtwinkligkeitsabweichung ΔL_R. Wegen $L^*\cos\alpha = l$ und $\cos^2\alpha = 0{,}5$ bei α=45° ist diese doppelt so groß wie die Längenmessabweichung für die Länge l des Winkelschenkels:

$$\Delta L_R \leq \frac{\Delta L}{\cos\alpha} = \frac{2 \cdot l}{K} \tag{3.68}$$

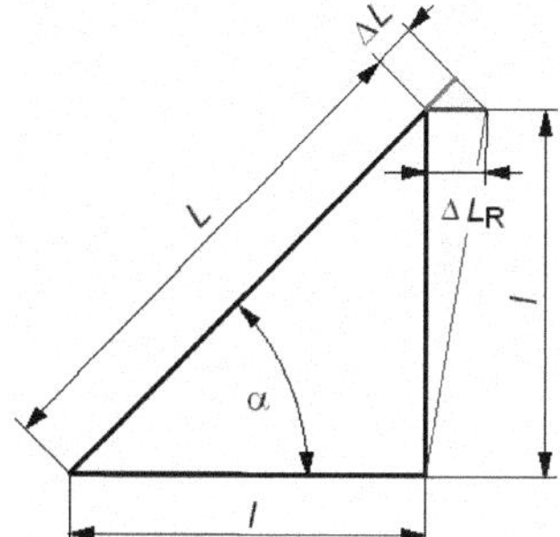

Bild 3.17
Längenmessabweichung ΔL und Rechtwinkligkeitsabweichung ΔL_R

- Neigung und Winkel

Die Neigungsabweichung ΔL_N eines beliebigen Winkels α wird durch die Rechtwinkligkeitsabweichung ΔL_R und den Winkel α selbst bestimmt (Bild 3.18). Die Neigungsabweichung ΔL_N beträgt:

$$\Delta L_N = \Delta L_R \cdot \sin\alpha \tag{3.69}$$

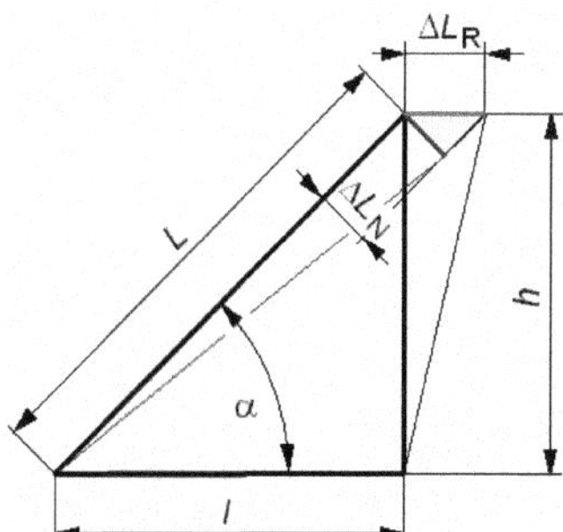

Bild 3.18:
Rechtwinkligkeitsabweichung ΔL_R und Neigungsabweichung ΔL_N eines beliebigen Winkels α

Der Maximalwert ist $\Delta L_{Nmax} = \Delta L_R$ für α=90°. Für kleine Winkel α ist die Neigungsabweichung ΔL_N vernachlässigbar. Allgemein gilt mit (3.68) und der Länge h der Seite, die dem Winkel α gegenüberliegt (Bild 3.18):

$$\Delta L_N \leq \frac{2 \cdot h}{K} \cdot \sin\alpha \tag{3.70}$$

Mit der Beziehung $h=L\sin\alpha$ aus Bild 3.18 ergibt sich:

$$\Delta L_N \leq \frac{2 \cdot L}{K} \cdot \sin^2\alpha \tag{3.71}$$

Mittels Division durch die Schenkellänge L erhält man die Fehlergrenze $\Delta\hat{\alpha}$ des Winkels in Bogenmaß. Dieser Wert kann dann in beliebige andere Winkeleinheiten umgerechnet werden. Dabei sind jedoch die unterschiedlichen Dimensionen der Längen (mm) und der Fehlergrenze ΔL_N (µm) zu beachten:

$$\Delta\hat{\alpha} = \frac{\Delta L_N}{L} \leq \frac{2}{K} \cdot \sin^2\alpha \tag{3.72}$$

- Parallelität

Bei parallelen Geraden wird die Achsneigung in der gemeinsamen Ebene der Geraden gemessen (Bild 3.19 links). Dasselbe gilt für die Rotationsabweichungen, die in Verfahrrichtung auftreten. Die Abweichung lässt sich näherungsweise durch eine Längenmessung in Diagonalenrichtung unter dem Winkel $\alpha=45°$ bestimmen (Bild 3.19 rechts).

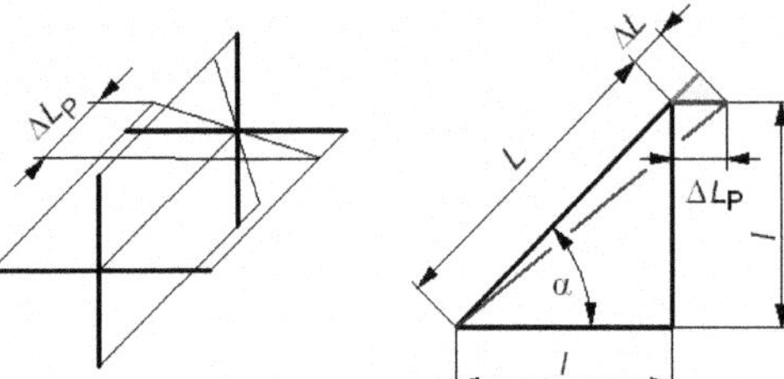

Bild 3.19: Parallelitätsabweichung (Achsneigung) und Rotationsabweichung (Nicken und Gieren); links räumliche Situation, rechts Längenmessabweichung ΔL und Lageabweichung ΔL_P

Im ungünstigsten Fall liegt die Ursache der Längenmessabweichung ΔL allein in der Parallelitäts- oder Rotationsabweichung. Der längenabhängige Anteil des Grenzwertes der Längenmessabweichung begrenzt damit auch die Parallelitäts- bzw. die Rotationsabweichung ΔL_P. Wegen $L*\cos\alpha=l$ und $\cos^2\alpha=0{,}5$ bei $\alpha=45°$ ist diese doppelt so groß wie die Längenmessabweichung für die Länge l des Winkelschenkels:

$$\Delta L_P \leq \frac{\Delta L}{\cos\alpha} = \frac{2 \cdot l}{K} \tag{3.73}$$

Für l ist der kleinere Wert aus dem Abstand der beiden Formelemente bzw. der Länge des tolerierten Elementes einzusetzen, da bei kleinen Abmessungen der Anteil der Geometrieabweichungen gegen Null gehen muss.

3.3.3 Formabweichungen

- Geradheit

Auch die Geradheitsabweichung lässt sich näherungsweise durch eine Längenmessung in Diagonalenrichtung unter dem Winkel α=45° ermitteln (Bild 3.20). Im ungünstigsten Fall liegt die Ursache der Längenmessabweichung ΔL allein in der Geradheitsabweichung ΔF_G. Diese ist wegen $L^*\cos\alpha = l/2$ und $\cos^2\alpha = 0{,}5$ bei α=45° gerade so groß wie die Längenmessabweichung für die Länge l der Geraden:

$$\Delta F_G \leq \frac{\Delta L}{\cos\alpha} = \frac{l}{K} \tag{3.74}$$

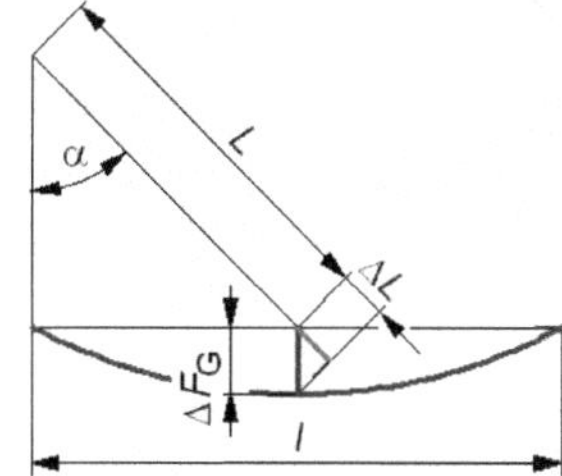

Bild 3.20:
Längenmessabweichung ΔL und Geradheitsabweichung ΔF_G

- Ebenheit

Auf einer ebenen Fläche überlagern sich die jeweils dazu senkrechten Geradheits- und Rotationsabweichungen (Bild 3.21). Es ist jedoch unwahrscheinlich, dass in irgendeinem Punkt die Extremwerte aller Abweichungen zusammentreffen. Einen Schätzwert der Ebenheitsabweichung ΔF_E erhält man durch quadratische Addition der Anteile ΔL_P, ΔF_{GX} und ΔF_{GY}. Für eine rechteckige Ebene mit der kleineren Seitenlänge l und der größeren Seitenlänge L ergibt sich:

$$\Delta F_E \leq \sqrt{\Delta L_P^2 + \Delta F_{GX}^2 + \Delta F_{GY}^2} = \frac{1}{K}\sqrt{5l^2 + L^2} \tag{3.75}$$

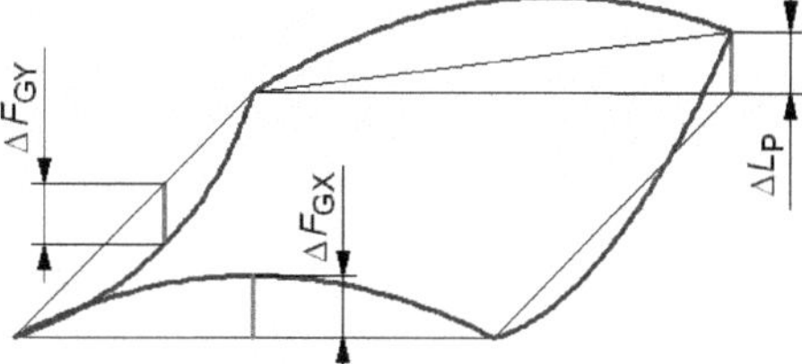

Bild 3.21:
Überlagerung von Geradheits- und Rotationsabweichungen an einer Ebene

- Rundheit

Beim Kreis überlagern sich Längenmessabweichungen und Geradheitsabweichungen (jeweils in zwei Koordinatenrichtungen) sowie die Rechtwinkligkeitsabweichung (Bild 3.22). Eine Geradheitsabweichung verursacht dabei am Ausgleichskreis eine etwa halb so große Komponente der Rundheitsabweichung ($\Delta F_G/2$).
Es ist jedoch unwahrscheinlich, dass in irgendeinem Punkt die Extremwerte aller Abweichungen zusammentreffen. Einen Schätzwert der Rundheitsabweichung ΔF_R erhält man durch quadratische Addition der Anteile ΔL_X, ΔL_Y, $\Delta F_{GX}/2$, $\Delta F_{GY}/2$ und ΔL_R (D=Durchmesser):

$$\Delta F_R \leq \sqrt{\Delta L_X^2 + \Delta L_Y^2 + \left(\frac{\Delta F_{GX}}{2}\right)^2 + \left(\frac{\Delta F_{GY}}{2}\right)^2 + \Delta L_R^2} = \frac{D}{K}\sqrt{\frac{26}{4}} \tag{3.76}$$

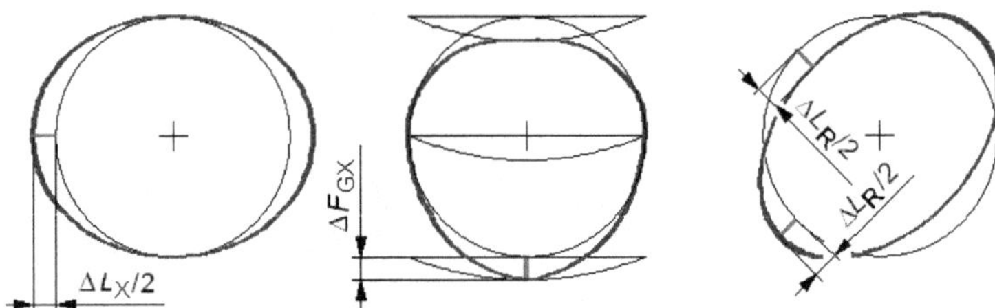

Bild 3.22: Überlagerung von Längenmess-, Geradheits- und Rechtwinkligkeitsabweichungen am Kreis

- Zylinderform

Beim Zylinder überlagert sich die Rundheit im Querschnitt mit der Parallelität (Achsneigung) und Geradheit in beiden Längsschnitten. Es ist jedoch unwahrscheinlich, dass in irgendeinem Punkt die Extremwerte aller Abweichungen zusammentreffen. Einen Schätzwert der Zylinderformabweichung ΔF_Z erhält man durch quadratische Addition der Anteile ΔF_R, ΔL_{PX}, ΔL_{PY}, ΔF_{GX} und ΔF_{GY} (D=Durchmesser, L=Länge):

$$\Delta F_Z \leq \sqrt{\Delta F_R^2 + \Delta L_{PX}^2 + \Delta L_{PY}^2 + \Delta F_{GX}^2 + \Delta F_{GY}^2} = \frac{1}{K}\sqrt{\frac{26}{4}D^2 + 10L^2} \tag{3.77}$$

3.3.4 Vereinfachte Grenzwerte

Die beschriebene Vorgehensweise lässt sich auch auf andere Prüfmerkmale zur Ableitung der Zusammenhänge mit der Längenmessabweichung anwenden. Die Tabelle 3.23 enthält eine Übersicht. In jedem Fall handelt es sich um Fehlergrenzen, innerhalb derer normalverteilte Abweichungen angenommen werden können. Dabei sind die unterschiedlichen Dimensionen der Längen (mm) und der Fehlergrenze ΔL_N (µm) zu beachten.

Wie oben gezeigt, wirken sich praktisch alle Geometrieabweichungen des KMG auf die Längenmessabweichung aus. Anhand von einzelnen Längenmessungen lässt sich deshalb nicht eindeutig unterscheiden, ob die Längenmessabweichung ihre Ursache z.B. in einer Maßstabs-, Rotations-, Rechtwinkligkeits- oder Geradheitsabweichung hat. Da aber für alle diese Abweichungen mit den vollen Beträgen gerechnet wird, ist zu erwarten, dass die Geometrieabweichung eher zu groß als zu klein abgeschätzt wird. Die Schätzung liegt damit auf der sicheren Seite. Dabei wird natürlich vorausgesetzt, dass das KMG regelmäßig überwacht wird und seine Betriebsbedingungen jederzeit eingehalten sind.

Allgemein lassen sich folgende Faustregeln für den Zusammenhang zwischen dem Grenzwert $E_{0,\,MPE}=(A+L/K)$ der Längenmessabweichung und den Fehlergrenzen der Geometrieabweichungen von Koordinatenmessgeräten formulieren [12]:

- Eine Maßabweichung ist nicht größer als der längenabhängige Anteil:

$$\Delta M \leq \frac{L}{K} \tag{3.78}$$

- Eine Lageabweichung ist nicht größer als der zweifache längenabhängige Anteil:

$$\Delta L \leq \frac{2L}{K} \tag{3.79}$$

- Eine Formabweichung ist nicht größer als das Vierfache des längenabhängigen Anteils:

$$\Delta F \leq \frac{4L}{K} \tag{3.80}$$

Für L wird jeweils die größte Seitenlänge oder Raumdiagonale des Formelements eingesetzt, bei Lageabweichungen die Raumdiagonale des Volumens, das sowohl den Bezug als auch das tolerierte Element komplett einschließt. Maximal ist das die Raumdiagonale des Messobjekts.

Bei allen Lageabweichungen sollte das Bezugselement das längere bzw. größere Element sein. Wird das kürzere Formelement bzw. der kürzere Winkelschenkel als Bezug gewählt, ist der Sensitivitätskoeffizient c_i für die Geometrieabweichungen des KMG als Verhältnis des längeren Elements bzw. Schenkels zu dem kürzeren zu berechnen; c_i ist dann größer als 1, und die Unsicherheit wird insgesamt größer.

Tabelle 3.23: Fehlergrenzen ΔL, $\Delta\alpha$ und ΔF der Geometrieabweichungen von KMG für verschiedene Prüfmerkmale mit dem Faktor K des Grenzwertes der Längenmessabweichung $E_{0,\,MPE}=(A+L/K)$ µm; L, l und D in mm

Prüfmerkmal	Fehlergrenze (µm)	Bemerkung
Länge, Abstand, Durchmesser sowie Position zwischen Punkten	$\Delta L \le \frac{L}{K}$	L Nennmaß des Prüfmerkmals, Durchmesser bzw. theoretisches Maß der Positionstoleranz
Koaxialität (Konzentrizität) und Symmetrie	$\Delta L_K \le \frac{D}{2K}$	D Größeres Nennmaß aus den Durchmessern bzw. Breiten
Parallelität (Achsneigung und Achsschränkung) sowie Rotation (Rollen, Nicken, Gieren)	$\Delta L_P \le \frac{2L}{K}$	L Kleineres Nennmaß aus der Länge des gemessenen Elements bzw. dem dazu senkrechten Abstand der beiden Formelemente (das längere Element ist Bezug [1])
Rechtwinkligkeit	$\Delta L_R \le \frac{2L}{K}$	L Nennmaß der Länge des kürzeren Winkelschenkels (das längere Element ist Bezug [1])
Neigung	$\Delta L_N \le \frac{2L}{K}\sin^2\alpha$	L Nennmaß der Länge des tolerierten Elements (der längere Winkelschenkel ist Bezug [1]) α Nennmaß des Winkels
Winkelabweichung (in Bogenmaß)	$\Delta\hat{\alpha} \le \frac{2}{K}\sin^2\alpha$	α Nennmaß des Winkels
Geradheit	$\Delta F_G \le \frac{L}{K}$	L Nennmaß der Länge der Geraden
Ebenheit	$\Delta F_E \le \frac{1}{K}\sqrt{5l^2 + L^2}$	l Nennmaß der kürzeren Seite der Ebene L Nennmaß der längeren Seite der Ebene
Rundheit	$\Delta F_R \le \frac{D}{K}\sqrt{\frac{26}{4}}$	D Nennmaß des Durchmessers
Zylinderform	$\Delta F_Z \le \frac{1}{K}\sqrt{\frac{26}{4}D^2 + 10L^2}$	D Nennmaß des Durchmessers L Nennmaß der Länge

[1] Wird das kürzere Formelement bzw. der kürzere Winkelschenkel als Bezug gewählt, ist der Sensitivitätskoeffizient c_i für die Geometrieabweichungen des KMG als Verhältnis des längeren Elementes bzw. Schenkels zu dem kürzeren zu berechnen; c_i ist dann größer als 1, und die Unsicherheit wird insgesamt größer.

3.3.5 Beispiel

Die oben abgeleiteten Beziehungen für die Grenzwerte der Geometrieabweichungen können im Einzelfall überprüft werden [14]. Das Bild 3.24 zeigt Abweichungen eines KMG, die durch Mehrfachmessungen mit einem Lasertracker ermittelt wurden.

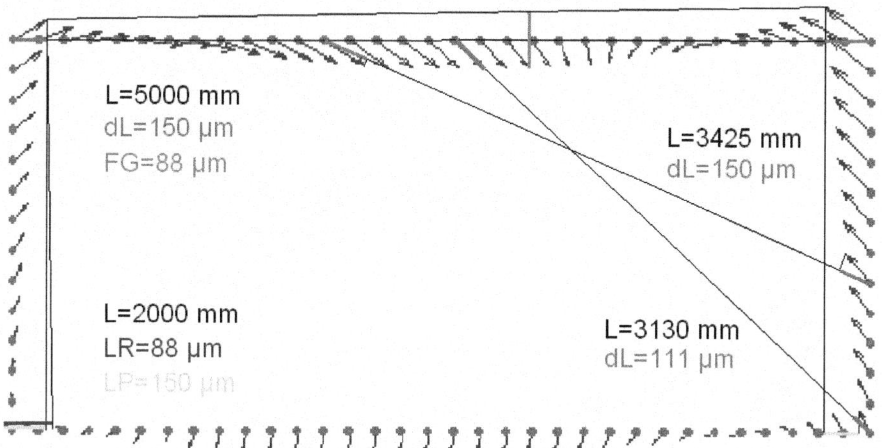

Bild 3.24: Geometrieabweichungen eines KMG mit Längenmessabweichung ΔL, Rechtwinkligkeitsabweichung L_R, Parallelitätsabweichung L_P und Geradheitsabweichung F_G, jeweils mit der Messlänge L [14]

Die Genauigkeitsspezifikation des KMG war nicht bekannt. Deshalb musste zunächst der Faktor K für den längenabhängigen Anteil in Gleichung (3.67) so ermittelt werden, dass keine Längenmessabweichung größer als der Grenzwert ist. Die größte Längenmessabweichung wurde im Bild 3.24 entlang der oberen Kante auf der Messlänge L=5000 mm mit ΔL=150 µm gemessen. Bei der schrägen Messlinie L=3425 mm ist der Wert genauso groß, das Verhältnis der Messlänge zur Abweichung ist also noch kleiner. Der Faktor K darf maximal den Wert K=3425/150= 22,9 haben, damit der Grenzwert in jedem Fall eingehalten wird.

Die Geradheitsabweichung beträgt F_G=88 µm und ist deutlich kleiner als die Längenmessabweichung auf 5000 mm Länge. Die Rechtwinkligkeitsabweichung ist mit L_R=88 µm für die Schenkellänge L=2000 mm im Verhältnis zwar deutlich größer, mit dem Faktor K=22,9 beträgt der Grenzwert nach Gleichung (3.68) aber rund 175 µm. Die Parallelitätsabweichung wird für die Schenkellänge L=2000 mm sogar mit L_P=150 µm gemessen, aber auch hier beträgt der Grenzwert nach Gleichung (3.73) rund 175 µm. Selbst in diesem Extremfall ist die gemessene Abweichung also immer noch kleiner als der Grenzwert.

Im Bild 3.24 treten die größten Messabweichungen bei den diagonalen Messungen auf der rechten Seite auf. Entsprechende Messungen auf der linken Seite würden viel kleinere Abweichungen ergeben. Deshalb sollten bei den turnusmäßigen Überwachungsprüfungen immer wieder andere Messlinien gewählt werden.

Weitere Untersuchungen zur Abschätzung der Geometrieabweichungen im Vergleich mit dem Virtuellen KMG sind in [17] beschrieben, siehe Abschnitt 5.3.

4 Einflussgrößen bei Koordinatenmessungen

4.1 Allgemeines

Die erste und wichtigste Voraussetzung zur Ermittlung der Messunsicherheit ist die reproduzierbare Messung. In anderen Bereichen der Technik werden die dazu nötigen Vorgehensweisen als „Gute messtechnische Praxis" bezeichnet. Wegen der vielfältigen Möglichkeiten, beim Messen Fehler zu machen, soll hier auf Einzelheiten verzichtet und nur auf die Literatur verwiesen werden, z.B. [32] und [33].

Die wesentlichen Einflussgrößen auf die Unsicherheit von Koordinatenmessungen werden z.B. in VDI/VDE 2617 Blatt 7 [67] genannt. Sie lassen sich unter den folgenden Stichworten zusammenfassen und werden in den angegebenen Abschnitten erläutert:

- Werkstückoberfläche (4.2)
- Einmessen des Tasters (4.3)
- Geometrieabweichungen des KMG (4.4)
- Temperatur (4.5)
- Definition der Messgröße (4.6)
- Auswertung von Lageabweichungen (4.7)
- Bezugssystem (4.8)
- Drehtisch (4.9)
- Aufspannung (4.10)

Ob bestimmte Einflussgrößen für eine definierte Messgröße relevant sind oder nicht, kann zunächst einmal aus dem Sachzusammenhang beurteilt werden. So spielt z.B. das Einmessen des Tasterdurchmessers für die Messung eines Durchmessers am Messobjekt eine Rolle, der Tastermittelpunkt dagegen nicht. Ebenso sind die Unsicherheiten der Koordinaten des Tastermittelpunktes vernachlässigbar, wenn der Abstand zwischen zwei Bohrungen mit demselben Taster gemessen wird. Wird mit verschiedenen Tastern gemessen, sind jedoch die Abweichungen beider Tastermittelpunkte im mathematischen Modell zu berücksichtigen.

Nach Vorliegen der vollständig dokumentierten Unsicherheitsberechnung können die wichtigsten Einflussgrößen anhand ihrer Unsicherheitsbeiträge identifiziert werden, ebenso diejenigen, die für die betrachtete Messaufgabe und die Messbedingungen unerheblich sind. Daraus lassen sich Erkenntnisse sowohl für die Optimierung der Messstrategie als auch für zukünftige Messunsicherheitsberechnungen ableiten.

Die oben genannten wesentlichen Einflussgrößen sind in jedem Fall zu berücksichtigen, jedoch nicht immer ausreichend. So ist bei sehr genauen Messungen z.B. auch die zeitliche Drift der Koordinaten zu berücksichtigen, und bei besonders weichen oder harten Materialien auch die unterschiedlichen Abplattungen am Kugelnormal und am Werkstück.

4.2 Werkstückoberfläche

4.2.1 Ermittlungsmethode B

Die Unsicherheit der berechneten Formelementeparameter hängt wesentlich von der Anzahl und Anordnung der Messpunkte auf der Oberfläche ab. Dieser Zusammenhang wurde bereits im Kapitel 3 erläutert. Die Standardunsicherheiten $u(x_i)$ erhält man analog zu Gleichung (2.7) entsprechend der Methode B des GUM allgemein nach der Beziehung:

$$u(x_i) = s \cdot b_i \tag{4.1}$$

Dabei ist s die Standardabweichung der zufälligen und unabhängigen Abweichungen der Messpunkte und b_i der Faktor der Standardunsicherheiten des betrachteten Formelementeparameters für die Messpunktanzahl. Die Tabelle 3.12 enthält solche Faktoren für bestimmte, bevorzugte Messpunktanordnungen.

Beim Antasten des Werkstücks überlagern sich die Antastabweichungen des KMG mit den örtlichen Formabweichungen der Oberfläche. Beide Abweichungen beeinflussen das Messergebnis. Je nach Lage der Messpunkte können die Messwerte stark streuen, wenn die Formabweichungen der Oberfläche groß sind und an verschiedenen Stellen der Oberfläche gemessen wird, siehe Bild 4.1.

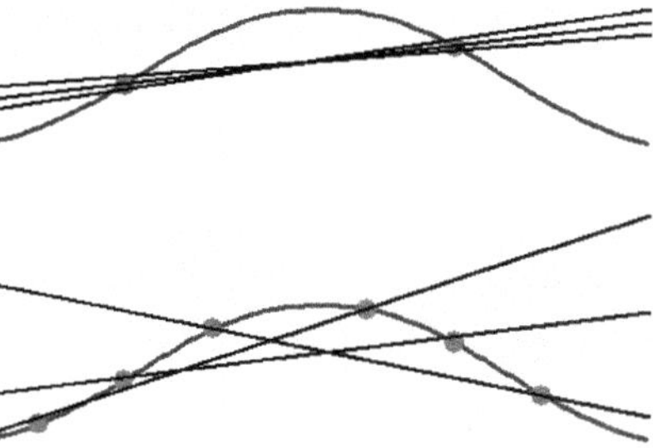

Bild 4.1: Streuung der Lage einer Geraden durch zwei Punkte bei Wiederholungsmessungen an denselben (oben) und an verschiedenen Stellen der Oberfläche (unten)

Die Streuung ist um so größer, je kleiner die Messpunktanzahl ist. Wird das Werkstück dagegen mit sehr vielen Punkten gemessen, wird der Verlauf der Oberfläche bereits recht gut erfasst, und die Antastung an anderen Stellen vergrößert die Streuung der Messwerte nicht. Dasselbe gilt, wenn die örtlichen Formabweichungen der Oberfläche vernachlässigbar klein gegenüber den Antastabweichungen des KMG sind.

Zur Berechnung der Standardunsicherheiten $u(x_i)$ der Formelementeparameter nach Gleichung (4.1) wird die Standardabweichung s der zufälligen und unabhängigen Abweichungen der Messpunkte benötigt. Eine erste Abschätzung nach oben ist die Standardabweichung s der Messpunkte vom Ausgleichselement, wie sie üblicherweise von jeder KMG-Software ausgegeben wird. Diese berechnet sich aus den Abweichungen δ_i der einzelnen Messpunkte, die wiederum die örtlichen Formabweichungen der Werkstückoberfläche und die Antaststreuungen des KMG enthalten:

$$s = \sqrt{\frac{1}{n-p}\sum_{i=1}^{n}\delta_i^2} \tag{4.2}$$

Dabei ist p die Anzahl der freien Parameter, d.h. die Anzahl der Ergebnisparameter des Formelements. Beim Kreis z.B. sind es drei (x, y und r), siehe Abschnitt 3.2.3.

Die Abschätzung der Standardabweichung s aus einer einzigen Messung kann besonders bei kleinen Messpunktzahlen recht unsicher sein. Deshalb ist es sinnvoll, eine mittlere Standardabweichung zu bestimmen, entweder durch die Messung mehrerer Werkstücke oder durch die mehrfache Messung desselben Werkstücks an verschiedenen Stellen der Oberfläche. Dabei sollten wenigstens 50 Freiheitsgrade vorliegen, z.B. eine einmalige Messung mit deutlich mehr als 50 Punkten oder eine Serie von m=12 Werkstücken, wenn Kreise mit n=8 Punkten gemessen werden. Die Anzahl der Freiheitsgrade beträgt dann bei p=3 freien Parametern am Ausgleichskreis $f = m*(n-p) = 12*(8-3) = 60$. Ist die Bedingung erfüllt, kann die Berechnung der effektiven Freiheitsgrade ν_{eff} nach Gleichung (2.13) entfallen, und in Gleichung (2.12) wird mit dem Erweiterungsfaktor k=2 gerechnet.

Eine untere Grenze s_{min} für die Standardabweichung am Ausgleichselement erhält man durch die Messung von verschiedenen kleinen Normalen mit vernachlässigbar kleinen Formabweichungen der Oberfläche. Hier wirkt sich hauptsächlich die Antaststreuung des KMG aus. Erfahrungsgemäß liegt die Standardabweichung etwa bei einem Drittel des konstanten Anteils A aus dem vom Hersteller spezifizierten Grenzwert der Längenmessabweichung $E_{0,\,MPE} = (A+L/K)$ µm:

$$s_{min} = \frac{A}{3} \tag{4.3}$$

Dieser Erfahrungswert gilt weitgehend unabhängig von Hersteller und Typ des KMG, allerdings nur für relativ kurze und stabile Taster. Bei längeren und weniger stabilen Tastern kann die Streuung deutlich größer sein. Mit der Antaststreuung des KMG wird die Unsicherheit zu klein abgeschätzt, wenn die Werkstückoberfläche Formabweichungen aufweist, siehe Tabelle 4.2.

Tabelle 4.2 Ermittlung der Standardabweichungen zur Berechnung der Standardunsicherheiten der Formelementeparameter

Ermittlung	Unsicherheit
Messung von (kleinen) Normalen mit der Standardabweichung s der Messpunkte am Ausgleichselement	Bei Formabweichungen zu klein
Antaststreuung des KMG: Standardabweichung $s = A/3$ mit A aus $E_{0,\,MPE} = (A+L/K)$	Bei Formabweichungen zu klein
Standardabweichung s der Messpunkte am Ausgleichselement (mit örtlichen Formabweichungen der Oberfläche)	Bei Formabweichungen zu groß
Standardabweichung s der zufälligen Messwertanteile nach der Trennung von den systematischen Anteilen	Richtig (Aufwand!)
Wiederholungsmessungen nach Methode A des GUM an verschiedenen Stellen der Oberfläche	Richtig (Aufwand!)

Praktisch sind die Formabweichungen der Oberfläche meist nicht vernachlässigbar, und es wird aus wirtschaftlichen Gründen mit einer begrenzten Punktzahl gemessen. Dann wird die Standardabweichung der Messpunkte vom Ausgleichselement für die Unsicherheitsberechnung verwendet. Sie enthält sowohl zufällige als auch systematische Messwertanteile und kann deutlich größer als s_{min} nach Gleichung (4.3) sein. Die Unsicherheit wird damit immer nach oben abgeschätzt, liegt aber auf der sicheren Seite, siehe Tabelle 4.2.
Um die richtige Standardabweichung der zufälligen und unabhängigen Abweichungen der Messpunkte zu erhalten, müssen diese von den systematischen Abweichungen getrennt werden. Dazu sind jedoch aufwendige mathematische Methoden erforderlich, die dem KMG-Anwender bisher in der Regel nicht zur Verfügung stehen. Einzelheiten sind im Kapitel 10 beschrieben. Ganz allgemein lässt sich sagen, dass die gesuchte Standardabweichung kleiner als die am Ausgleichselement und größer als s_{min} ist, siehe Tabelle 4.2. Mit größer werdenden Messpunktzahlen nähert sie sich an den Minimalwert s_{min} nach Gleichung (4.3) an.

4.2.2 Ermittlungsmethode A

Realistische Messunsicherheiten erhält man aber auch mit der Ermittlungsmethode A des GUM. Dazu werden die Formelemente wiederholt an verschiedenen Stellen der Oberfläche gemessen. Die Messstrategie, d.h. die Anzahl und die Charakteristik der Anordnung der Messpunkte, bleibt dabei gleich. Das Punktmuster wird lediglich jeweils seitlich so versetzt, dass alle Stellen der Oberfläche die gleiche Chance haben, gemessen zu werden. Die Standardunsicherheiten $u(x_i)$ der Eingangsgrößen erhält man dann nach Gleichung (2.2) bzw. (2.4) direkt als Standardabweichungen s ihrer Messwerte. Ein Beispiel wird im Abschnitt 7.5 diskutiert.
Dieses Vorgehen liefert gegenüber der Methode B häufig realistischere Werte für die Messunsicherheit. Die Messungen mit den versetzten Punktmustern müssen aber erst einmal programmiert und ausgeführt werden. Deshalb kommen die Wiederholungsmessungen nur in Ausnahmefällen in Betracht.

4.3 Taster

4.3.1 Einmessen

Vor dem Messen des Werkstücks wird in der Regel der Taster an einem Kugelnormal eingemessen. Dabei werden aus dem bekannten Durchmesser des Kugelnormals der Tasterdurchmesser und die Mittelpunktkoordinaten bestimmt. Auf Grund der Antastabweichungen des KMG und der Tasterbiegung sind die so ermittelten Werte auch unsicher.

Da die Tasterparameter mittels Ausgleichsrechnung aus den Messungen am Kugelnormal berechnet werden, gelten die Ausführungen des Abschnitts 4.2. Die Standardunsicherheiten der Tasterparameter für einen kugelförmigen Taster ergeben sich allgemein nach Gleichung (3.29) bzw. Tabelle 3.12 für die Antastung an der zugänglichen Halbkugel mit gleichmäßiger Punktverteilung.
Hier sind der Tasterradius und die Mittelpunktkoordinate in Schaftrichtung des Tasters miteinander korreliert. Das hat zur Folge, dass die Unsicherheit im Scheitelpunkt des Tasters relativ klein ist, siehe Bild 3.5. Sie entspricht meist annähernd der des Tastermittelpunktes senkrecht zum Tasterschaft. Die Tabelle 3.6 zeigt einige Beispiele für verschiedene Punktzahlen und -muster.
Die Standardabweichung s der zufälligen und unabhängigen Abweichungen der Messpunkte kann wieder nach Gleichung (4.3) als untere Grenze s_{min} aus dem konstanten Anteil A des Grenzwertes $E_{0,\,MPE}$ der Längenmessabweichung abgeschätzt werden. Ergibt sich beim Einmessen – besonders bei langen und dünnen Tastern – eine größere Standardabweichung, dann ist mit dieser zu rechnen.

Ein zweiter möglicher Weg ist auch hier die Methode A mit Wiederholungsmessungen (siehe Abschnitt 4.2.2), besonders bei Serienmessungen, wo immer wieder dieselben Taster bzw. Tasterkombinationen eingemessen werden.

4.3.2 Rotationsabweichungen

Beim Messen des Werkstücks können sich die eingemessenen Tasterparameter gegenüber dem Einmessen verändern. Das betrifft weniger den Durchmesser, wohl aber die Mittelpunktkoordinaten. Auf Grund von Rotationsabweichungen der Führungen kann der Weg des Tastermittelpunktes von der am Maßstab angezeigten Länge abweichen, siehe Bild 4.3.

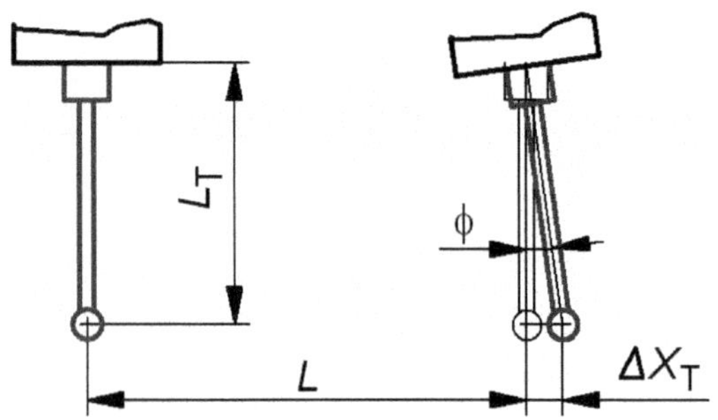

Bild 4.3:
Abweichung erster Ordnung ΔX_T durch die Rotationsabweichungen des KMG beim Verfahren des Messkopfes um die Länge L

Die dadurch verursachte Abweichung erster Ordnung ΔX_T ist proportional zur Länge L_T des Tasters und zum Kippwinkel ϕ (in Bogenmaß):

$$\Delta X_T = L_T \cdot \widehat{\phi} \tag{4.4}$$

Diese Abweichung ist bereits im Grenzwert $E_{0,\,MPE}$ der Längenmessabweichung berücksichtigt. Der Hersteller gibt in der Regel eine maximale Tasterlänge an, für die dieser Grenzwert gilt. Bei längeren, starren Tastern, die wie im Bild 4.3 in Richtung der Pinole eingespannt sind, wird die Abweichung aber nicht größer – solange sich die Tastkugel noch im Messvolumen des KMG befindet –, da dann die Pinole nicht so weit ausgefahren wird. Auch hier gilt also der Grenzwert $E_{0,\,MPE}$.

Häufig wird aber nicht nur mit einem, sondern mit mehreren Tastern gemessen. Diese können zu einer festen Tasterkombination zusammengebaut sein, nacheinander mit der Tasterwechseleinrichtung aus einer Ablage entnommen, durch verschiedene Stellungen eines Dreh-Schwenk-Gelenks oder auch durch mehrere Sensoren an derselben oder an einer anderen Pinole realisiert werden. In allen diesen Fällen können sich beim Verfahren des Messkopfes die Lagen der Tastermittelpunkte gegenüber dem Einmessen verändern. Besonders kritisch sind hier lange Taster, die seitlich von der Pinole auskragend angebracht werden, siehe Bild 4.4.

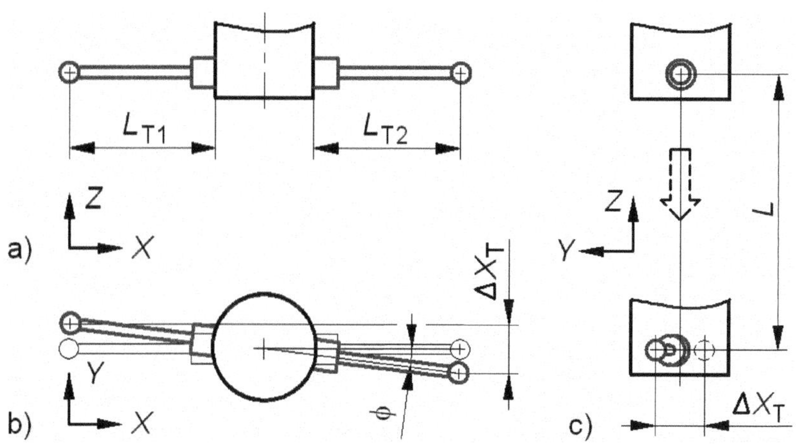

Bild 4.4: Abweichung erster Ordnung ΔX_T durch Rollen der Pinole um ihre Achse beim Verfahren um die Länge L in Z-Richtung; a) *XZ*-, b) *XY*-, c) *YZ*-Ebene

Das Rollen der Pinole um den Winkel ϕ führt wie im Bild 4.3 zu einer Abweichung ΔX_T, die hier proportional zur Gesamtlänge der beiden Taster ist. Diese Abweichung sollte für beliebige Orte im Messvolumen des KMG abgeschätzt werden können. Dazu lassen sich die vom KMG-Hersteller spezifizierten Grenzwerte der Mehrfachtaster-Ortsabweichung $P_{LTj,\,MPE}$ des Messkopfsystems nach ISO 10360-5 [50] verwenden. Der Index j steht dabei für die Art des Messkopfsystems, z.B. festes Mehrfach-Tastersystem (N), festes Mehrfach-Messkopfsystem (M), Dreh-Schwenk-Messkopfsystem mit empirischem (Anwendung in bestimmten Stellungen, E) oder mit abgeleitetem Einmessen (Anwendung in beliebigen Stellungen, I).

Die Lageabweichungen werden nach dem Verfahren in ISO 10360-5 [50] geprüft: Ein Kugelnormal wird mit fünf sternförmig angeordneten Tastern bzw. in fünf entsprechenden Stellungen des Dreh-Schwenk-Gelenkes gemessen. Die Kugel sollte dabei möglichst weit von dem Ort im Messvolumen des KMG entfernt aufgestellt werden, an dem die Taster eingemessen wurden. Das Kugelnormal wird mit jedem Taster mit 25 Punkten angetastet, die gleichmäßig über die jeweils zugängliche Halbkugel verteilt sind. Die Lageabweichung ist dann die maximale Koordinatendifferenz zwischen den berechneten fünf Kugelmittelpunkten, d.h. die maximale Spannweite für die drei Koordinaten X, Y und Z.

Um die besonders kritischen Rollabweichungen der Pinole sichtbar zu machen, sollte das Kugelnormal in mehreren Höhen entlang der Pinolenachse gemessen werden. Dazu reichen in der Regel zwei lange, seitlich auskragende Taster wie im Bild 4.4 aus.
Der spezifizierte Grenzwert $P_{\mathrm{LT}j,\,\mathrm{MPE}}$ der Mehrfachtaster-Ortsabweichung des Messkopfsystems darf an keiner Stelle des Messvolumens überschritten werden. Dann kann dieser Grenzwert verwendet werden, um den Unsicherheitsbeitrag für die Messung von Prüfmerkmalen mit zwei verschiedenen Tastern bzw. Stellungen des Dreh-Schwenk-Gelenkes abzuschätzen. Anhand der aufgezeichneten Abweichungen lässt sich in der Regel wieder die Annahme der Normalverteilung begründen.
Der Grenzwert gilt zunächst nur für eine spezifizierte Tasterlänge (z.B. L_{T}=100 mm) und muss deshalb gegebenenfalls auf andere Längen umgerechnet werden. In der Regel wird hier eine längenproportionale Umrechnung ausreichen:

$$a_i = \frac{L_{T1} + L_{T2}}{2 \cdot L_T} \cdot P_{LTj,MPE} \tag{4.5}$$

Wie das Bild 4.4 zeigt, ist die Summe der beiden Tasterlängen L_{T1} und L_{T2} kleiner als der Abstand der Tastermittelpunkte. Da aber der Grenzwert $E_{0,\,\mathrm{MPE}}$ der Längenmessabweichung nach (3.67) auch für leicht seitlich auskragende Taster gilt, lässt sich der Abstand der beiden Anlageflächen am Messkopf in der Regel vernachlässigen.
Das Rollen der Pinole um ihre Achse wirkt sich auch auf die Längenmessung mit nur einem langen, seitlich auskragenden Taster aus, wenn die Messlinie schräg im Raum liegt. Der entsprechende Unsicherheitsbeitrag wird zweckmäßig wieder mit dem spezifizierten Grenzwert $P_{\mathrm{LT}j,\,\mathrm{MPE}}$ der Mehrfachtaster-Ortsabweichung des Messkopfsystems abgeschätzt. Hier ist zu berücksichtigen, dass nur mit einem Taster gemessen wird, d.h. der Grenzwert wird zunächst in der Regel halbiert und dann noch längenproportional auf die aktuelle Tasterlänge umgerechnet.
Das Rollen der Pinole wirkt sich nicht auf Längenmessungen aus, die parallel zu den Koordinatenachsen ausgeführt werden: Liegt die Messlinie senkrecht zur Pinolenachse, wird die Pinole nicht verfahren, und es tritt deshalb keine Abweichung auf. Ist die Messlinie parallel zur Pinolenachse, liegt die Abweichung senkrecht dazu und ist als Abweichung 2. Ordnung vernachlässigbar.

4.4 Geometrieabweichungen

Der Grenzwert $E_{0,\,\mathrm{MPE}}$ der Längenmessabweichung begrenzt sowohl die Antastabweichungen als auch die Geometrieabweichungen des KMG. Während der konstante Anteil *A* zur Abschätzung der Antastabweichungen des KMG verwendet wird, lässt sich mit dem längenabhängigen Anteil *L*/*K* der Einfluss der Geometrieabweichungen abschätzen. Der Zusammenhang wird im Kapitel 3 ausführlich erläutert, und die Tabelle 3.23 enthält eine Übersicht über die häufigsten Prüfmerkmale.
In jedem Fall handelt es sich um Fehlergrenzen, innerhalb derer normalverteilte Abweichungen angenommen werden können, siehe Abschnitt 3.3.1. Praktisch wirken sich alle Geometrieabweichungen des KMG auf die Längenmessabweichung aus. Anhand von einzelnen Längenmessungen lässt sich deshalb nicht eindeutig unterscheiden, ob die Längenmessabweichung ihre Ursache z.B. in einer Maßstabs-, Rotations-, Rechtwinkligkeits- oder Geradheitsabweichung hat. Da aber für alle diese Abweichungen mit den vollen Beträgen gerechnet wird, ist zu erwarten, dass die Geometrieabweichungen mit Tabelle 3.23 eher zu groß als zu klein abgeschätzt werden. Die Schätzung liegt damit auf der sicheren Seite. Dabei wird natürlich vorausgesetzt, dass das KMG regelmäßig überwacht wird und der Grenzwert $E_{0,\,\mathrm{MPE}}$ der Längenmessabweichung jederzeit eingehalten ist.
Wie bereits im Abschnitt 3.3.1 angesprochen, begrenzt der längenabhängige Anteil *L*/*K* zum Teil auch die temperaturbedingten Längenmessabweichungen. Hier muss allerdings die Angabe des Herstellers beachtet werden. In den meisten Fällen wird zwischen einem allgemeinen (relativ breiten) Temperaturbereich, in dem das KMG betrieben werden kann, und einem speziellen (relativ engen) Temperaturbereich unterschieden, in dem die Genauigkeit mit dem Grenzwert $E_{0,\,\mathrm{MPE}}$ der Längenmessabweichung spezifiziert ist. Selbst in diesem engen Bereich wird noch vorausgesetzt, dass die Temperaturen des Werkstücks und der Maßstäbe des KMG gemessen und die temperaturbedingten Längenmessabweichungen rechnerisch korrigiert werden. Ohne diese Korrektur lassen sich die vom Hersteller angegebenen Grenzwerte $E_{0,\,\mathrm{MPE}}$ der Längenmessabweichungen in der Regel nicht einhalten. Ein Beispiel wird im Abschnitt 7.3.3 Abstand diskutiert.
Besonders bei sehr genauen KMG liegen die Unsicherheitsbeiträge der Temperaturen der Maßstäbe und des Werkstücks selbst unter nahezu idealen Bedingungen mit Grenzabweichungen von 0,5 Grad häufig schon in der Größenordnung des längenabhängigen Anteils *L*/*K* oder sogar darüber. Dann ist der Temperatureinfluss nicht im Grenzwert $E_{0,\,\mathrm{MPE}}$ enthalten und muss als zusätzliche Eingangsgröße berücksichtigt werden.

4.5 Temperatur

Wie bereits im vorangegangenen Abschnitt bemerkt, ist der Temperatureinfluss auf die Maßstäbe und das Werkstück häufig nicht im Grenzwert $E_{0,\,MPE}$ der Längenmessabweichung enthalten und muss deshalb gesondert berücksichtigt werden.
Dabei wird im allgemeinen davon ausgegangen, dass die Temperatur innerhalb des Werkstücks vollständig ausgeglichen ist. Dann hat die Temperatur keinen Einfluss auf Form- und Lageabweichungen, sondern nur auf absolute Größen wie Maße und Abstände, wozu hier auch die Position zu rechnen ist.
In der Regel sind die Abweichungen von der Referenztemperatur 20°C rechnerisch zu korrigieren. Steigt die Temperatur t_W des Werkstücks über 20°C, dehnt es sich aus, und die angezeigte Länge wird größer. Mit steigender Temperatur t_M der Maßstäbe wird die angezeigte Länge kleiner. Mit den Ausdehnungskoeffizienten α_W des Werkstücks und α_M des Messgerätemaßstabs ergibt sich die temperaturbedingte Längenmessabweichung ΔL_T:

$$\Delta L_T = L \cdot \left[\alpha_W \cdot (t_W - 20°C) - \alpha_M \cdot (t_M - 20°C)\right] \qquad (4.6)$$

Zur Berechnung der Unsicherheit der Temperaturkorrektur sind die Standardunsicherheiten u_t der Temperaturen und u_α der Ausdehnungskoeffizienten zu bestimmen. Dazu müssen die Grenzwerte bzw. Grenzabweichungen und die Verteilungen abgeschätzt werden, wobei eher von den ungünstigsten Fällen auszugehen ist [8].
Der Unsicherheitsbeitrag setzt sich aus den Anteilen für die Temperaturen t und die Ausdehnungskoeffizienten α des Werkstücks (Index W) und der Messgerätemaßstäbe (Index M) zusammen:

$$u_{\Delta LT} = L \cdot \sqrt{(\alpha_W \cdot u_{tW})^2 + (\alpha_M \cdot u_{tM})^2 + \left[(t_W - 20°) \cdot u_{\alpha W}\right]^2 + \left[(t_M - 20°) \cdot u_{\alpha M}\right]^2} \qquad (4.7)$$

Wird die temperaturbedingten Längenmessabweichung ΔL_T (aus welchen Gründen auch immer) nicht korrigiert, so muss sie als zusätzlicher Messunsicherheitsbeitrag berücksichtigt werden, siehe den Abschnitt 2.5 Systematische Messabweichungen. Um das zu umgehen, kann als mittlere Temperatur 20°C festgelegt werden. Die Grenzabweichungen a_t der Temperaturen müssen dann so weit gefasst werden, dass sie alle möglichen Abweichungen von der Referenztemperatur einschließen.
Die Standardunsicherheiten $u(x_i)$ der Eingangsgrößen ergeben sich nach Gleichung (2.7) aus den Grenzabweichungen a_i für die jeweilige Verteilungsform.

Die Tabelle 4.5 zeigt die Ausdehnungskoeffizienten einiger Werkstoffe. Das wesentliche Problem ist das Einsetzen realistischer Werte für die Grenzabweichungen a_α der Längenausdehnungskoeffizienten. Diese beschreiben die Streuung zwischen verschiedenen Legierungen und Materialchargen. Bei Stahl kann der Ausdehnungskoeffizient α zwischen 10 und $14 \cdot 10^{-6}$/K liegen (Tabelle 4.5). Im Zweifelsfall ist mit dem Mittelwert $\alpha_W = 12 \cdot 10^{-6}$/K und der Grenzabweichung ± 20 % zu rechnen, d.h. $a_{\alpha W} = \alpha_W/5$. Dasselbe gilt auch für andere Materialien – siehe z.B. den Anhang A3 von VDI/VDE/DGQ 2618 Blatt 1.2 [72].
Bei Kunststoffen hängt die Ausdehnung nicht nur vom Grundmaterial, sondern auch von den Beimischungen ab. Größere Anteile von Glas- oder Kohlefasern können die Ausdehnung erheblich verringern und außerdem in Abhängigkeit von der Faserrichtung unterschiedlich beeinflussen. Hier sind genauere Angaben von den Materiallieferanten zu erfragen.

Tabelle 4.5: Mittlere Ausdehnungskoeffizienten α einiger Werkstoffe in 10^{-6}/K

Material	α	Material	α
Invarstahl	1,5...2	CFK (in Faserrichtung)	-0,4
Titan	6	Zerodur (Glaskeramik)	0...0,1
Chrom	8	Wolframkarbid (Endmaße)	4,2
Chromstahl (13 %)	10,5	Hartgestein	5,5
Grauguß	11	Hartmetall	6
Wolframstahl (18 %)	11,2	Keramik	6
Endmaßstahl (niedriglegiert)	11,5	Glasmaßstäbe	8
Nickelstahl (30 %)	12	Holz (in Faserrichtung)	8
Nickel	13	Endmaßkeramik	9
Gußstahl, Manganstahl (14 %)	14		
Rostbeständiger Stahl (Cr, Ni)	16,5	Duroplast	50
Kupfer	16,5	Polystyrol (PS)	70
Bronze, Messing	18	Polyamid (PA)	100
Aluminium	24	Polyvinylchlorid (PVC)	120
Magnesium, Zink	26	Polyethylen (PE)	200

Die Ausdehnungskoeffizienten der Maßstäbe sind meist besser bekannt. Die Grenzabweichung beträgt bei Zerodur $a_{\alpha M}=0{,}05\cdot10^{-6}$/K vom Mittelwert 0,05, bei Glasmaßstäben $a_{\alpha M}=0{,}5\cdot10^{-6}$/K und bei Endmaßstahl nach ISO 3650 $a_{\alpha M}=1\cdot10^{-6}$/K [42].
Dabei ist auch auf das Konstruktionsprinzip zu achten: Kann sich der Maßstab unabhängig vom Trägermaterial ausdehnen, gelten die oben angegebenen Werte. Ist er jedoch fest mit diesem verbunden (z.B. ein kompakt aufgeklebter Stahlmaßstab auf Hartgestein), dehnt er sich wie das Grundmaterial aus. Bei massiven Prüfkörpern wie z.B. Stufenendmaßen können schon das Eigengewicht und die Reibung ausreichen, um denselben Effekt hervorzurufen.
Die Ausdehnungskoeffizienten werden meist als linear angenommen, praktisch sind sie es jedoch nicht. Deshalb muss bei größeren Abweichungen von 20°C mit deutlich größeren Grenzabweichungen als 20 % gerechnet werden. Bei 30°C können das schon 50 % sein. Im Idealfall sind die Ausdehnungskoeffizienten kalibriert, wie es z.B. bei langen Parallelendmaßen üblich ist. Dabei ist die Angabe einer quadratischen Funktion anstelle der üblichen linearen sinnvoll.

Die Temperatur wird im besten Fall mit Körperthermometern (Skalenwert 0,2 K) oder elektrischen Berührungsthermometern gemessen (Temperatursensoren mit Metall- oder Halbleitermesswiderständen). Die Grenzabweichungen betragen in allen Fällen etwa 0,2 K, solange die Temperatursensoren nicht kalibriert sind.
Die Messabweichungen hängen aber auch noch von anderen Faktoren ab. Eine wesentliche Rolle spielen örtliche und zeitliche Temperaturunterschiede, z.B. beim Abkühlen eines Werkstückes, das direkt von einer Bearbeitungsmaschine kommt. Auch die Trägheit des Thermometers selbst und der Wärmekontakt an einer rauen Oberfläche haben einen Einfluss. Wird nur die Raumtemperatur gemessen, ist mit deutlich größeren Grenzabweichungen zu rechnen. In einer nicht klimatisierten Fertigungshalle können sie 2 K und mehr betragen.

Die Tabelle 4.6 zeigt, in welchen Größenordnungen die Grenzabweichungen a_t der Temperatur bei verschiedenen Messbedingungen liegen können. Die gleichlautenden Angaben bedeuten nicht, dass die Grenzabweichung bei Prüfmittel und Werkstück gleich sein müssen. Im Gegenteil ist oft eine größere Grenzabweichung a_{tw} für das Werkstück anzunehmen, z.B. wegen der Verformung durch ungenügenden Temperaturausgleich. Bei Glasmaßstäben ist die Grenzabweichung wegen der schlechten Wärmeleitfähigkeit größer als bei Metall.
Die Grenzabweichung a_t enthält auch die Temperaturunterschiede zwischen den Maßstäben, wenn die Software mit einem pauschalen Mittelwert für t_M rechnet. Wird die Temperatur für alle drei Achsen einzeln korrigiert, sind die Abweichungen kleiner.
Wesentliche Verbesserungen der Genauigkeit kann man vor allem durch Einhalten der Referenztemperatur 20°C im klimatisierten Messraum (auch bei durchgeführter Temperaturkorrektur), ausreichendes Temperieren, genaue Temperaturmessungen an Werkstück und Maßstäben und geringe Unsicherheiten der Ausdehnungskoeffizienten des Werkstücks erreichen.

Tabelle 4.6: Grenzabweichungen a_t der Temperatur bei verschiedenen Messbedingungen (siehe auch [8])

Messbedingungen	a_t
Freie Temperaturschwankung am Messplatz wie in der Fertigung, z.B. zwischen 15 und 35°C im Jahr (Mittelwert 25°C)	10 K
Keine Temperaturmessung, sondern nur „Schätzung“ aufgrund des persönlichen Empfindens	5 K
Temperaturmessung nahe am Messplatz mit einem Zimmerthermometer mit dem Skalenwert 1 K	2 K
Kein vollständiger Temperaturausgleich und unbekannte Temperaturverteilungen im Messgerät und im Werkstück, Temperaturen nur an je einer Stelle gemessen, schlechter Wärmekontakt durch rauhe Oberflächen	1 K
Kein vollständiger Temperaturausgleich beim Messgerät im klimatisierten Messraum, Werkstück nicht austemperiert, Temperaturmessung an jeweils mehreren Stellen	0,5 K
Vollständiger Temperaturausgleich im Werkstück durch ausreichendes Temperieren, im Messgerät durch Aluminiumkonstruktion (KMG in CARAT-Technologie von ZEISS) oder mit Thermo-Vollfehlerkorrektur von LEITZ	0,2 K

Wenn die Temperatur innerhalb des Werkstücks vollständig ausgeglichen ist, hat eine Abweichung von der Referenztemperatur 20°C keinen Einfluss auf Form- und Lageabweichungen, sondern nur auf absolute Größen wie Maße und Abstände, wozu hier auch die Position zu rechnen ist. Unabhängig von der Geometrie des Werkstücks und vom Prüfmerkmal lassen sich die temperaturbedingte Abweichung und ihre Unsicherheit mit den angegebenen Formeln immer nach oben abschätzen, wenn als Messlänge L die größte Ausdehnung des Werkstücks (Raumdiagonale) eingesetzt wird. Bezieht sich das Prüfmerkmal auf ein Formelement, das deutlich kleiner als das ganze Werkstück ist, wird dessen Raumdiagonale verwendet.

4.6 Definition der Messgröße

Bei Koordinatenmessungen werden üblicherweise die Ausgleichselemente als best-eingepasste mittlere Elemente nach Gauß berechnet, siehe Kapitel 3. Diese entsprechen jedoch nicht der Standard-Maßdefinition nach ISO 14405-1 [56], wonach ein Maß der Abstand zwischen zwei gegenüberliegenden Oberflächenpunkten ist. Danach muss jedes einzelne gemessene Zweipunktmaß innerhalb der Toleranz liegen, siehe Bild 4.7. Weitere mögliche Maßdefinitionen sind Hüllkreis (kleinster umschriebener Kreis) und Pferchkreis (größter einbeschriebener Kreis).

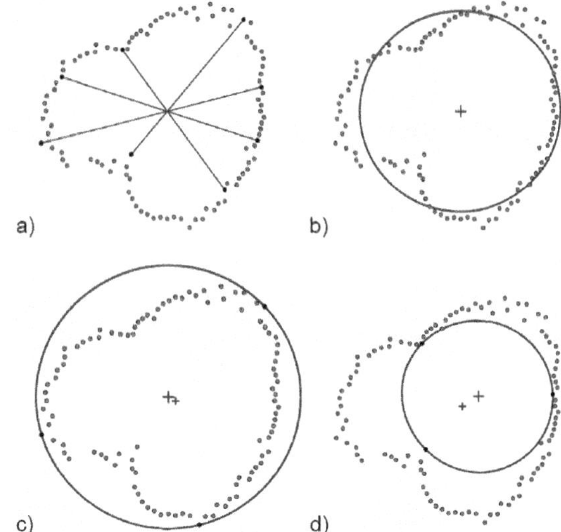

Bild 4.7:
Maßdefinitionen am Kreis
a) Zweipunktmaße
b) Mittlerer Kreis
c) Hüllkreis
d) Pferchkreis

Bei der Messung entsprechend diesen Definitionen erhält man durch die örtlichen Formabweichungen der Oberfläche im allgemeinen eine größere Streuung der Messwerte als bei Auswertung der mittleren Elemente. Gerade wegen der kleineren Messunsicherheit haben sich aber die Ausgleichselemente seit vielen Jahrzehnten in der Koordinatenmesstechnik bewährt. Deshalb wird hier davon ausgegangen, dass die Maße für die mittleren Elemente vorgegeben sind. Sie können auch ausdrücklich in der Zeichnung vorgegeben werden [56]:

Maße ISO 14405 (GG)

Werden im Einzelfall andere Maßdefinitionen gefordert, sind die entsprechenden Symbole hinter der jeweiligen Maßeintragung in der Zeichnung anzugeben [56]. Weitere Erläuterungen zum Thema finden sich in [20] und [21].

Werden entsprechend der Funktion der Oberfläche die angrenzenden Elemente ausgewertet, z.B. der von außen angrenzende Kreis mit dem kleinstmöglichen Durchmesser (Hüllkreis), dann ist die Messgröße aber nicht mehr wie im GUM als Mittelwert, sondern als Extremwert definiert. Praktisch werden zur Berechnung der angrenzenden Elemente die am weitesten hervorstehenden Punkte aus den zufällig erfassten Punkten der Oberfläche verwendet. Das sind jedoch nicht unbedingt die extremen Punkte der Oberfläche. Der Unsicherheitsbeitrag für diese Abweichung lässt sich prinzipiell nicht mit der Methodik des GUM ermitteln, da dann der Mittelwert nicht mehr der beste Schätzwert der Messgröße ist. Ein alternativer Ansatz wird im Kapitel 10 vorgestellt (siehe auch [22]).

Aber auch für andere Maßdefinitionen als die mittleren Elemente lassen sich die Unsicherheiten einfach berechnen. Bei den angrenzenden Elementen entspricht die Anzahl der Anlagepunkte der mathematisch notwendigen Mindestpunktzahl für die Geometrieelemente, z.B. bei Ebene und Kreis drei, beim Zylinder fünf Punkte.
Im Idealfall sind die Anlagepunkte gleichmäßig über die ganze Oberfläche verteilt. Das führt zu den kleinstmöglichen Unsicherheiten. Das Bild 4.8 zeigt zwei Beispiele. Links liegen die Anlagepunkte auf 3x120°. Der Streubereich der Kreislinie ist überall gleich breit, und der Streubereich des Mittelpunktes ist auch ein Kreis. Für den Kreisdurchmesser ist der Faktor für die Punktzahl nach Gleichung (3.21) b_i=1,15.

Bild 4.8: Einfluss der Anlagepunkte auf die Unsicherheit des Kreises

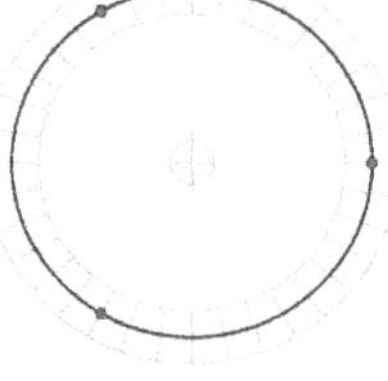
3x120°=360°

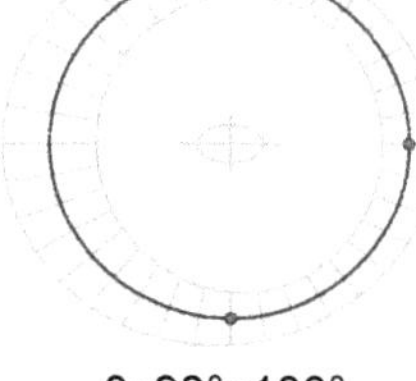
3x90°=180°

Im Bild 4.8 rechts liegen die Anlagepunkte auf einem Halbkreis mit 3x90°. Rechts ist der Streubereich der Kreislinie annähernd gleich breit, links wird er aber deutlich größer. Der Streubereich des Mittelpunktes ist eine Ellipse, deren große Halbachse hier waagerecht liegt. Der Durchmesser des Kreises wird hier allein durch die zwei gegenüberliegenden Punkte bestimmt. Für n=2 ist der Faktor für die Punktzahl nach Gleichung (3.21) b_i=1,414. Liegt der mittlere Punkt nicht genau in der Mitte zwischen den beiden anderen, ändern sich nur die Unsicherheiten der Mittelpunktkoordinaten, die des Durchmessers bleibt jedoch gleich. Der Extremfall im Bild 4.8 rechts entspricht der Auswertung des Zweipunktmaßes, für dessen Unsicherheit damit auch eine einfache Berechnung möglich ist.
In der Praxis sind die Anlagepunkte in der Regel nicht gleichabständig, so dass der Faktor b_i zwischen den beiden Grenzfällen im Bild 4.8 liegt. Im Bild 4.7 c) liegen die Anlagepunkte z.B. bei 47°, 194° und 281° mit b_i=1,19, und im Bild 4.7 d) bei 7°, 122° und 230° mit b_i=1,17. Das ist aber nur wenig mehr als der Idealwert b_i=1,15.

Bei dem Minmax-Maß nach ISO 14405-1 [56] mit dem Symbol GC werden zwei angrenzende konzentrische Kreise mit dem minimalen Abstand bestimmt und der mittlere Durchmesser angegeben. Das entspricht der Definition der Rundheitsabweichung in ISO 1101 [40]. Deshalb sind immer vier Anlagepunkte erforderlich. Auch hier lässt sich die Standardunsicherheit des mittleren Durchmessers einfach mit der Annahme gleichabständiger Anlagepunkte nach Gleichung (3.21) für n=4 berechnen, der Faktor ist also b_i=1. Für ungleichabständige Punkte wird er wieder größer.

Als Standardabweichung wird die am Ausgleichselement eingesetzt, solange nichts anderes bekannt ist. Abhängig von den örtlichen Formabweichungen der Oberfläche enthält diese Standardabweichung allerdings nicht nur zufällige, sondern oft auch große systematische Anteile aus den örtlichen Formabweichungen der Oberfläche, so dass damit die berechnete Messunsicherheit deutlich zu groß ausfallen kann. Sie ist aber immer größer als die richtige Unsicherheit, und sie ist einfach zu ermitteln. Wurden die angrenzenden Elemente bzw. das Zweipunktmaß aus sehr vielen erfassten Messpunkten ermittelt, so kann mit der minimalen Standardabweichung für die Antaststreuung des KMG nach Gleichung (4.3) gerechnet werden. Ob die Punktzahl tatsächlich ausreichend groß ist, lässt sich aber nicht ohne weiteres prüfen. Im Kapitel 10 wird auf diese Fragestellung eingegangen.

Werden angrenzende Geometrieelemente an Ebenen oder Zylinder berechnet, hat der Abstand der Anlagepunkte einen wesentlichen Einfluss auf die Unsicherheit der Winkel dieser Elemente. In der Regel sind diese Anlagepunkte jedoch nicht bekannt, und man kann sich nicht darauf verlassen, dass sie immer an den Enden der Geometrieelemente liegen. Deshalb wird empfohlen, nicht mehr als die Hälfte der Ausdehnung des Elements in der entsprechenden Richtung bzw. Koordinate als Messlänge anzusetzen, solange die Anlagepunkte unbekannt sind.

4.7 Lageabweichungen

In der Norm ISO 1101 [40] sind zwar die Toleranzen und Toleranzzonen für Richtung und Ort, aber nicht die entsprechenden Lageabweichungen definiert. Die Forderung lautet in allen Fällen, dass alle Punkte der tolerierten Elemente innerhalb der Toleranzzone liegen müssen. Praktisch werden jedoch die Oberflächen nur mehr oder weniger lückenhaft erfasst und daraus Ausgleichselemente wie Geraden, Ebenen und Zylinder berechnet. Die Lageabweichungen werden dann in der Regel nur bei Oberflächen für die erfassten Punkte ausgewertet (erfasstes vollständiges Element im Bild 4.9 links nach ISO 14460-1 [57]).
Bei Achsen und Symmetrieelementen werden meist die Ausgleichselemente nach Gauß als zugeordnete Elemente berechnet und deren Lageabweichungen ausgewertet (zugeordnetes abgeleitetes Element im Bild 4.9 rechts [57]). Die Ausgleichselemente liefern die stabilsten Messergebnisse mit den kleinsten Messunsicherheiten. Deshalb haben sie sich seit vielen Jahrzehnten bei der Auswertung der Lageabweichungen von Achsen und Symmetrieelementen bewährt.

Bild 4.9: Erfasste Elemente und zugeordnete Elemente nach ISO 14460-1 [57]

Um diese Vorgehensweise in der Zeichnung auszudrücken, ist die von ISO 1101 abweichende Festlegung in einem gesonderten Dokument, z.B. in einer Werknorm, zu dokumentieren und in der Zeichnung mit dem Symbol (AD) für „Altered Default" (geänderte Standardfestlegung) darauf zu verweisen [45].

In der Norm ISO 1101 [40] sind zwar die Ortstoleranzen, nicht aber die entsprechenden Abweichungen für Position, Symmetrie und Koaxialität definiert. Sie werden deshalb unterschiedlich interpretiert, wie das Bild 4.10 anhand des Vergleiches einer klassischen Abstandstoleranz mit einer Positionstoleranz zeigt. Links wird die Abweichung *e* bestimmt. Bei der Position ist die zulässige Abweichung von der Nennlage aber nur halb so groß wie die Toleranz (T=2). Bei Koordinatenmessgeräten wird deshalb der Betrag der radiusbezogenen Abweichung *e* mit dem Faktor 2 multipliziert, um ihn direkt mit der Toleranz zu vergleichen. Diese durchmesserbezogene Abweichung *b* ist jedoch nicht mehr anschaulich darzustellen, siehe Bild 4.10 mitte [16].

Bild 4.10:
Toleranzen und Abweichungen; links Abstand, mitte Position in einer Richtung, rechts Position in beliebiger Richtung

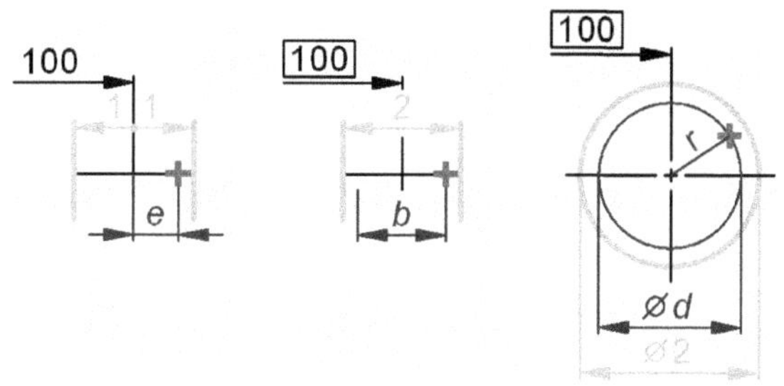

Bei Position mit einer kreis- bzw. zylinderförmigen Toleranzzone und bei Koaxialität wird die radiale Abweichung *r* ebenfalls verdoppelt, und im Messprotokoll steht die durchmesserbezogene Abweichung *d* wie im Bild 4.10 rechts. Zusätzlich geht bei der Betragsbildung die Richtungsinformation verloren, so dass keine Korrekturwerte für die Fertigung abgeleitet werden können. Dazu müssen die Original-Koordinaten der Formelemente verwendet werden.
Die Messunsicherheiten werden hier nach Kapitel 7 und 8 zunächst radiusbezogen berechnet. Für durchmesserbezogene Abweichungen sind sie auch zu verdoppeln.

Die anschauliche Darstellung der Messergebnisse ist das eine Problem. Richtig teuer kann die durchmesserbezogene Auswertung werden, wenn aus den Messergebnissen Prozessfähigkeitskennwerte wie c_p und c_{pk} berechnet werden. Dabei wird jeweils das Verhältnis der Toleranz zur Streuung des Fertigungsprozesses bewertet, z.B. nach Gleichung (2.18). Die Toleranz ist bei beiden Auslegungen der Positionsabweichung gleich groß, im Bild 4.10 z.B. T=2 mm. Die Abweichungen sind bei der durchmesserbezogenen Auswertung jedoch doppelt so groß wie bei radiusbezogenen – und damit auch die Streuung. Die übliche Verdopplung der Ortsabweichungen liefert also nur eine halb so gute Bewertung des Fertigungsprozesses wie die einfache Abweichung.
Das wird durch die praktische Erfahrung bestätigt. Viele Unternehmen haben gerade bei den Ortstoleranzen große Schwierigkeiten, die vom Kunden geforderten Prozessfähigkeiten nachzuweisen. Deshalb wird dringend empfohlen, die Abweichungen nicht zu verdoppeln. Derselbe Prozess wird sofort und ohne Mehrkosten doppelt so gut bewertet [16].
Auch bei Linienform und Flächenform liegen die Toleranzzonen symmetrisch zur Nenngeometrie. Deshalb werden auch hier in der Regel die Abweichungen von der KMG-Software beim Soll-Ist-Vergleich mit dem doppelten Betrag ausgegeben.

Dasselbe trifft für die Messunsicherheit zu. Die radiusbezogene Auswertung mit der einfachen Messunsicherheit führt zu einer doppelt so guten Messprozesseignung wie die durchmesserbezogene Auswertung mit der verdoppelten Unsicherheit.
Als schöner Nebeneffekt werden auf diese Weise die Betragsverteilungen 1. und 2. Art vermieden, wie sie im Abschnitt 2.4 beschrieben sind, und die Abweichungen sind immer normalverteilt.
Die radiusbezogenen Abweichungen lassen sich einfach berechnen: Treten die Abweichungen nur in einer Koordinate auf wie bei Symmetrie, Position in einer

vorgegebenen Richtung, Linien- und Flächenform, wird kein Abweichungsbetrag ausgewertet, sondern direkt die vorzeichenrichtige Abweichung.
Treten die Abweichungen in zwei Koordinaten auf wie bei Koaxialität oder Position in der Ebene, kann auch hier die Abweichung vorzeichenrichtig berechnet werden. Dazu werden die Abweichungen vorzeichenrichtig auf die Richtung der Abweichung projiziert, d.h. auf die Gerade, die die Sollposition mit der Istposition verbindet. Die so berechneten Abweichungen in radialer Richtung sind dann auch in der Toleranzmitte normalverteilt, und die Betragsverteilung zweiter Art wird vermieden.
Dazu müssen die einzelnen (x,y)-Koordinaten in das gedrehte (r,t)-Koordinatensystem umgerechnet werden, das mit der r-Achse von der Toleranzmitte (Sollposition) in Richtung der mittleren Abweichung (Istposition) zeigt, siehe Bild 4.11.

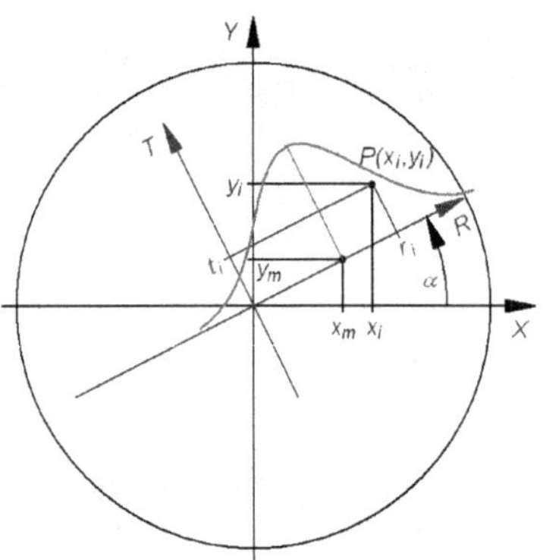

Bild 4.11: Ursprüngliches (x,y)-Koordinatensystem und gedrehtes (r,t)-Koordinatensystem innerhalb einer kreisförmigen Toleranzzone sowie vorzeichenrichtige radiale Abweichungen r_i

Die Koordinaten (x_m,y_m) der Istposition sind die arithmetischen Mittelwerte der Ist-Koordinaten der gemessenen Elemente. Der Drehwinkel α des (r,t)-Koordinatensystems ergibt sich aus den Koordinatendifferenzen der Istposition (x_m,y_m) zur Sollposition (x_0,y_0):

$$\alpha = \arctan\frac{y_m - y_0}{x_m - x_0} \tag{4.8}$$

Die Koordinate r_i als vorzeichenrichtig auf die Richtung der Abweichung projizierte radiale Abweichung eines einzelnen Elements berechnet sich aus seinen Koordinaten (x_i,y_i) mit dem Drehwinkel α wie folgt:

$$r_i = \frac{x_i}{\cos\alpha} + (y_i - x_i \cdot \tan\alpha) \cdot \sin\alpha \tag{4.9}$$

Auf diese Weise ergeben sich im Bild 4.11 links von der Toleranzmitte auch negative radiale Abweichungen.
Zur Vollständigkeit wird noch die zweite Koordinate t_i angegeben. Diese wird aber zur Berechnung der radialen Abweichung r_i nicht benötigt:

$$t_i = \frac{y_i}{\cos\alpha} - r_i \cdot \tan\alpha \tag{4.10}$$

4.8 Bezugssystem

In ISO 5459 [44] ist die Anlage des Bezugssystems am Werkstück so festgelegt, dass der sekundäre Bezug zum primären Bezug Nennlage einnehmen und von der materialfreien Seite angelegt werden soll. Das entspricht der Darstellung im Bild 4.12 links und gilt sinngemäß auch für den tertiären Bezug bei dreidimensionalen Werkstücken.

Die Definition ist für die Außenflächen eindeutig, ihre Umsetzung bei der Messung bereitet jedoch einige Schwierigkeiten. Bei Koordinatenmessungen werden in der Regel nicht die angrenzenden, sondern die mittleren Elemente (Ausgleichselemente) berechnet, weil hier die Messunsicherheit am kleinsten ist. Deshalb haben sie sich seit Jahrzehnten in der Koordinatenmesstechnik bewährt. Die dadurch verursachten Messabweichungen hängen vor allem von den Formabweichungen der Oberfläche und von der Messpunktanzahl ab.

Außerdem wird bei Koordinatenmessungen die Koordinate der linken Kante im Bild 4.12 mitte entweder im Schwerpunkt (Mittelpunkt) der linken Kante oder im Durchstoßpunkt durch die Nullebene des Koordinatensystems als Schnittpunkt mit der unteren Kante ausgewertet (Bild 4.12 rechts). Das Bild zeigt deutlich, dass bei der Messung Abweichungen gegenüber der Definition entstehen, die in Abhängigkeit vom Wert der Rechtwinkligkeitsabweichung häufig nicht vernachlässigbar sind.

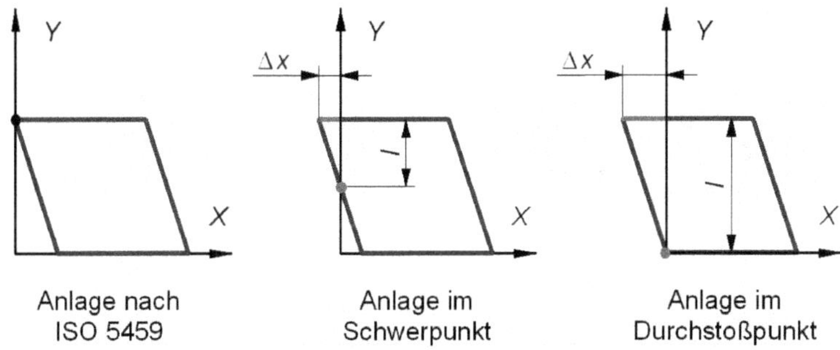

Bild 4.12: Anlage des Bezugssystems an den Außenkanten

Im Bild 4.12 rechts ist die Abweichung am größten, aber nur dann, wenn der von den beiden Kanten eingeschlossene Winkel größer als 90° ist. Wird er kleiner als 90°, entspricht die realisierte Ausrichtung der Norm, und es entsteht keine Abweichung.

Ist die Rechtwinkligkeitsabweichung der Kante bekannt, kann die Abweichung ohne weiteres berechnet werden. Mit der Winkelabweichung $\Delta\hat{\alpha}$ (in Bogenmaß) ergibt sich die Abweichung Δx als Abweichung 1. Ordnung mit dem Abstand l vom definitionsgemäßen Anlagepunkt in Y-Richtung (Bild 4.12) aus:

$$\Delta x = \Delta\hat{\alpha} \cdot l \tag{4.11}$$

Die ISO 5459 [44] definiert die Anlage des Bezugssystems auch für den Fall, dass der sekundäre Bezug eine Bohrung ist. Dann soll der einbeschriebene Zylinder mit dem größten Durchmesser zum primären Bezug senkrecht stehen (Bild 4.13 links). Praktisch liegt das Bezugssystem dann etwa in der Mitte der Achse (Bild 4.13 mitte). Wird dagegen die Koordinate der Bohrungsachse am Durchstoßpunkt durch die Nullebene des Koordinatensystems ausgewertet, ergibt sich wieder ein anderes Bezugssystem (Bild 4.13 rechts).

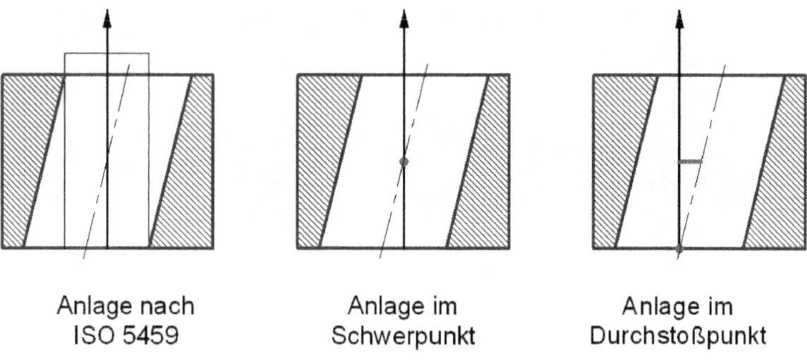

Bild 4.13: Anlage des Bezugssystems in der Bohrung

Abhängig vom Auswerteprinzip der KMG-Software wird in einigen Fällen die Forderung der Norm erfüllt, in anderen Fällen nicht. Der Grenzwert der Abweichung lässt sich bei Bedarf mit Gleichung (4.11) aus der Rechtwinkligkeitsabweichung des Formelements bzw. aus seiner zulässigen Abweichung laut Zeichnung als zusätzlicher Unsicherheitsbeitrag abschätzen. Bei den hier besprochenen Beispielen wird jedoch davon ausgegangen, dass die in der Software realisierten und von der Norm abweichenden Bezugssysteme genau so in der Messaufgabe definiert sind. Damit entfällt der zusätzliche Unsicherheitsbeitrag.
Um diese Vorgehensweise in der Zeichnung auszudrücken, ist die von ISO 5459 [44] abweichende Festlegung in einem gesonderten Dokument, z.B. in einer Werknorm, zu dokumentieren und in der Zeichnung nach ISO 8015 [45] mit dem Symbol AD für „Altered Default" (Abweichende Anforderung) darauf zu verweisen.

Bei einigen Koordinatenmessgeräten kann auch der höchste gemessene Punkt des Formelements als Anlagepunkt für das Bezugssystem verwendet werden. Dann wird anstelle des gemessenen Formelements (z.B. Gerade oder Ebene) ein Punkt gewählt, und die Abstände vom Schwerpunkt bzw. zur Nullebene sind für diesen Punkt in die Berechnungstabellen einzusetzen. Ob der höchste gemessene Punkt tatsächlich annähernd dem höchsten Punkt der Oberfläche entspricht, muss dann durch eine ausreichend hohe Messpunktanzahl sichergestellt werden.

Unabhängig davon ist immer ein Unsicherheitsbeitrag für die Winkelabweichung des Bezuges zu berücksichtigen, wenn die Koordinaten von der Software im Durchstoßpunkt durch die Nullebene des Koordinatensystems ausgewertet werden, oder wenn die Schwerpunkte der Formelemente in verschiedenen Höhen liegen.

4.9 Drehtisch

Die Vierachsenabweichungen des Drehtisches und ihre Grenzwerte sind in ISO 10360-1 [46] definiert, und in ISO 10360-3 [48] werden die entsprechenden Prüfverfahren beschrieben. Man unterscheidet die axialen, radialen und tangentialen Vierachsenabweichungen F_A, F_R und F_T sowie die entsprechenden Grenzwerte $F_{A,MPE}$, $F_{R,MPE}$ und $F_{T,MPE}$. Wird statt eines Drehtisches eine Dreh-Schwenkeinheit verwendet, gelten die Grenzwerte auch für diese, siehe VDI/VDE 2617 Blatt 4 [63]. Die Abweichungen werden mit zwei Prüfkugeln geprüft, die im Abstand r von der Drehachse des Drehtisches mit der Höhendifferenz Δh senkrecht zur Tischoberfläche angeordnet sind (Bild 4.14).

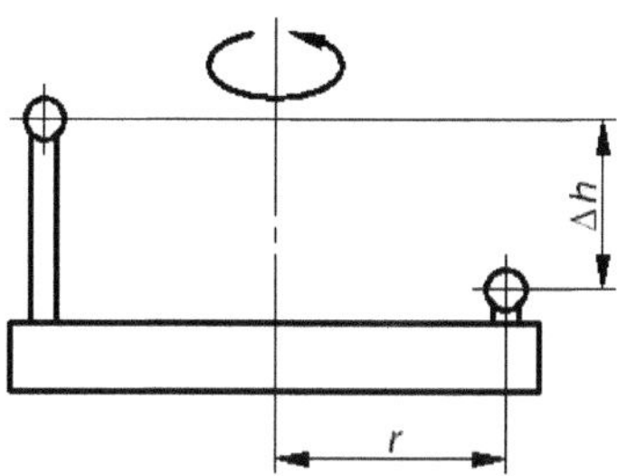

Bild 4.14:
Anordnung der Prüfkugeln zur Prüfung der Vierachsenabweichungen des Drehtisches

Im praktischen Einsatz eines Koordinatenmessgerätes mit Drehtisch werden jedoch nicht nur Werkstücke gemessen, deren Größen gerade den Abständen r und Δh entsprechen. Bei kleineren Werkstücken werden die vom Drehtisch verursachten Messabweichungen im allgemeinen kleiner als die Grenzwerte des Herstellers sein, bei größeren Werkstücken größer.
Als erste Näherung kann man annehmen, dass die Messabweichungen bei großen Werkstücken auf Grund der Winkelabweichungen $\Delta\phi$ in demselben Verhältnis größer werden, wie der Abstand von der Drehachse bzw. die Höhe über dem Drehtisch zunehmen (Bilder 4.15 bis 4.17).

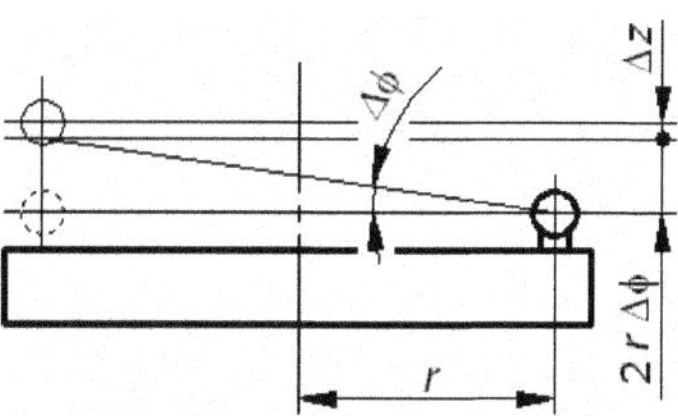

Bild 4.15:
Axiale Vierachsenabweichung F_A in Abhängigkeit vom Abstand r von der Drehachse

Umgekehrt ist aber nicht zu erwarten, dass die Messabweichungen in der Mitte des Drehtisches direkt auf seiner Aufspannfläche völlig verschwinden. Vielmehr bleiben gewisse, vom Winkel $\Delta\phi$ unabhängige Restabweichungen Δz, Δx und Δy übrig. Diese lassen sich durch einen einfachen Test ermitteln: Eine kleine Prüfkugel mit vernachlässigbar kleinen Formabweichungen wird in der Mitte des Drehtisches und nahe an seiner Aufspannfläche befestigt und ihre Position in verschiedenen Winkelstellungen gemessen. Nach der rechnerischen Korrektur bleiben immer noch axiale und radiale Restabweichungen übrig.

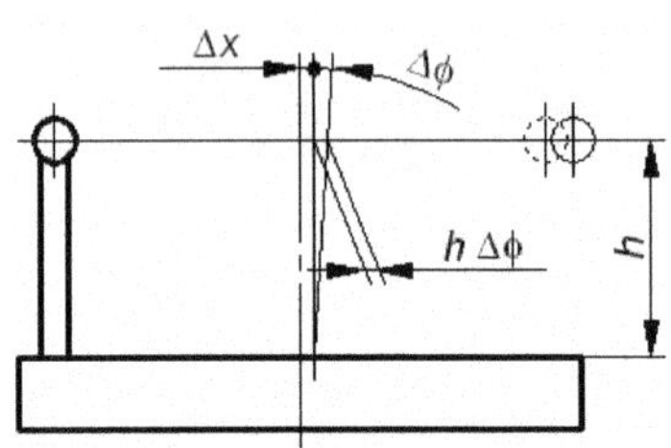

Bild 4.16:
Radiale Vierachsenabweichung F_R in Abhängigkeit von der Höhe h über dem Drehtisch

Die vom Hersteller angegebenen Grenzwerte MPE_{FA}, MPE_{FR} und MPE_{FT} sind üblicherweise unterschiedlich groß. Für die praktische Anwendung ist es jedoch sehr umständlich, für jede einzelne Messaufgabe in Abhängigkeit von der Position des gemessenen Geometrieelements und der Winkelstellung des Drehtisches die passenden Grenzwerte für die aktuelle Auswerterichtung zu ermitteln. Einfacher lässt es sich mit einem pauschalen Grenzwert rechnen, der unabhängig von der Winkelstellung und der Auswerterichtung gilt. Dieser Grenzwert wird zweckmäßig als Maximalwert der drei Grenzwerte berechnet. Damit werden die tatsächlichen Abweichungen nach oben abgeschätzt:

$$F_{MPE} = Max\left(F_{A,MPE}; F_{R,MPE}; F_{T,MPE}\right) \tag{4.12}$$

Da die anderen Grenzwerte kleiner sind, ist für die Verteilung der Abweichungen eher eine Normal- als eine Rechteckverteilung anzunehmen. Das lässt sich auch anhand der Ergebnisse der turnusmäßigen Überwachungen des Drehtisches auf dem KMG belegen.

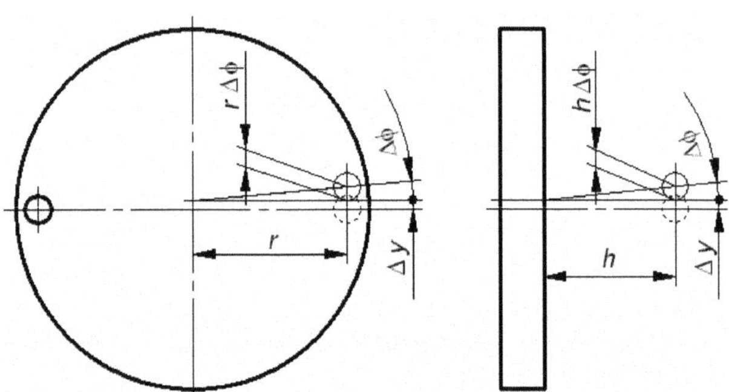

Bild 4.17:
Tangentiale Vierachsenabweichung F_T in Abhängigkeit von der Höhe h über dem Drehtisch und dem Abstand r von der Drehachse

Der pauschale Grenzwert F_{MPE} für alle Vierachsenabweichungen gilt für die Höhendifferenz Δh und den Abstand r von der Drehachse nach Bild 4.14. Für die Messung eines Geometrieelements mit der maximalen Höhe h_{max} über dem Drehtisch und dem maximalen Abstand r_{max} von der Drehachse ist er längenproportional umzurechnen:

$$\Delta X_D = F_{MPE} \cdot \sqrt{\frac{r_{max}^2 + h_{max}^2}{r^2 + \Delta h^2}} \tag{4.13}$$

Der Grenzwert ΔX_D der Vierachsenabweichung des Drehtisches nach Gleichung (4.13) wird immer dann verwendet, wenn Punktkoordinaten ausgewertet werden, z.B. bei Abständen und Ortsabweichungen (Position, Symmetrie, Koaxialität).
Ein anderer Fall liegt vor, wenn bei der Messung von Richtungsabweichungen und Winkeln der Drehtisch zwischen den Messungen am Bezug und am gemessenen Geometrieelement neu positioniert wird. Dann wird der Unsicherheitsbeitrag für die Auswertelänge L_E des Geometrieelements in Längeneinheiten berechnet:

$$\Delta W_D \leq \frac{F_{MPE} \cdot L_E}{\sqrt{r^2 + \Delta h^2}} \tag{4.14}$$

Zur Umrechnung in Winkeleinheiten wird die erweiterte Messunsicherheit zunächst durch die Auswertelänge L_E dividiert (Bogenmaß) und dann in Grad umgerechnet.

4.10 Aufspannung

Bei der Aufspannung kann das Werkstück durch sein Eigengewicht oder durch die Spannkräfte verformt werden. Dadurch ändert sich die Gestalt des Werkstücks und möglicherweise auch die Messgröße. Dieser Effekt muss durch eine geeignete Auflage und Aufspannung des Werkstücks möglichst ausgeschlossen werden. Das entspricht einer guten messtechnischen Praxis, wie sie schon im Abschnitt 4.1 angesprochen wurde.

Ob die Aufspannung die Messgröße beeinflusst, lässt sich durch Wiederholungsmessungen nach Methode A feststellen, indem die Aufspannung leicht variiert wird, z.B. an verschiedenen Stellen des Messtisches, mit verschiedenen Spannunterlagen und mit verschiedenen Spannkräften. Dabei sollten andere Einflüsse wie z.B. die örtlichen Formabweichungen der Oberfläche möglichst nicht mit erfasst werden, d.h. es sind immer dieselben Stellen der Oberfläche zu messen.

Die ermittelte Standardabweichung sollte gegenüber den anderen Unsicherheitsbeiträgen vernachlässigbar klein sein. Ist das nicht der Fall, ist zunächst die Aufspannung zu optimieren, z.B. durch eine vorgegebene Lage (Orientierung) des Werkstücks im Messvolumen des KMG, die Definition von Auflagepunkten (Bezugsstellen) und die Vorgabe der Spannkräfte bzw. Drehmomente an den Spannstellen.

Erst dann, wenn sich durch technische Maßnahmen tatsächlich keine Verbesserung erreichen lässt, sollte der Einfluss der Aufspannung im Unsicherheitsbeitrag des Werkstücks berücksichtigt werden. Dazu sind die Anzahl der Messungen und die Standardabweichung der Messreihe nach der Ermittlungsmethode A des GUM mit wiederholtem Ab- und Aufspannen in die Berechnungstabelle einzusetzen.
Die Schwierigkeit dieses Vorgehens besteht darin, die Aufspannbedingungen so zu beschreiben, dass innerhalb der Möglichkeiten eindeutig zwischen zulässigen und nicht mehr zulässigen Randbedingungen unterschieden werden kann. Im Grunde handelt es sich dabei um dieselben Kriterien, die schon bei Optimierung der Aufspannung genannt wurden. Deshalb sollten die Aufspannbedingungen in jedem Fall möglichst weitgehend definiert werden.

5 Virtuelles KMG

5.1 Konzept

Eine Möglichkeit zur Ermittlung der Messunsicherheit von Koordinatenmessungen ist die numerische Simulation. Dabei wird der Messprozess mit seinen Eingangsgrößen rechnerisch simuliert. Die Grundlagen sind im GUM-Supplement 1 beschrieben [64]. Speziell für Koordinatenmessungen gelten die Richtlinien ISO/TS 15530-4 [59] und VDI/VDE 2617 Blatt 7 [68]. Weitere Einzelheiten enthalten [17] und [34].

Das Verfahren wurde von der Physikalisch-Technischen Bundesanstalt (PTB) in Braunschweig entwickelt. Dabei waren zwei deutsche Hersteller von Koordinatenmessgeräten (Zeiss und Leitz) beteiligt. Diese Hersteller bieten unter der Bezeichnung „Virtuelles KMG“ (VCMM) eine Software an, mit der sich die Messunsicherheiten von Koordinatenmessungen ermitteln lassen. Diese Software kann entweder auf dem KMG oder als externe Version betrieben werden.

Das Verfahren basiert auf einem rechnergestützten mathematischen Modell des Messprozesses, das die wesentlichen Eingangsgrößen abbildet. Bei der Simulation werden diese Einflüsse innerhalb ihrer möglichen oder vermuteten Wertebereiche variiert, welche durch Wahrscheinlichkeitsdichteverteilungen beschrieben werden. Der Messprozess wird so als zufällige Kombination aller möglichen Zustände der Eingangsgrößen vielfach wiederholt simuliert. Aus der Streuung der Ergebnisse wird die Unsicherheit ermittelt. Dieses Vorgehen ist mit dem GUM vereinbar.

Vom Anbieter der Simulationssoftware muss angegeben werden, welche Eingangsgrößen in seiner Software berücksichtigt sind, und welche Daten der Anwender dazu eingeben muss [59]. Folgende Einflüsse sind mindestens zu berücksichtigen:

- Geometrieabweichungen des KMG einschließlich Drift
- Abweichungen des Messkopfsystems
- Einflüsse aus der Abweichung von der Referenztemperatur 20°C und aus den zeitlichen und räumlichen Temperaturunterschieden bei KMG und Werkstück

Das Modell des Messprozesses muss dokumentiert sein, z.B. mit dem kinematischen Modell des KMG und dem Temperaturmodell. Die Wahrscheinlichkeitsdichteverteilungen der Eingangsgrößen und die erweiterte Messunsicherheit sind anzugeben. Die Anwendungsbedingungen und damit die Grenzen des Verfahrens sind ebenfalls vom Hersteller festzulegen, z.B. die Beschaffenheit der Werkstücke, die Auswahl der Messaufgaben und die Messverfahren, der Temperaturbereich und die zulässigen Temperaturunterschiede.

Einsatzgebiete des Verfahrens sind die Kalibrierung von Normalen (z.B. für die Überwachung von KMG) und die Kalibrierung von Meisterteilen für die Rückführung von Vergleichsmessungen (Substitutionsmessungen) mit Koordinatenmessgeräten oder Mehrstellenmesseinrichtungen. Die Meisterteile lassen sich auch zur Ermittlung von Messunsicherheiten mit kalibrierten Werkstücken verwenden, siehe Kapitel 6.

5.2 Vorgehen

Die Simulationssoftware muss zunächst mit den Daten über das Verhalten des KMG an seinem Standort und unter den herrschenden Umgebungsbedingungen versorgt werden. Dazu wird das KMG durch eine Reihe von Kugelplattenmessungen in verschiedenen Aufstellungen qualifiziert, d.h. es werden seine Geometrieabweichungen und ihre örtlichen und zeitlichen Unterschiede ermittelt. Diese Messungen müssen ähnlich wie die Überwachung des KMG in festgelegten Zeitabständen wiederholt werden, um die Gültigkeit der ermittelten Daten zu sichern.

Das zu kalibrierende Werkstück wird dann einmal mit der zuvor festgelegten Messstrategie (Anzahl und Anordnung der Messpunkte) gemessen und ausgewertet. Anschließend simuliert die Software durch rechnerische Variation der Eingangsgrößen weitere Messungen. Aus den Ergebnissen wird die Standardunsicherheit $u(y)$ der Messgröße berechnet. Der Erweiterungsfaktor k für die erweiterte Messunsicherheit U wird aus der aktuellen Häufigkeitsverteilung der simulierten Messwerte für den Messwertanteil 95 % bestimmt.

Die Simulation mit dem Virtuellen KMG berücksichtigt zwar die Abweichungen des Koordinatenmessgerätes selbst, nicht aber den Einfluss der örtlichen Formabweichungen der Oberfläche des Prüfobjekts. Sind diese im Vergleich zu den Antastabweichungen des KMG nicht vernachlässigbar, wird die Messunsicherheit mit dem Virtuellen KMG zu klein abgeschätzt. Deshalb muss auf dem Kalibrierschein die Lage der Messpunkte angegeben werden, und die Unsicherheit gilt nur für diese Punkte.

Es ist deshalb vor allem bei Kalibrierungen zweckmäßig, von der vorgegebenen Messstrategie abzuweichen und möglichst viele Punkte auf der Oberfläche zu messen. Da bei den Ausgleichselementen der Mittelwert der beste Schätzwert der Messgröße ist, nähert sich der Messwert mit zunehmender Punktzahl immer mehr an den richtigen Wert an. Damit wird die durch die kleine Messpunktzahl verursachte Abweichung verringert, und man kann auf die Angabe der Lage der einzelnen Messpunkte verzichten [68].

Mit der ersten Version des Virtuellen KMG ließen sich keine Unsicherheiten für das Scanning-Verfahren ermitteln. Das hat sich in der zweiten Version (VCMM II) geändert. Zunächst wird der Taster im Scanningverfahren am Kugelnormal eingemessen. Dann wird eine Referenzmessung am Werkstück durchgeführt, und die Scanning-Parameter werden so optimiert, dass sich dieselben Ergebnisse wie bei der Einzelpunktantastung ergeben. Unter dieser Voraussetzung lassen sich allerdings auch die hier beschriebenen Messunsicherheitsbilanzen anwenden.
In der ersten Version war die Simulation auf einen einzelnen Taster beschränkt. Mit dem VCMM II lassen sich auch Mehrfachtasteranordnungen und Tastsystemwechsel berücksichtigen.

5.3 Beispiel

Im Rahmen der Erprobung und Einführung des Virtuellen KMG wurden von den beteiligten Partnern eine Reihe von Untersuchungen an Normalen und Werkstücken durchgeführt. Eines davon war der Prüfzylinder, der auch im Anhang von VDI/VDE - 2617 Blatt 7 [68] abgebildet ist. Eine ausformulierte Aufgabenstellung für die Messungen sicherte dabei die Vergleichbarkeit der Messergebnisse.
Nach derselben Aufgabenstellung wurden auch die Messunsicherheiten der Prüfmerkmale nach dem Berechnungsverfahren ermittelt und mit dem Virtuellen KMG verglichen [17]. Dabei wurden mehrere KMG mit unterschiedlichen Grenzwerten der Längenmessabweichung $E_{0,\,\mathrm{MPE}}$ simuliert.

An dem Prüfzylinder wurden folgende Prüfmerkmale ausgewertet: Durchmesser, Abstand der beiden Stirnflächen, Rechtwinkligkeit der Zylinderachse zu den Stirnflächen, Parallelität der Stirnflächen sowie Koaxialität von zwei Zylinderachsen jeweils an den Enden des Prüfzylinders. Zusätzlich wurde ein Kegel mit dem Neigungswinkel 45° simuliert und sein Durchmesser in verschiedenen Messebenen ausgewertet. Die Punktmuster wurden so variiert, dass sowohl über den ganzen Umfang als auch über Teilbereiche davon gemessen wurde (zwischen 60° und 180°).

Insgesamt wurden die Unsicherheiten für 33 Prüfmerkmale ermittelt. Für das KMG mit den größten Geometrieabweichungen sind sie im Bild 5.1 gegenübergestellt. In den meisten Fällen sind die Unsicherheiten aus der Messunsicherheitsbilanz deutlich größer als die vom Virtuellen KMG. Das ist darauf zurückzuführen, dass bei der Berechnung die spezifizierten Grenzwerte verwendet werden, bei der Simulation aber die tatsächlichen Abweichungen und ihre Unsicherheiten. Diese können im Einzelfall wesentlich kleiner sein.

Nur bei wenigen Prüfmerkmalen ist die berechnete Unsicherheit kleiner als die vom VCMM: Nr. 1 (Durchmesser), Nr. 2, 6 und 28 (Abstände) sowie Nr. 32 und 33 (Kegeldurchmesser). Die Differenzen sind jedoch relativ gering und liegen in der Größenordnung des Zufallsstreubereiches der Standardabweichung aus den (hier 500) simulierten Messungen. Dieser beträgt z.B. für ein Vertrauensniveau von 95 % rund ± 6 %. Weitere Einzelheiten sind in [17] und [19] beschrieben.

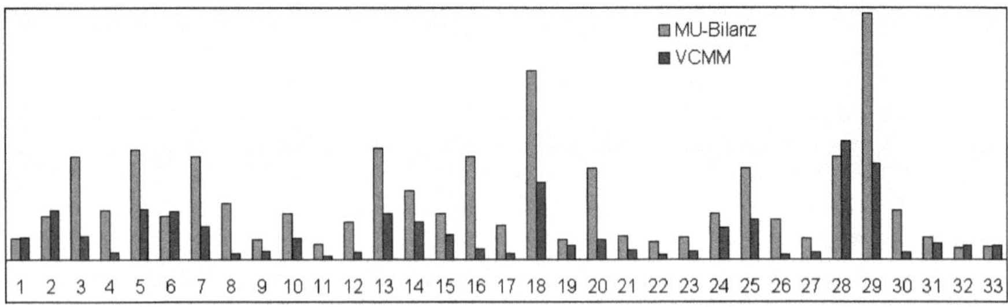

Bild 5.1: Vergleich von Messunsicherheiten an einem Prüfzylinder mit dem VCMM (dunkle Balken) und mit der Messunsicherheitsbilanz (helle Balken)

5.4 Grenzen der Methode

Die Methode ist nur dann anwendbar, wenn eine entsprechende Simulationssoftware zur Verfügung steht. Damit ist der Einsatz von vornherein auf einige ausgewählte KMG-Typen von zwei deutschen Herstellern beschränkt [17].
Die Simulation beansprucht nicht vernachlässigbare Rechenzeiten, vor allem, wenn viele Formelemente mit vielen Messpunkten gemessen wurden. Deshalb ist die Anzahl der Simulationen in der Regel auf wenige hundert begrenzt. Damit wird aber die ermittelte Messunsicherheit selbst auch unsicher. Die Häufigkeitsverteilung der Messwerte kann von der idealen Wahrscheinlichkeitsdichteverteilung abweichen, die sich durch eine größere Zahl von Simulationen annähern lässt (Bild 5.2). Die erweiterte Messunsicherheit kann sich deutlich vom richtigen Wert unterscheiden.

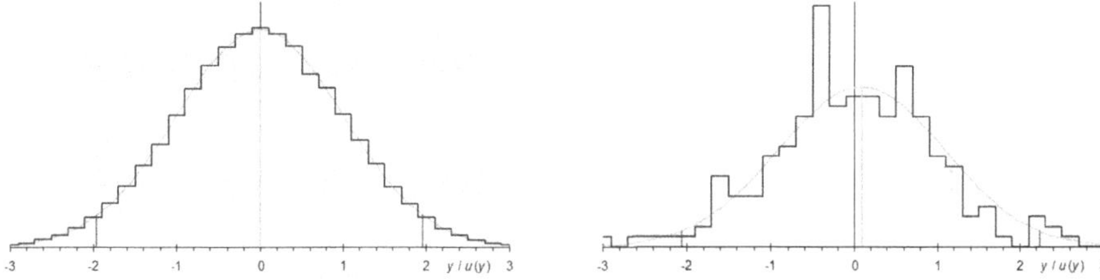

Bild 5.2: Häufigkeitsverteilungen der Messwerte bei 1.000.000 (links) und bei 200 Simulationen (rechts); Messunsicherheit links U=1,96, rechts U=2,14

Die Simulation mit dem Virtuellen KMG berücksichtigt zwar die Abweichungen des Koordinatenmessgerätes selbst, nicht aber den Einfluss der örtlichen Formabweichungen der Oberfläche des Prüfobjekts. Weist diese (im Vergleich zu den Antastabweichungen des KMG) nicht vernachlässigbare Formabweichungen auf, wird die Messunsicherheit mit dem Virtuellen KMG deutlich zu klein abgeschätzt. Deshalb muss auf den Kalibrierscheinen die Lage der Messpunkte angegeben werden, und die Unsicherheit gilt nur für diese Punkte. Das wird von vielen Nutzern in der Industrie als deutlicher Nachteil empfunden, da ihre Werkstücke nicht vernachlässigbare Formabweichungen aufweisen.
Alternativ kann bei Kalibrierungen mit sehr vielen Messpunkten gearbeitet werden, um möglichst nahe an die richtigen Messwerte für die mittleren Elemente nach Gauß heranzukommen [64].
Beim VCMM II soll der Einfluss der Formabweichungen durch hinterlegte Modelle für verschiedene Bearbeitungsverfahren berücksichtigt werden. Bisher gibt es jedoch keine solche umfassende Modellbibliothek.

Bei der mit dem Virtuellen KMG ermittelten Messunsicherheit fehlen die Unsicherheitsbeiträge der einzelnen Eingangsgrößen. Damit können dominierende bzw. vernachlässigbar kleine Einflüsse nicht erkannt und daraus keine Möglichkeiten zur Reduzierung der Messunsicherheit bzw. des Prüfaufwands (Messpunktanzahl) abgeleitet werden. Die Messstrategie lässt sich so nicht gezielt optimieren, sondern es muss im Gegenteil aufwendig nach der Methode von Versuch und Irrtum probiert werden.

6 Kalibrierte Werkstücke

6.1 Konzept

In ISO 15530-3 [58] bzw. VDI/VDE 2617 Blatt 8 Anhang B [69] wird ein Vorgehen zur experimentellen Ermittlung der Messunsicherheit beschrieben. Dabei wird ein kalibriertes Werkstück als Normal eingesetzt und wiederholt gemessen. Aus den Messwerten werden die Abweichung zwischen dem Mittelwert der Messreihe und dem Kalibrierwert des Normals sowie die Streuung der Messwerte ermittelt. Weitere Einflüsse wie z.B. die Werkstoff- und Prozessstreuung werden rechnerisch abgeschätzt.

Der wesentliche Vorteil der Methode ist, dass sie vom Anwender keinerlei Vorkenntnisse oder besondere Voraussetzungen erfordert. Das kalibrierte Werkstück wird mit dem normalen Messprogramm in der üblichen Aufspannung mit den festgelegten Tastern gemessen.

Die so ermittelten Messunsicherheiten lassen sich nach ISO 15530-3 [58] auf andere Werkstücke übertragen, wenn folgende Ähnlichkeitsbedingungen eingehalten sind:

- Ähnliche Größe und Gestalt des Werkstücks
- Ähnliche Oberflächenbeschaffenheit (Formabweichungen, Rauheit)
- Ähnliche Materialeigenschaften (Ausdehnungskoeffizient, Elastizität, Härte)
- Gleiche Prüfmerkmale
- Ähnliche Tasterkonfiguration
- Ähnliche Messstrategie (Anzahl und Anordnung der Messpunkte)
- Ähnliche Aufspannung (Handhabung, Position, Orientierung)
- Ähnliche Temperaturbedingungen (Temperierung, Temperaturkorrektur)
- Ähnliche Messbedingungen (Messkraft, Messgeschwindigkeit, Messzeit)

Diese Ähnlichkeitsbedingungen sind jedoch nicht auf die Unsicherheitsermittlung mit kalibrierten Werkstücken beschränkt, sondern gelten auch für die anderen Methoden zur Ermittlung der Messunsicherheit.

6.2 Vorgehen

Das KMG, die Messstrategie und die Umgebungsbedingungen sind dieselben wie bei der Messung des Werkstücks, für die die Unsicherheit des Messprozesses ermittelt werden soll. Das heißt, dass bei einem automatisierten KMG mit dem vorhandenen Messprogramm gemessen wird.
Das kalibrierte Werkstück ist zwanzigmal zu messen. Aus den Messwerten werden der Mittelwert $\bar{y}$, seine Standardabweichung u_p und die systematische Abweichung b des Mittelwertes vom Kalibrierwert x_{cal} (mit der Standardunsicherheit u_{cal}) berechnet.
Diese systematische Abweichung b soll später zur Korrektur der Messwerte aller Messungen des gleichen bzw. der ähnlichen Werkstücke verwendet werden.

Die Standardunsicherheit $u_{\bar{x}}$ entspricht der Unsicherheit des Mittelwertes $\bar{y}$. Zusätzlich wird die Werkstoff- und Prozessstreuung u_w abgeschätzt. Diese soll z.B. die Streuung des Ausdehnungskoeffizienten der Werkstücke aus verschiedenen Materialchargen enthalten sowie weitere Eigenschaften wie die Elastizität der Werkstückoberfläche. Auch der Einfluss der Formabweichungen der Werkstückoberfläche wird ausdrücklich genannt. Alle vier Standardunsicherheiten werden quadratisch addiert und mit dem Erweiterungsfaktor k multipliziert. Die erweiterte Messunsicherheit lautet:

$$U = k \cdot \sqrt{u_p^2 + u_w^2 + u_{\bar{x}}^2 + u_{cal}^2 + b^2} \qquad \text{mit } k = 2 \qquad (6.1)$$

Wird die systematische Abweichung b (warum auch immer) nicht korrigiert, ist sie als zusätzlicher Unsicherheitsbeitrag quadratisch unter der Wurzel zu addieren.

Die Messreihen sollen die ganze mögliche Streubreite der Umgebungsbedingungen erfassen, z.B. Temperaturunterschiede über den Tag, die Woche und das Jahr oder eventuellen Schichtbetrieb. Die Messreihen sind deshalb über einen längeren Zeitraum zu verteilen.

Die Beschreibung in ISO 15530-3 [58] ist darin nicht eindeutig, ob bei den Wiederholungsmessungen immer dieselben oder verschiedene Punkte der Oberfläche angetastet werden sollen. Bei der Antastung an denselben Stellen wird aber der zufällige Streueinfluss der Formabweichungen nicht erfasst. Die systematische Abweichung b zwischen dem Mittelwert der Messwerte und dem Kalibrierwert kann dann je nach Lage der Messpunkte groß oder klein sein und ist damit tatsächlich eine zufällige Abweichung, wie das folgende Beispiel zeigt.

6.3 Beispiel

Die Tabelle 6.1 zeigt ein Beispiel ohne die Unsicherheitsbeiträge u_{cal}, u_b und u_w. Die mittlere Standardabweichung der Messungen an den verschiedenen Stellen in der letzten Spalte ist mit 1,35 µm deutlich größer als an denselben Stellen (im Mittel u_p=0,09 µm), ebenso die erweiterte Messunsicherheit (2,7 µm zu rund 0,2 µm).

Die „systematische“ Abweichung b ist bei den Messstellenmustern 2, 3 und 5 sehr klein, da hier die Mittelwerte der Messreihen nahe am Kalibrierwert liegen. Sie ist also je nach Wahl der Messstellen auf der Oberfläche gar keine systematische, sondern in Wirklichkeit eine zufällige Abweichung. Deshalb ist sie auch nicht zur Korrektur der Messergebnisse geeignet. Vielmehr sollte die Streuung der Messungen an verschiedenen Stellen der Oberfläche Bestandteil der Messunsicherheit sein. Das Vorgehen nach ISO 15530-3 [58] ist deshalb nicht geeignet, den Einfluss der Formabweichungen der Werkstückoberfläche zu erfassen.

Erst in der aktuellen Ausgabe der Richtlinie VDI/VDE 2617 Blatt 8 [69] ist festgelegt, dass einige Wiederholungsmessungen an versetzten Messstellen auszuführen sind. Diese werden als Standardunsicherheit u_{W2} für den Werkstückeinfluss in Gleichung (6.1) berücksichtigt. Die erweiterten Messunsicherheiten werden deutlich größer – in Tabelle 6.2 sind sie im Mittel fast zwanzigmal so groß.

Tabelle 6.1: Bohrungsdurchmesser aus 20 Wiederholungsmessungen an denselben Stellen (Spalten) bzw. an fünf verschiedenen Stellen der Oberfläche (Zeilen) mit je 8 Messpunkten sowie Messunsicherheiten; Kalibrierwert x_{cal}=100,0114

Messung	Messung am Werkstück für Messstellenmuster Nr.						
Nr.	1	2	3	4	5	x_A	u_A
1	100,0135	100,0112	100,0111	100,0097	100,0107	100,0112	0,00140
2	100,0135	100,0112	100,0111	100,0097	100,0109	100,0113	0,00138
3	100,0136	100,0112	100,0113	100,0098	100,0108	100,0113	0,00140
4	100,0135	100,0112	100,0113	100,0098	100,0108	100,0113	0,00136
5	100,0135	100,0113	100,0114	100,0097	100,0109	100,0114	0,00137
6	100,0135	100,0113	100,0113	100,0098	100,0109	100,0114	0,00134
7	100,0136	100,0113	100,0113	100,0098	100,0109	100,0114	0,00138
8	100,0135	100,0113	100,0114	100,0098	100,0110	100,0114	0,00134
9	100,0135	100,0113	100,0114	100,0097	100,0108	100,0113	0,00138
10	100,0135	100,0113	100,0113	100,0098	100,0109	100,0114	0,00134
11	100,0135	100,0114	100,0114	100,0098	100,0110	100,0114	0,00133
12	100,0134	100,0114	100,0114	100,0098	100,0110	100,0114	0,00130
13	100,0135	100,0114	100,0115	100,0098	100,0110	100,0114	0,00134
14	100,0135	100,0114	100,0115	100,0098	100,0110	100,0114	0,00134
15	100,0135	100,0114	100,0114	100,0098	100,0111	100,0114	0,00133
16	100,0135	100,0114	100,0113	100,0099	100,0110	100,0114	0,00131
17	100,0135	100,0114	100,0115	100,0099	100,0111	100,0115	0,00130
18	100,0135	100,0114	100,0115	100,0099	100,0111	100,0115	0,00130
19	100,0136	100,0115	100,0115	100,0098	100,0111	100,0115	0,00137
20	100,0137	100,0114	100,0115	100,0099	100,0111	100,0115	0,00138
y	100,0135	100,0113	100,0114	100,0098	100,0110	100,0114	
b	0,0021	-0,0001	0,0000	-0,0016	-0,0004		0
u_P	0,00006	0,00009	0,00012	0,00006	0,00012		0,00135
:	:	:	:	:	:		:
U	**0,00012**	**0,00018**	**0,00024**	**0,00012**	**0,00024**		**0,00270**
$\overline{U}$			**0,00019**				

Tabelle 6.2: Unsicherheit des Bohrungsdurchmessers aus Tabelle 6.1 bei Messung an verschiedenen Stellen der Werkstückoberfläche und Berücksichtigung des Einflusses der Formabweichungen in u_{W2}

y	100,0135	100,0113	100,0114	100,0098	100,0110
b	0,0021	-0,0001	0,0000	-0,0016	-0,0004
u_P	0,00006	0,00009	0,00012	0,00006	0,00012
u_{W2}	0,00135	0,00135	0,00135	0,00135	0,00135
U	**0,00504**	**0,00271**	**0,00271**	**0,00417**	**0,00284**
$\overline{U}$			**0,00362**		

6.4 Grenzen der Methode

Die Wiederholungsmessungen sind nur dann zur Ermittlung des Einflusses der Formabweichungen geeignet, wenn wenigstens einige Messungen an wechselnden Stellen der Oberfläche ausgeführt werden.
Das gilt auch für den Temperatureinfluss. Mögliche temperaturbedingte Maßunterschiede werden nur soweit erfasst, wie sich die Temperaturen während der Messreihe tatsächlich ändern. Deshalb muss die Messreihe über einen größeren Zeitraum ausgedehnt werden (was Probleme mit der Organisation bringen kann), und die auftretenden Temperaturen am Werkstück und am KMG sind zu dokumentieren. Die ermittelte Unsicherheit gilt dann nur für diesen Temperaturbereich.
Die Formabweichungen der Oberfläche und die Temperatur liefern in den meisten Fällen die überwiegenden Beiträge zur Messunsicherheit. Werden diese durch das Ermittlungsverfahren gar nicht erfasst, ist der ganze Aufwand nutzlos, und es werden lediglich zeitliche, materielle und finanzielle Ressourcen vergeudet.

Ein praktisches Problem ist die Korrektur der Messergebnisse um die festgestellte „systematische" Abweichung *b*. Nach der allgemeinen Erfahrung wird heute z.B. immer noch sehr häufig abweichend von der Referenztemperatur 20°C gemessen, ohne die dadurch bedingten Messabweichungen zu korrigieren. Deshalb erscheint es nicht besonders realistisch, dass dieselben Leute auf einmal anfangen sollten, die Messergebnisse zu korrigieren bzw. den Wert der „systematischen" Abweichung *b* gesondert anzugeben. Diese Korrektur auch für die Messungen anzubringen, die vor der Ermittlung der Messunsicherheit durchgeführt wurden, ist vollends unrealistisch – obwohl diese genauso unrichtig sind wie die danach.

Die Korrektur der systematischen Abweichung setzt überdies voraus, dass diese mit Betrag und Vorzeichen bestimmt wurde. Das trifft in der Regel aber nur für Maße, Abstände und Durchmesser zu. Bei allen Auswertungen von Form- und Lageabweichungen nach ISO 1101 [40] werden dagegen nur maximale Abweichungsbeträge ohne Vorzeichen bestimmt, die sich gar nicht korrigieren lassen. In diesen Fällen muss also die systematische Abweichung *b* immer quadratisch unter der Wurzel von Gleichung (6.1) addiert werden.

Die wirtschaftliche Anwendung der kalibrierten Werkstücke wurde anhand eines Beispiels in [18] untersucht. Dabei wurden die Kosten für die Kalibrierung des Werkstücks und die Wiederholmessreihen einerseits den möglichen Einsparungen durch eine genauere Abschätzung der kleineren Messunsicherheiten gegenübergestellt: Der Einsatz rentiert sich erst bei großen Stückzahlen von mehreren Hunderttausend in der Großserien- und Massenfertigung.

7 Berechnung der Messunsicherheit

7.1 Allgemeines

Die Grundlagen für die rechnerische Ermittlung der aufgabenspezifischen Messunsicherheit von Koordinatenmessungen wurden im Kapitel 3 beschrieben. Das Kapitel 4 enthält Erläuterungen zu den wichtigsten Eingangsgrößen und ihrer Ermittlung. In diesem Kapitel werden Beispiele für verschiedene Prüfmerkmale angegeben. Siehe dazu auch die Richtlinie VDI/VDE 2617 Blatt 11 [70].
Mit dem Verfahren lassen sich Messunsicherheiten sowohl bei der Prüfung von Werkstücken in der betrieblichen Praxis, bei der Kalibrierung von Normalen in Kalibrierlabors als auch für die Prüfung von Koordinatenmessgeräten bestimmen, um sie nach ISO 14253-1 [55] bei der Feststellung der Übereinstimmung oder Nicht-Übereinstimmung mit der Spezifikation zu berücksichtigen, oder um die Messprozesseignung zu beurteilen.

Das Berechnungsverfahren kommt überall dort zum Einsatz, wo sich die Simulation nach Kapitel 5 bzw. das Verfahren mit kalibrierten Werkstücken nach Kapitel 6 nicht anwenden lassen, z.B. weil die erforderliche Simulationssoftware oder geeignete Normale nicht zur Verfügung stehen, oder weil diese Verfahren zu viel Aufwand erfordern. Eine typische Anwendung ist die Kalibrierung von Werkstücken mit nicht vernachlässigbaren Formabweichungen der Oberfläche, die mit relativ wenigen Punkten gemessen werden. Außerdem lässt sich das Verfahren einsetzen, wenn die Unsicherheitsbeiträge einzelner Eingangsgrößen benötigt werden, um die Messstrategie für die Anzahl und Anordnung der Messpunkte zu optimieren.

Das Verfahren ist für alle Messgrößen anwendbar, für die im Sinne des GUM der Mittelwert der beste Schätzwert ist. Das sind alle mittels Ausgleichsrechnung nach Gauß berechneten Ergebnisse, z.B. Längenmaße wie Durchmesser oder Abstände, aber auch Winkel sowie Ortsabweichungen wie Position, Symmetrie und Koaxialität. Einige Messgrößen sind aber als Extremwerte definiert, z.B. Form, Richtung und Lauf nach ISO 1101 [40]. Hier können die Unsicherheiten nicht vollständig ermittelt werden, weil bei der punktweisen Antastung der Oberfläche die höchsten und tiefsten Punkte der Oberfläche nur näherungsweise erfasst werden. Die Abweichung wird also tendenziell zu klein bestimmt. Demgegenüber vergrößern sowohl die Antaststreuung des KMG als auch die Tasterbiegung die angezeigte Abweichung gegenüber dem richtigen Wert. Deshalb muss hier das Messverfahren die in den Abschnitten 7.3.8 bzw. 7.3.9 genannten Voraussetzungen erfüllen.

In ISO 1101 [40] sind zwar die Lagetoleranzen, nicht aber die Lageabweichungen definiert [6] [16]. Bei den Ortstoleranzen (Position, Symmetrie und Koaxialität) liegen die Toleranzzonen symmetrisch zur Nennlage, d.h. die zulässige Abweichung nach jeder Seite ist halb so groß wie die Toleranz. Hier hat sich die Praxis eingebürgert, die Lageabweichungen durchmesserbezogen anzugeben, d.h. die radiusbezogene Abweichung von der Nennlage wird verdoppelt. Die Unsicherheit wird hier aber zunächst radiusbezogen berechnet. Für durchmesserbezogene Messergebnisse sind die Unsicherheiten deshalb zu verdoppeln (siehe Abschnitt 4.7).

7.2 Vorgehen

Die Berechnung der aufgabenspezifischen Messunsicherheit von Koordinatenmessungen folgt den im Bild 7.1 dargestellten Schritten. Zunächst wird die für das Prüfmerkmal passende Berechnungstabelle ausgewählt. Dann werden die Daten für das Formelement und die Messung entsprechend der Messstrategie sowie die Daten für das KMG und die Temperaturbedingungen eingegeben.

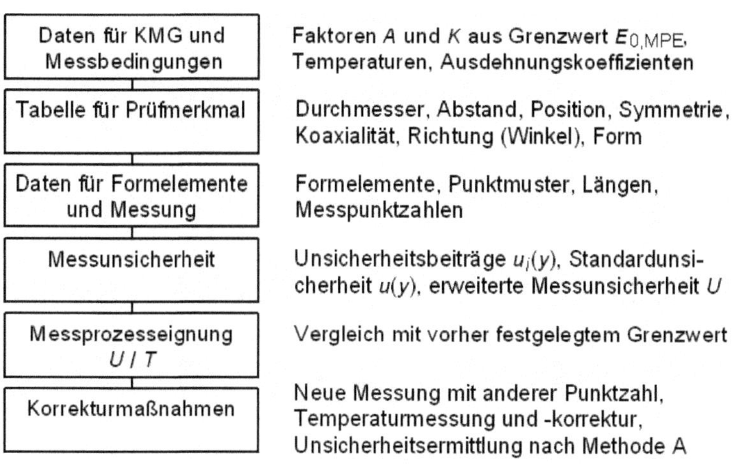

Bild 7.1: Vorgehen bei der Berechnung der aufgabenspezifischen Messunsicherheit von Koordinatenmessungen

Folgende Berechnungstabellen stehen zur Verfügung:

- Durchmesser
- Abstand
- Position
- Symmetrie
- Koaxialität
- Koaxialität zur gemeinsamen Achse
- Richtung und Winkel
- Form

In die Felder der Berechnungstabellen sind die notwendigen Daten einzutragen. Bei den Messbedingungen sind das z.B.:

- Formelement bzw. Formelemente
- Messung mit einem oder mehreren Tastern
- Messpunktmuster auf der Oberfläche
- Messlänge und Auswertelänge bzw. Bezugslänge

Abhängig von den festgelegten Messbedingungen werden zum Teil unterschiedliche Eingangsgrößen wirksam. Die Zeilen mit nicht benötigten Größen werden freigelassen. Weitere notwendige Informationen zur Messung sind z.B.:

- Methode (A oder B bzw. Anzahl der Messungen bei Methode B)
- Anzahl der Messpunkte für das gewählte Messpunktmuster bzw. die Verteilungsform einer bekannten oder angenommenen Verteilung
- Standardabweichung *s* am Ausgleichselement bzw. Grenzwert *a* einer bekannten oder angenommenen Verteilung

Bei der Methode B wird vorausgesetzt, dass die Standardabweichung an den Ausgleichselementen aus einer größeren Anzahl von Messungen bekannt ist. Praktisch wird hier ein mittlerer Wert eingegeben, der für die Messungen typisch ist. Ist keine Standardabweichung bekannt, muss mindestens mit der minimalen Standardabweichung s_{min} für die Antaststreuung des KMG nach Gleichung (4.3) gerechnet werden, die sich aus dem konstanten Anteil *A* des Grenzwertes $E_{0,\,\text{MPE}}$ der Längenmessabweichung ableitet.
Werden nur wenige Messungen, im Extremfall sogar nur eine einzige durchgeführt, ist in die zweite Spalte der Tabelle anstelle von „B“ diese Anzahl einzugeben. Dann werden die effektiven Freiheitsgrade nach Gleichung (2.13) und der entsprechende Erweiterungsfaktor nach Tabelle 2.3 berechnet. Die erweiterte Messunsicherheit ergibt sich nach Gleichung (2.5).

Wird die Streuung einer Eingangsgröße nach der Methode A entsprechend Abschnitt 4.2.2 durch Wiederholungsmessungen an verschiedenen Stellen der Oberfläche bestimmt, ist in der zweiten Spalte für die Methode „A“ einzugeben. In der dritten Spalte wird die Anzahl der Messungen (anstelle der Messpunktanzahl *n*) und in der vierten Spalte die Standardabweichung der Messreihe (anstelle der Standardabweichung *s* am Ausgleichselement) eingetragen. In der fünften Spalte wird der Faktor b_i=1 gesetzt. Die effektiven Freiheitsgrade berechnen sich nach Gleichung (2.13) mit p_i=1 freien Parametern für den Mittelwert der Messreihe und die Anzahl m_i=1 der Messreihen. Der Erweiterungsfaktor *k* ergibt sich wieder nach Tabelle 2.3 und die erweiterte Unsicherheit nach (2.5). Ein Beispiel ist im Abschnitt 7.5 beschrieben.

Die Unsicherheiten von Position, Symmetrie und Koaxialität werden radiusbezogen berechnet. Damit ergibt sich z.B. bei Position dieselbe Unsicherheit wie bei einem konventionellen Abstand [16]. Bei Vergleichen mit anderen Unsicherheitsangaben ist zu beachten, dass diese Abweichungen in der KMG-Software meist durchmesserbezogen ausgewertet werden. Die Unsicherheiten sind dann auch zu verdoppeln, siehe Abschnitt 4.7.

Mit der so ermittelten Messunsicherheit wird dann z.B. im Vergleich mit der Toleranz des Prüfmerkmals die Messprozesseignung bewertet (Abschnitt 2.6). Ist der Messprozess nicht geeignet, kann die Messunsicherheit verringert werden durch:
1. Wiederholung der Messung mit einer anderen Messpunktanzahl
2. Temperaturmessung und -korrektur
3. Anderes Verfahren zur Unsicherheitsermittlung, z.B. Wiederholungsmessungen nach Methode A für die örtlichen Formabweichungen der Oberfläche
4. Bessere Temperaturbedingungen durch Einhausung und Klimatisierung
5. Abtrennung der zufälligen Messwertanteile aus den Abweichungen vom Ausgleichselement mit spezieller Software (siehe Kapitel 9)

7.3 Beispiele

7.3.1 Überblick

Für jede Berechnungstabelle wird anhand des Werkstücks im Bild 7.2 ein Beispiel diskutiert. Die Beschreibung umfasst:

- Bezeichnung der Messgröße
- Mathematisches Modell (Funktion)
- Beschreibung der Eingangsgrößen
- Erläuterungen für die Schätzwerte und Unsicherheiten der Eingangsgrößen
- Berechnung der Messunsicherheit
- Bewertung

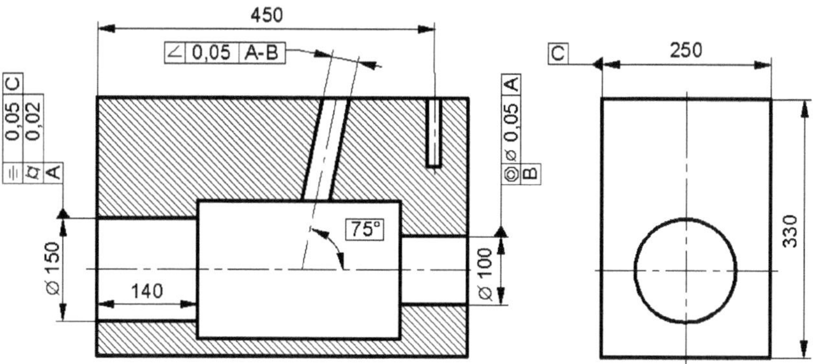

Bild 7.2: Beispiel-Werkstückzeichnung mit verschiedenen Prüfmerkmalen

Allen Beispielen sind folgende Messbedingungen gemeinsam:

1. Das Koordinatenmessgerät hat den Grenzwert der Längenmessabweichung $E_{0,\,MPE}$=(6+L/200) µm. Der konstante Anteil beträgt A=6 µm, der längenabhängige Anteil $L/K=L/200$. Damit ist K=200. Das KMG ist überwacht und erfüllt die Spezifikation.
2. Alle Unsicherheitsangaben beziehen sich auf die Ausgleichselemente, sowohl bei den tolerierten als auch bei den Bezugselementen.
3. Die Taster werden durch Messung einer Halbkugel am Kugelnormal mit jeweils fünf Punkten eingemessen. Die Standardabweichung von der Ausgleichskugel entspricht der minimalen Standardabweichung 2 µm nach Gleichung (4.3). Der Faktor b ergibt sich aus Tabelle 3.12 für den Durchmesser der Halbkugel.
4. Die erweiterte Messunsicherheit des Kugelnormal-Durchmessers wird dem Kalibrierschein entnommen. In der Regel ist sie mit dem Erweiterungsfaktor k=2 für normalverteilte Abweichungen angegeben und wird als Grenzwert a eingesetzt.
5. Die Geometrieabweichungen des KMG sind unbekannt und werden deshalb mit dem Schätzwert 0 eingetragen. Die Abweichungen sind normalverteilt, siehe Abschnitt 3.3.1. Die Grenzwerte der Geometrieabweichungen werden nach Tabelle 3.23 für das jeweilige Prüfmerkmal berechnet.

6. Der Temperatureinfluss wird nur bei Durchmesser und Abstand bzw. Position berücksichtigt. Bei allen anderen Prüfmerkmalen wird vorausgesetzt, dass die Temperaturen im Werkstück und im KMG innerhalb der zulässigen Grenzen ausgeglichen sind und zu keinen übermäßigen Verformungen führen.
7. Der Ausdehnungskoeffizient α_M der Glasmaßstäbe des KMG wird mit $8*10^{-6}$/K angenommen, seine Grenzabweichung mit 20 % davon.
8. Der Ausdehnungskoeffizient α_W des Werkstücks wird mit $12*10^{-6}$/K für Stahl angenommen, seine Grenzabweichung mit 20 % davon.
9. Die mittlere Temperatur t_M des KMG beträgt im klimatisierten Messraum 20°C, die maximale Abweichung davon 2 K.
10. Die mittlere Temperatur t_W des Werkstücks, das ohne ausreichende Temperierung aus der Fertigung in den Messraum kommt, beträgt 22°C, die maximale Abweichung davon 2 K.
11. Die temperaturbedingte Längenmessabweichung ΔL_T wird in der Praxis häufig nicht korrigiert. Sie ist deshalb nach Abschnitt 2.5 als zusätzliche Eingangsgröße zu berücksichtigen.

Die Abweichungen für Position, Symmetrie und Koaxialität werden üblicherweise durchmesserbezogen ausgewertet. Die Unsicherheiten werden hier aber zunächst radiusbezogen berechnet. Für durchmesserbezogene Messergebnisse sind die Unsicherheiten deshalb zu verdoppeln (siehe Abschnitt 4.7).

Bei einigen Berechnungstabellen werden nicht immer alle Eingangsgrößen benötigt. Die entsprechenden Leerzeilen werden dann hier nicht abgebildet. Dadurch kann sich ein anderer optischer Eindruck als bei der Beschreibung der Berechnungstabellen im Kapitel 8 ergeben. An dem Sachverhalt ändert sich dadurch jedoch nichts.

7.3.2 Durchmesser

Die Berechnungstabelle wird für die Durchmesserunsicherheiten von Kreis, Halbkugel und Zylinder eingesetzt. Bei der Kugel wird vorausgesetzt, dass die Messpunkte gleichmäßig über den zugänglichen Teil der Kugeloberfläche (Halbkugel) verteilt sind. Der Zylinder kann auch in zwei Radialschnitten gemessen werden. Die Standardunsicherheiten der Durchmesser werden nach Tabelle 3.12 abgeschätzt. Bei Kreis und Zylinder lässt sich die Anordnung der Messpunkte auf einem Teil des Umfangs berücksichtigen, indem der Faktor an der Kurve der Standardunsicherheit u_D des Durchmessers im Bild 3.3 abgelesen oder eine Näherungsfunktion berechnet wird.

Die Tabelle 7.3 zeigt als Beispiel den Durchmesser eines Ausgleichskreises. Folgende Eingangsgrößen werden berücksichtigt (siehe auch 7.3.1):

D_{WE} Durchmesser des Ausgleichselements am Werkstück
Der Kreis wird mit n=4 Punkten gemessen, die gleichmäßig über den ganzen Umfang verteilt sind. Bei einer Serie von 50 Werkstücken beträgt die mittlere Standardabweichung am Ausgleichskreis s=5 µm. Der Faktor b ergibt sich aus Tabelle 3.12 für den Durchmesser.

D_T Durchmesser der Ausgleichskugel beim Einmessen des Tasters
Der Taster wird mit fünf Punkten am Kugelnormal eingemessen, wobei vier Punkte am Äquator der Kugel und einer auf ihrem Nordpol liegen. Die minimale Standardabweichung beträgt nach Gleichung (4.3) $s=A/3$=2 µm.

D_C Kalibrierter Durchmesser des Kugelnormals
Der Durchmesser des Kugelnormals und seine Unsicherheit sind im Kalibrierschein vermerkt. Für die erweiterte Messunsicherheit U=0,4 µm mit dem Erweiterungsfaktor k=2 ist mit einer Normalverteilung zu rechnen.

ΔL_{KMG} Geometrieabweichungen des KMG
Die Grenzabweichung wird nach Tabelle 3.23 mit dem Durchmesser D=150 berechnet.

α_M Ausdehnungskoeffizient der KMG-Maßstäbe (20 %)

α_W Ausdehnungskoeffizient des Werkstücks (20 %)

t_M Mittlere Temperatur der KMG-Maßstäbe

t_W Mittlere Temperatur des Werkstücks

ΔL_{TK} Temperaturbedingte Längenmessabweichung, wenn nicht korrigiert

Die Messung des Werkstücks mit 4 Punkten und der mittleren Standardabweichung s=5 µm am Ausgleichskreis liefert den größten Unsicherheitsbeitrag mit 5,0 µm (D_W). Bei z.B. n=100 Punkten verringert er sich auf 1,0 µm, und die erweiterte Messunsicherheit beträgt nur noch 9,9 µm. Jetzt leistet die nicht korrigierte temperaturbedingte Längenmessabweichung ΔL_{TK} den größten Beitrag, dicht gefolgt von der mittleren Temperatur t_W des Werkstücks und dem Durchmesser D_T der Ausgleichskugel beim Einmessen des Tasters. Die Unsicherheitsbeiträge des Kugelnormaldurchmessers und der Geometrieabweichungen sind hier vernachlässigbar.

Tabelle 7.3: Unsicherheit des Bohrungsdurchmessers

Messgröße: D Durchmesser, korrigiert auf die Referenztemperatur 20°C

Funktion: $D = D_{WE} - (D_T - D_C) - \Delta L_{KMG} - \Delta L_T + \Delta L_{TK}$
mit $\Delta L_T = \Delta L_{TK} = D * [\alpha_W*(t_W-20°C) - \alpha_M*(t_M-20°C)]$

Eingangsgrößen:

D_{WE}	Durchmesser des Ausgleichselements am Werkstück
D_T	Durchmesser der Ausgleichskugel beim Einmessen des Tasters (Halbkugel)
D_C	Kalibrierter Durchmesser des Kugelnormals
ΔL_{KMG}	Geometrieabweichungen des KMG
α_M	Ausdehnungskoeffizient der KMG-Maßstäbe
α_W	Ausdehnungskoeffizient des Werkstücks
t_M	Mittlere Temperatur der KMG-Maßstäbe
t_W	Mittlere Temperatur des Werkstücks
ΔL_{TK}	Temperaturbedingte Längenmessabweichung, wenn nicht korrigiert

Messbedingungen:

Element	4	Auswahl: 4 Kreis, 5 Halbkugel, 6 Zylinder
D =	150	Nennmaß des Durchmessers
ϕ =		Winkelbereich der Messpunkte am Umfang (Standard 360°)
A =	6	Konstanter Anteil A des Grenzwertes $E_{0,\,MPE}$ der Längenmessabweichungen
K =	200	Faktor K des Grenzwertes der Längenmessabweichungen $E_{0,\,MPE} = (A+L/K)$ µm
U_C =	0,4	Kalibrierunsicherheit des Kugelnormal-Durchmessers (µm)
α_M =	8	Ausdehnungskoeffizient der KMG-Maßstäbe (10^{-6}/K)
t_M =	20	Mittlere Temperatur der KMG-Maßstäbe (°C)
δt_M =	2	Maximale Abweichung von der mittleren Temperatur (K)
α_W =	12	Ausdehnungskoeffizient des Werkstücks (10^{-6}/K)
t_W =	22	Mittlere Temperatur des Werkstücks (°C)
δt_W =	2	Maximale Abweichung von der mittleren Temperatur (K)
Temperat.	0	Temperaturbedingte Längenmessabweichung korrigiert: 0 nein, 1 ja

Eingangs-größe X_i	Methode bzw. Anzahl m_i	Messpunkt-anzahl bzw. Verteilung n_i	Standard-abweichung bzw. Grenze s_i bzw. a_i	Faktor für Punktzahl / Verteilung b_i	Sensi-tivitäts-koeffizient c_i	Unsicher-heitsbeitrag (µm) $u_i(y)$	Effektive Freiheits-grade ν_{eff}
D_{WE}	B	4	5	1,00	1	**5,0**	
D_T	B	5	2	1,00	1	2,0	
D_C	B	Normal	0,4	0,50	1	0,2	
ΔL_{KMG}	B	Normal	0,8	0,50	1	0,4	
α_M	B	Rechteck	1,6	0,58	0,0	0,0	
α_W	B	Rechteck	2,4	0,58	0,3	0,4	
t_M	B	Rechteck	2,0	0,58	1,2	1,4	
t_W	B	Rechteck	2,0	0,58	1,8	2,1	
ΔL_{TK}	B	Syst. Abw.	3,6	1	1	3,6	
		Standardunsicherheit der Messgröße:			$u(y)$ =	7,0	
		Erweiterungsfaktor:			k =	2,00	
		Erweiterte Messunsicherheit (P=95 %):			U =	**13,9**	

7.3.3 Abstand

Die Berechnungstabelle wird für die Unsicherheit des Abstandes zwischen zwei Formelementen eingesetzt. Dabei kann das Prüfmerkmal sowohl als Abstandstoleranz oder auch als Positionstoleranz in einer vorgegebenen Richtung mit einem Bezug (kein Bezugssystem) in die Zeichnung eingetragen sein. Im zweiten Fall wird das theoretische Maß als Nennmaß eingesetzt. Falls die Positionsabweichung durchmesserbezogen angegeben wird, ist die Messunsicherheit ebenfalls zu verdoppeln (siehe Abschnitt 4.7).
Es sind verschiedene Formelemente und Bezüge möglich. Die Elemente können mit demselben oder mit verschiedenen Tastern gemessen werden. Ebenso erhält man verschiedene Ergebnisse und Unsicherheiten, wenn die Koordinaten von der KMG-Software entweder im Schwerpunkt der Messpunkte oder im Durchstoßpunkt durch die Nullebene des Koordinatensystems ausgewertet werden. Im zweiten Fall sind zusätzlich die Winkelabweichungen des Bezuges für den Schwerpunktabstand der Messpunkte vom Durchstoßpunkt zu berücksichtigen.

Die Tabelle 7.4 zeigt die Unsicherheit des Abstandes 450 aus dem Bild 7.2, wobei beide Formelemente mit verschiedenen Tastern gemessen wurden. Folgende Eingangsgrößen werden berücksichtigt (siehe auch 7.3.1):

X_E Koordinate des tolerierten Elements im Schwerpunkt
Die Bohrung wird als Zylinder mit n=8 Punkten gemessen, jeweils gleichmäßig über den ganzen Umfang verteilt. Bei einer Serie von 50 Werkstücken beträgt die mittlere Standardabweichung am Ausgleichszylinder s=5 µm. Der Faktor b ergibt sich aus Tabelle 3.12 für die Messpunktanzahl n.

W_{E1} Erster Winkel des tolerierten Elements
Die Winkelabweichung der Zylinderachse liefert einen Beitrag für den größten Abstand der Zylinderachse vom Durchstoßpunkt durch die Nullebene des Koordinatensystems (im Bild 7.2 oben). Punktzahl und Standardabweichung sind dieselben wie bei X_E, da es sich um dasselbe Element handelt. Der Faktor b ergibt sich aus Tabelle 3.12 für den Winkel der Achse bei zwei Radialschnitten. Der Sensitivitätskoeffizient ist das Verhältnis des Abstandes L_{NE} vom Schwerpunkt zur Nullebene zur Messlänge L_{ME}. Mit L_{ME}=80 und L_{NE}=50 ist $c_i=L_{NE}/L_{ME}\approx 0{,}6$.

X_{TE} Mittelpunktkoordinate des Tasters für das tolerierte Element
Der Taster für die Bohrung wird mit n=5 Punkten eingemessen, wobei ein Punkt in Richtung des Tasterschaftes auf dem Pol und vier gleichabständig am Äquator angeordnet sind. Die Standardabweichung beträgt $s=s_{min}=A/3=$ $=2$ µm. Der Faktor b ergibt sich aus Tabelle 3.6 bzw. Gleichung (3.28) für $u_X=u_Y$ mit b=0,71, da der Tasterschaft in der Bohrung senkrecht zur Auswerterichtung steht. Der Sensitivitätskoeffizient ist c_i=1.

X_B Koordinate des Bezuges im Schwerpunkt
Die Ebene links wird mit n=4 Punkten gemessen, die in der Nähe der Eckpunkte angeordnet sind. Bei einer Serie von 50 Werkstücken beträgt die mittlere Standardabweichung an der Ausgleichsebene s=5 µm. Der Faktor b ergibt sich aus Tabelle 3.12 für den Ebenenschwerpunkt.

W_{B1} 1. Winkel des Bezuges
Die zwei Winkel der Ebene liefern je einen Beitrag, wenn die Koordinaten in den Durchstoßpunkten durch die Nullebenen des Koordinatensystems aus-

gewertet werden. Die Standardabweichung ist dieselbe wie bei X_B, da es sich um dasselbe Element handelt. Die Messpunkte sind in zwei Reihen entlang der Längsseiten der Ebene angeordnet (wie im Bild 3.6 links). Der Faktor b ergibt sich aus Tabelle 3.12 für die Punktanordnung in der Reihe. Der Sensitivitätskoeffizient ist das Verhältnis des Schwerpunktabstandes L_{NB1} der Messpunkte am Bezug vom Durchstoßpunkt zur Messlänge L_{MB1}. Mit L_{MB1}=310 und L_{NB1}=165 ist $c_i=L_{NB1}/L_{MB1}\approx 0{,}5$.

W_{B2} 2. Winkel des Bezuges
Für den zweiten Winkel quer zur Ebene trifft die Punktanordnung an den Enden zu. Die Standardabweichung ist dieselbe wie bei X_B und W_{B1}, da es sich um dasselbe Element handelt. Der Faktor b ergibt sich aus Tabelle 3.12. Der Sensitivitätskoeffizient ist das Verhältnis des Schwerpunktabstandes L_{NB2} der Messpunkte am Bezug von der Nullebene in der Mitte zur Messlänge L_{MB2}. Mit L_{MB2}=230 und L_{NB2}=0 ist $c_i=L_{NB2}/L_{MB2}=0$.

X_{TB} Scheitelpunktkoordinate des Tasters für den Bezug
Der Taster für die Ebene links wird mit n=5 Punkten eingemessen, wobei ein Punkt in Richtung des Tasterschaftes auf dem Pol und vier gleichabständig am Äquator angeordnet sind. Die Standardabweichung beträgt $s=s_{min}=A/3=$ $=2$ µm. Der Faktor b ergibt sich aus Tabelle 3.6 für den Scheitelpunkt mit b=1,00, da der Tasterschaft senkrecht zur Ebene bzw. parallel zur Auswerterichtung steht. Der Sensitivitätskoeffizient ist c_i=1.

ΔX_{TR} Rotationsabweichung der Tastermittelpunkte zwischen Element und Bezug
Die beiden Tasterlängen L_{TE} und L_{TB} entsprechen der Länge, für die die Mehrfachtaster-Ortsabweichung $P_{LTj,\,MPE}$ spezifiziert ist. Bei anderen Tasterlängen ist der Grenzwert nach Abschnitt 4.3.2. umzurechnen (siehe auch Tabelle 8.4). Die Abweichungen können als normalverteilt angesehen werden, wenn entsprechende Auswertungen der turnusmäßigen Überwachungen vorliegen. Dann ist der Faktor für die Verteilungsform b=0,5, und der Sensitivitätskoeffizient beträgt in jedem Fall c_i=1.

ΔL_{KMG} Geometrieabweichungen des KMG
Die Grenzabweichung des Abstands wird nach Tabelle 3.23 mit der Länge L=450 berechnet. Die Abweichungen können als normalverteilt angesehen werden, wenn entsprechende Auswertungen der turnusmäßigen Überwachungen vorliegen. Dann ist der Faktor für die Verteilungsform b=0,5, und der Sensitivitätskoeffizient beträgt in jedem Fall c_i=1.

α_M Ausdehnungskoeffizient der KMG-Maßstäbe (20 %)

α_W Ausdehnungskoeffizient des Werkstücks (20 %)

t_M Mittlere Temperatur der KMG-Maßstäbe

t_W Mittlere Temperatur des Werkstücks

ΔL_{TK} Temperaturbedingte Längenmessabweichung, wenn nicht korrigiert

Tabelle 7.4: Unsicherheit des Abstandes 450 zwischen Ausgleichsebene und Ausgleichszylinder bei Messung mit demselben Taster und Auswertung in der Nullebene des Koordinatensystems

Messgröße: L Länge, korrigiert auf die Referenztemperatur 20°C

Funktion: $L = (X_E - W_{E1}*L_{NE1}/L_{ME1} - X_{TE}) - (X_B - W_{B1}*L_{NB1}/L_{MB1} - W_{B2}*L_{NB2}/L_{MB2} - X_{TB}) - \Delta X_{TR} - \Delta L_{KMG} - \Delta L_T + \Delta L_{TK}$

mit: $\Delta L_T = \Delta L_{TK} = L_{NA} * [\alpha_W*(t_W-20°C) - \alpha_M*(t_M-20°C)]$

Messbedingungen:

Taster	2	Auswahl: 1 derselbe Taster, 2 verschiedene Taster für Element und Bezug
L_{NA} =	450	Nennmaß des Abstandes (bei Position theoretisches Maß)
Element	6	1 Punkt, 2 Gerade, 3 Ebene, 4 Kreis, 5 Halbkugel, 6 Zylinder, 7 Kegel
Merkmal	-	Koordinate im Schwerpunkt der Messpunkte senkrecht zur Achse
Muster E1	2	Punktmuster: 1 gleichmäßig verteilt, 2 zwei Radialschnitte
L_{ME1} =	80	Messlänge am tolerierten Element (Bereich der Messpunkte)
L_{NE1} =	50	Abstand der Auswertestelle (Nullebene) vom Schwerpunkt am toler. Element
Taster E		Tasterschaft senkrecht zur Auswerterichtung (parallel zur Achse)
L_{TE} =	100	Tasterlänge (Abstand zwischen Kugelmittelpunkt und Anlage am Tastkopf)
Bezug	3	1 Punkt, 2 Gerade, 3 Ebene, 4 Kreis, 5 Halbkugel, 6 Zylinder, 7 Kegel
Merkmal	-	Koordinate im Schwerpunkt der Messpunkte senkrecht zur Oberfläche
Muster B1	1	Punktmuster: 1 in Reihe oder im Raster, 2 an den Enden, 3 kreisförmig
L_{MB1} =	310	Messlänge am Bezug (Bereich der Messpunkte)
L_{NB1} =	165	Abstand des Schwerpunktes am Bezug von der Nullebene
Muster B2	2	2. Punktmuster: 1 in Reihe oder im Raster, 2 an den Enden, 3 kreisförmig
L_{MB2} =	230	2. Messlänge am Bezug (Bereich der Messpunkte – nur bei Ebene)
L_{NB2} =	0	2. Abstand des Schwerpunktes am Bezug von der Nullebene
Taster B	2	Tasterschaft: 1 senkrecht, 2 parallel zur Auswerterichtung
L_{TB} =	100	Tasterlänge (Abstand zwischen Kugelmittelpunkt und Anlage am Tastkopf)
A =	6	Konstanter Anteil A des Grenzwertes $E_{0,\,MPE}$ der Längenmessabweichungen
K =	200	Faktor K des Grenzwertes der Längenmessabweichung $E_{0,\,MPE} = (A+L/K)$ µm
$P_{LTj,\,MPE}$ =	2	Grenzwert der Mehrfachtaster-Ortsabweichung des Messkopfsystems
L_T =	100	Tasterlänge für die spezifizierte Mehrfachtaster-Ortsabweichung
U_C =	0,4	Kalibrierunsicherheit des Kugelnormal-Durchmessers (µm)
α_M =	8	Ausdehnungskoeffizient der KMG-Maßstäbe (10^{-6}/K)
t_M =	20	Mittlere Temperatur der KMG-Maßstäbe (°C)
δt_M =	2	Maximale Abweichung von der mittleren Temperatur (K)
α_W =	12	Ausdehnungskoeffizient des Werkstücks (10^{-6}/K)
t_W =	22	Mittlere Temperatur des Werkstücks (°C)
δt_W =	2	Maximale Abweichung von der mittleren Temperatur (K)
Temperat.	0	Temperaturbedingte Längenmessabweichung korrigiert: 0 nein, 1 ja
Software	1	Auswertung: 0 im Schwerpunkt der Messpunkte, 1 in der Nullebene

Fortsetzung nächste Seite

Tabelle 7.4: Unsicherheit Abstand (Fortsetzung)

Eingangs-größe X_i	Methode bzw. Anzahl m_i	Messpunkt-anzahl bzw. Verteilung n_i	Standard-abweichung bzw. Grenze s_i bzw. a_i	Faktor für Punktzahl / Verteilung b_i	Sensi-tivitäts-koeffizient c_i	Unsicher-heitsbeitrag (µm) $u_i(y)$	Effektive Freiheits-grade ν_{eff}
X_E	B	8	5	0,50	1	2,5	
W_{E1}	B	8	5	1,00	0,6	3,1	
X_{TE}	B	5	2	0,71	1	1,4	
X_B	B	8	5	0,35	1	1,8	
W_{B1}	B	8	5	1,08	0,5	2,9	
W_{B2}	B	8	5	0,71	0,0	0,0	
X_{TB1}	B	5	2	1,00	1	2,0	
ΔX_{TR}	B	Normal	2,0	0,50	1	1,0	
ΔL_{KMG}	B	Normal	2,3	0,50	1	1,1	
α_M	B	Rechteck	1,6	0,58	0,0	0,0	
α_W	B	Rechteck	2,4	0,58	0,9	1,2	
t_M	B	Rechteck	2,0	0,58	3,6	**4,2**	
t_W	B	Rechteck	2,0	0,58	5,4	6,2	
ΔL_{TK}	B	Syst. Abw.	10,8	1	1	**10,8**	
		Standardunsicherheit der Messgröße:			$u(y)$ =	14,5	
				Erweiterungsfaktor:	k =	2,00	
		Erweiterte Messunsicherheit (P=95 %):			U =	**29,0**	

Wegen der großen Länge (450 mm) überwiegt der Unsicherheitsbeitrag ΔL_{TK} aus der nicht ausgeführten Temperaturkorrektur, gefolgt von dem Winkel der Zylinderachse W_{E1} und der mittleren Temperatur t_W des Werkstücks. Die Beiträge D_C des Kugelnormals und ΔL_{KMG} der Geometrieabweichungen sind hier vernachlässigbar. Als erste Maßnahme sollte die temperaturbedingte Längenmessabweichung korrigiert werden. Die erweiterte Messunsicherheit verringert sich dann auf 19,3 µm.
Die Messung der Positionsabweichung in einer vorgegebenen Richtung entspricht einer Abstandsmessung, wenn das theoretische Maß als Nennmaß eingesetzt wird. Falls die Positionsabweichung wie bei den meisten KMG durchmesserbezogen angegeben wird, ist die Messunsicherheit zu verdoppeln (siehe Abschnitt 4.7).

Im Abschnitt 3.3.1 wurde bereits darauf hingewiesen, dass der längenabhängige Anteil L/K des Grenzwertes $E_{0,\,MPE}$ nicht nur die Geometrie-, sondern zum Teil auch die temperaturbedingten Längenmessabweichungen begrenzt. In Tabelle 7.4 sind die beiden Unsicherheitsbeiträge aus den Temperaturen t_W des Werkstücks (6,2 µm) und t_M der KMG-Maßstäbe (4,2 µm) deutlich größer als der Beitrag ΔL_{KMG} der Geometrieabweichungen des KMG (1,1 µm). Selbst unter nahezu idealen Bedingungen mit Grenzabweichungen der Temperatur von 0,5 K liegen diese Unsicherheitsbeiträge mit t_W=1,6 µm und mit t_M=1,0 µm schon in der Größenordnung von ΔL_{KMG}. Die Spezifikation lässt sich also nur einhalten, wenn die Temperaturen bei der Annahmeprüfung deutlich genauer bestimmt werden. Daraus folgt auch, dass bei größeren Temperaturabweichungen dieser Einfluss nicht im Grenzwert $E_{0,\,MPE}$ enthalten ist, sondern gesondert abgeschätzt werden muss.

7.3.4 Position

Die Berechnungstabelle wird für die Unsicherheit der Positionsabweichung eines Formelementes (bzw. eines Punktes darauf) in einem Bezugssystem eingesetzt. Es sind verschiedene Formelemente und Bezüge möglich. Die Elemente können mit demselben oder mit verschiedenen Tastern gemessen werden. Ebenso ergeben sich verschiedene Ergebnisse und Unsicherheiten, wenn die Koordinaten von der KMG-Software entweder im Schwerpunkt der Messpunkte oder im Durchstoßpunkt durch die Nullebene des Koordinatensystems ausgewertet werden. In jedem Fall werden die Winkelabweichungen der Bezüge berücksichtigt.
Die Tabelle 7.6 zeigt die Unsicherheit der Positionsabweichung aus Bild 7.5, wobei alle Elemente mit demselben Taster gemessen wurden. Entsprechend dem mathematischen Modell in Tabelle 7.6 sind die beiden Winkel ϕ und ψ aus Bild 7.5 zu beachten. Der Winkel ϕ liegt in der *XY*-Ebene, wird von der positiven *X*-Achse aus gemessen und geht von 0° bis 360°. Der Winkel ψ beschreibt die Auslenkung aus der *XY*-Ebene, wird von dieser Ebene aus gemessen und geht von -90° bis +90°. Für die Auswertung der *X*-Koordinate ist ϕ=0° und ψ=0°, für die *Y*-Koordinate ϕ=90° und ψ=0° und für die *Z*-Koordinate ψ=90° (ϕ ist hier beliebig).

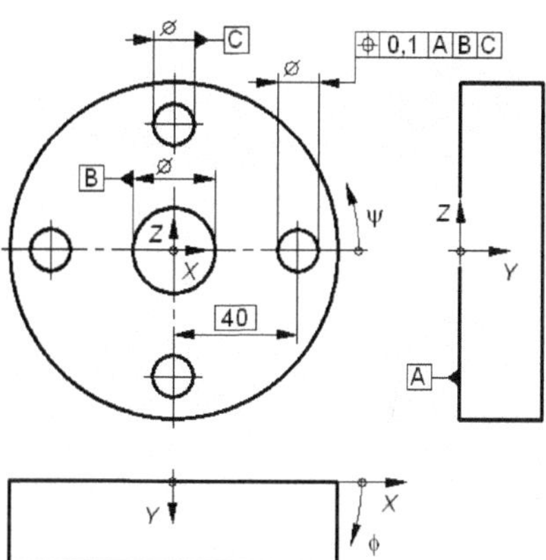

Bild 7.5:
Positionstoleranz eines Bohrungsmittelpunktes im Bezugssystem

Zur Berechnung der Unsicherheitsbeiträge der Geometrieabweichungen des KMG und der Temperatur wird der auf die Auswerterichtung projizierte Abstand L_{NA} des betrachteten Punktes vom Koordinatenursprung benötigt (siehe auch Bild 8.8):

$$L_{NA} = (x_E*\cos\phi + y_E*\sin\phi)*\cos\psi + z_E*\sin\psi \qquad (7.1)$$

Mit x_E=40, y_E=10 und z_E=0 sowie ϕ=0° und ψ=0° im Bild 7.5 ist L_{NA}=40.

Für die Positionsabweichung aus Bild 7.5 werden folgende Eingangsgrößen berücksichtigt (siehe auch 7.3.1).

X_{E0} Koordinate des tolerierten Elements im Schwerpunkt
Die Bohrung auf dem Teilkreis wird als Kreis mit n=4 Punkten gemessen, gleichmäßig über den ganzen Umfang verteilt. Bei einer Serie von 50 Werkstücken beträgt die mittlere Standardabweichung am Ausgleichszylinder s=2 µm. Der Faktor b ergibt sich aus Tabelle 3.12 für die Punktanzahl n. Der Sensitivitätskoeffizient ist immer c_i=1.

X_{NB} Nullpunkt der X-Koordinate des Bezugssystems
Der Nullpunkt der X-Koordinate des Bezugssystems wird durch die Mitte der Mittelbohrung festgelegt. Sie wird als Kreis mit n=4 Punkten gemessen, gleichmäßig über den ganzen Umfang verteilt. Bei einer Serie von 50 Werkstücken beträgt die mittlere Standardabweichung am Ausgleichszylinder s=2 µm. Der Faktor b ergibt sich aus Tabelle 3.12 für die Punktanzahl n. Der Sensitivitätskoeffizient ist mit ϕ=0° und ψ=0° c_i=cos(ϕ)*cos(ψ)=1,0.

Y_{NB} Nullpunkt der Y-Koordinate des Bezugssystems
Die Stirnseite des Zylinders wird als Ebene mit n=8 Punkten gemessen. Bei einer Serie von 50 Werkstücken beträgt die mittlere Standardabweichung an der Ausgleichsebene s=2 µm. Der Faktor b ergibt sich aus Tabelle 3.12 für die Punktzahl n. Der Sensitivitätskoeffizient ist mit ϕ=0° c_i=sin(ϕ)*cos(ψ)=0.

Z_{NB} Nullpunkt der Z-Koordinate des Bezugssystems
Der Nullpunkt der X-Koordinate des Bezugssystems wird durch die Mitte der Mittelbohrung festgelegt. Die Punktzahl und die Standardabweichung sind dieselben wie bei X_B, da es sich um dasselbe Element handelt. Der Faktor b ergibt sich aus Tabelle 3.12 für die Punktanzahl n. Der Sensitivitätskoeffizient ist mit ψ=0° c_i=sin(ψ)=0.

W_{BXY} Drehung um die X-Achse des Bezugssystems mit Nullpunktabstand ΔY
Die Winkeldrehung um die X-Achse wird durch die Ebene Bezug A bestimmt. Sie wird mit n=8 Punkten gemessen, die kreisförmig angeordnet sind. Bei einer Serie von 50 Werkstücken beträgt die mittlere Standardabweichung an der Ausgleichsebene s=2 µm. Der Faktor b ergibt sich aus Tabelle 3.12 für die kreisförmige Anordnung mit der Punktzahl n.
Der Sensitivitätskoeffizient ist das Verhältnis der Koordinatendifferenz zwischen dem Mittelpunkt y_E des tolerierten Elements und der Y-Koordinate y_{NX} des Bezuges, der den Nullpunkt der X-Koordinate definiert, zur Messlänge L_{MBWX}. Mit y_E=25, y_{NX}=5 und L_{MBWX}=90 für den Durchmesser des Messpunktkreises auf der Ebene sowie ψ=0° ist c_i=(y_E-y_{NX})/L_{MBWX}*sin(ψ)=0.

W_{BXZ} Drehung um die X-Achse des Bezugssystems mit Nullpunktabstand ΔZ
Die Standardabweichung ist dieselbe wie bei W_{BXY}, da es sich um dasselbe Element handelt. Bei anderen Messpunktmustern treten ggf. andere Messlängen und Faktoren b auf.
Der Sensitivitätskoeffizient ist das Verhältnis der Koordinatendifferenz zwischen dem Mittelpunkt z_E des tolerierten Elements und der Y-Koordinate z_{NX} des Bezuges, der den Nullpunkt der Z-Koordinate definiert, zur Messlänge L_{MBWX}. Mit z_E=0, z_{NX}=0 und L_{MBWX}=90 für den Durchmesser des Messpunktkreises auf der Ebene sowie ϕ=0° ist c_i=(z_E-z_{NX})/L_{MBWX}*sin(ϕ)*cos(ψ)=0.

X_{BYX1} 1. Mittelpunktkoordinate des Bezuges für Drehung um die Y-Achse mit ΔX
Die Winkeldrehung um die Y-Achse wird durch die Mittelpunkte der Mittelbohrung (Index 1) und der seitlichen Bohrung (Index 2) bestimmt. Die Mittelbohrung wird als Kreis mit n=4 Punkten gemessen, gleichmäßig über den ganzen Umfang verteilt. Bei einer Serie von 50 Werkstücken beträgt die mittlere Standardabweichung an der Mittelbohrung s=2 µm. Der Faktor b ergibt sich aus Tabelle 3.12 für die Punktanzahl n.
Der Sensitivitätskoeffizient ist das Verhältnis der Koordinatendifferenz zwischen dem Mittelpunkt x_E des tolerierten Elements und der X-Koordinate x_{NY} des Bezuges, der den Nullpunkt der X-Koordinate definiert, zur Messlänge

L_{MBWY}. Mit x_E=40, x_{NY}=0 und L_{MBWY}=40 für den Abstand der beiden Kreismittelpunkte sowie ψ=0° ist $c_i=(x_E-x_{NY})/L_{MBWY}*\sin(\psi)=0$.

X_{BYZ1} 1. Mittelpunktkoordinate des Bezuges für Drehung um die *Y*-Achse mit ΔZ
Die Standardabweichung ist dieselbe wie bei X_{BYX1}, da es sich um dasselbe Element handelt. Der Sensitivitätskoeffizient ist das Verhältnis der Koordinatendifferenz zwischen dem Mittelpunkt z_E des tolerierten Elements und der *Z*-Koordinate z_{NY} des Bezuges, der den Nullpunkt der *Z*-Koordinate definiert, zur Messlänge L_{MBWY}. Mit z_E=0, z_{NY}=0 und L_{MBWY}=40 für den Abstand der beiden Kreismittelpunkte sowie ϕ=0° und ψ=0° ist $c_i=(z_E-z_{NY})/L_{MBWY}*\cos(\phi)*\cos(\psi)=0$.

X_{BYX2} 2. Mittelpunktkoordinate des Bezuges für Drehung um die *Y*-Achse mit ΔX
Die seitliche Bohrung wird als Kreis mit *n*=4 Punkten gemessen, gleichmäßig über den ganzen Umfang verteilt. Bei einer Serie von 50 Werkstücken beträgt die mittlere Standardabweichung am Ausgleichszylinder *s*=2 µm. Der Faktor *b* ergibt sich aus Tabelle 3.12 für die Punktanzahl *n*.
Der Sensitivitätskoeffizient ist das Verhältnis der Koordinatendifferenz zwischen dem Mittelpunkt x_E des tolerierten Elements und der *X*-Koordinate x_{NY} des Bezuges, der den Nullpunkt der *X*-Koordinate definiert, zur Messlänge L_{MBWY}. Mit x_E=40, x_{NY}=0 und L_{MBWY}=40 für den Abstand der beiden Kreismittelpunkte sowie ψ=0° ist $c_i=(x_E-x_{NY})/L_{MBWY}*\sin(\psi)=0$.

X_{BYZ2} 2. Mittelpunktkoordinate des Bezuges für Drehung um die *Y*-Achse mit ΔZ
Die Standardabweichung ist dieselbe wie bei X_{BYX2}, da es sich um dasselbe Element handelt. Der Sensitivitätskoeffizient ist das Verhältnis der Koordinatendifferenz zwischen dem Mittelpunkt z_E des tolerierten Elements und der *Z*-Koordinate z_{NY} des Bezuges, der den Nullpunkt der *Z*-Koordinate definiert, zur Messlänge L_{MBWY}. Mit z_E=0, z_{NY}=0 und L_{MBWY}=40 für den Abstand der beiden Kreismittelpunkte sowie ϕ=0° und ψ=0° ist $c_i=(z_E-z_{NY})/L_{MBWY}*\cos(\phi)*\cos(\psi)=0$.

W_{BZX} Drehung um die *Z*-Achse des Bezugssystems mit Nullpunktabstand ΔX
Die Winkeldrehung um die *Z*-Achse wird durch die Ebene an der Stirnseite bestimmt. Sie wird mit *n*=8 Punkten gemessen, die kreisförmig angeordnet sind. Bei einer Serie von 50 Werkstücken beträgt die mittlere Standardabweichung an der Ausgleichsebene *s*=2 µm. Der Faktor *b* ergibt sich aus Tabelle 3.12 für die kreisförmige Anordnung mit der Punktzahl *n*.
Der Sensitivitätskoeffizient ist das Verhältnis der Koordinatendifferenz zwischen dem Mittelpunkt x_E des tolerierten Elements und der *X*-Koordinate x_{NZ} des Bezuges, der den Nullpunkt der *X*-Koordinate definiert, zur Messlänge L_{MBWZ}. Mit x_E=40, x_{NZ}=0 und L_{MBWZ}=90 für den Durchmesser des Messpunktkreises auf der Ebene sowie ϕ=0° und ψ=0° ist $c_i=(x_E-x_{NZ})/L_{MBWZ}*\sin(\phi)*\cos(\psi)=0$.

W_{BZY} Drehung um die *Z*-Achse des Bezugssystems mit Nullpunktabstand ΔY
Die Standardabweichung ist dieselbe wie bei W_{BZX}, da es sich um dasselbe Element handelt. Bei anderen Messpunktmustern treten ggf. andere Messlängen und Faktoren *b* auf.
Der Sensitivitätskoeffizient ist das Verhältnis der Koordinatendifferenz zwischen dem Mittelpunkt y_E des tolerierten Elements und der *Y*-Koordinate y_{NZ} des Bezuges, der den Nullpunkt der *Y*-Koordinate definiert, zur Messlänge L_{MBWZ}. Mit y_E=25, y_{NZ}=5 und L_{MBWZ}=90 für den Durchmesser des Mess-

punktkreises auf der Ebene sowie ϕ=0° und ψ=0° ist $c_i=(y_E-y_{NZ})/L_{MBWZ}$ $*\cos(\phi)*\cos(\psi)\approx0{,}2$.

ΔL_{KMG} Geometrieabweichungen des KMG
Die Geometrieabweichungen des KMG werden nach Tabelle 3.23 berechnet. Mit dem auf die Auswerterichtung projizierten Abstand L_N=40 nach Gleichung (7.1) und K=200 aus dem Grenzwert der Längenmessabweichung ist die Grenzabweichung $a_i=L_N/K=0{,}2$.

α_M Ausdehnungskoeffizient der KMG-Maßstäbe (20 %)

α_W Ausdehnungskoeffizient des Werkstücks (20 %)

t_M Mittlere Temperatur der KMG-Maßstäbe

t_W Mittlere Temperatur des Werkstücks

ΔL_{TK} Temperaturbedingte Längenmessabweichung, wenn nicht korrigiert

Tabelle 7.6: Unsicherheit der Positionsabweichung des Bohrungsmittelpunktes aus Bild 7.5 im Bezugssystem

Messgröße: E_P Abweichung der Koordinate des betrachteten Punktes auf der Oberfläche bzw. Achse, korrigiert auf die Referenztemperatur 20°C (radiusbezogen)

Funktion:

$$E_P = X_{E0} - \Delta L_{KMG} - \Delta L_T + \Delta L_{TK} + \\ - [\, X_{NB} - (X_{BYZ1}-X_{BYZ2})*(Z_E-Z_{NY})/L_{MBWY} - W_{BZY}*(Y_E-Y_{NZ})/L_{MBWZ} \,] *\cos(\phi)*\cos(\psi) + \\ + [\, Y_{NB} - W_{BXZ}*(Z_E-Z_{NX})/L_{MBWX} - W_{BZX}*(X_E-X_{NZ})/L_{MBWZ} \,] *\sin(\phi)*\cos(\psi) + \\ + [\, Z_{NB} - (X_{BYX1}-X_{BYX2})*(X_E-X_{NY})/L_{MBWY} - W_{BXY}*(Y_E-Y_{NX})/L_{MBWX} \,] *\sin(\psi)$$

mit: $\Delta L_T = \Delta L_{TK} = L_{NA} * [\, \alpha_W*(t_W-20°C) - \alpha_M*(t_M-20°C) \,]$

Messlänge: $L_{NA} = (x_E*\cos\phi + y_E*\sin\phi) *\cos\psi + z_E*\sin\psi$

Eingangsgrößen:

X_{E0}	Koordinate des tolerierten Elements im Schwerpunkt
X_B	Bezugselement mit Nullpunkt der X-Koordinate des Bezugssystems
Y_B	Bezugselement mit Nullpunkt der Y-Koordinate des Bezugssystems
Z_B	Bezugselement mit Nullpunkt der Z-Koordinate des Bezugssystems
W_{BXY}	Winkel des Bezugselements für die Drehung um die X-Achse mit Nullpunktabstand ΔY
W_{BXZ}	Winkel des Bezugselements für die Drehung um die X-Achse mit Nullpunktabstand ΔZ
X_{BYX1}	1. Mittelpunktkoordinate des Bezugselements für Drehung um die Y-Achse mit ΔX
X_{BYZ1}	1. Mittelpunktkoordinate des Bezugselements für Drehung um die Y-Achse mit ΔZ
X_{BYX2}	2. Mittelpunktkoordinate des Bezugselements für Drehung um die Y-Achse mit ΔX
X_{BYZ2}	2. Mittelpunktkoordinate des Bezugselements für Drehung um die Y-Achse mit ΔZ
W_{BZX}	Winkel des Bezugselements für die Drehung um die Z-Achse mit Nullpunktabstand ΔX
W_{BZY}	Winkel des Bezugselements für die Drehung um die Z-Achse mit Nullpunktabstand ΔY
ΔL_{KMG}	Geometrieabweichungen des KMG
α_M	Ausdehnungskoeffizient der KMG-Maßstäbe
α_W	Ausdehnungskoeffizient des Werkstücks
t_M	Mittlere Temperatur der KMG-Maßstäbe
t_W	Mittlere Temperatur des Werkstücks
ΔL_{TK}	Temperaturbedingte Längenmessabweichung, wenn nicht korrigiert

Fortsetzung nächste Seite

Tabelle 7.6: Unsicherheit Position (Fortsetzung)

Messbedingungen:

X_E =	40	Theoretisches Maß in der X-Koordinate für den Punkt am tolerierten Element
Y_E =	25	Theoretisches Maß in der Y-Koordinate für den Punkt am tolerierten Element
Z_E =	0	Theoretisches Maß in der Z-Koordinate für den Punkt am tolerierten Element
ϕ =	0	Azimutwinkel in ° (in der XY-Ebene, von der X-Achse aus gemessen)
ψ =	0	Elevationswinkel in ° (Auslenkung aus der XY-Ebene)
L_{NA} =	40,0	Nennwert der Messlänge für Geometrieabweichungen und Temperatur
Element	4	1 Punkt, 2 Gerade, 3 Ebene, 4 Kreis, 5 Halbkugel, 6 Zylinder, 7 Kegel
Merkmal	-	Mittelpunktkoordinate senkrecht zur Achse und zum Tasterschaft
Muster E1		Messpunkte gleichmäßig am ganzen Kreisumfang
Taster E	1	Tasternummer für das tolerierte Element
Bezug BNX	4	1 Punkt, 2 Gerade, 3 Ebene, 4 Kreis, 5 Halbkugel, 6 Zylinder, 7 Kegel
Merkmal	-	Mittelpunktkoordinate senkrecht zur Achse und zum Tasterschaft
Y_{NX} =	5	Y-Koordinate des Bezugselements im Schwerpunkt bzw. in der Nullebene
Z_{NX} =	0	Z-Koordinate des Bezugselements im Schwerpunkt bzw. in der Nullebene
Taster BNX	1	Tasternummer des Bezugselementes für den Nullpunkt in der X-Achse
Bezug BNY	3	1 Punkt, 2 Gerade, 3 Ebene, 4 Kreis, 5 Halbkugel, 6 Zylinder, 7 Kegel
Merkmal	-	Mittelpunktkoordinate senkrecht zur Achse und zum Tasterschaft
X_{NY} =	0	X-Koordinate des Bezugselements im Schwerpunkt bzw. in der Nullebene
Z_{NY} =	0	Z-Koordinate des Bezugselements im Schwerpunkt bzw. in der Nullebene
Taster BNY	1	Tasternummer des Bezugselementes für den Nullpunkt in der Y-Achse
Bezug BNZ	4	1 Punkt, 2 Gerade, 3 Ebene, 4 Kreis, 5 Halbkugel, 6 Zylinder, 7 Kegel
Merkmal	-	Mittelpunktkoordinate senkrecht zur Achse und zum Tasterschaft
X_{NZ} =	0	X-Koordinate des Bezugselements im Schwerpunkt bzw. in der Nullebene
Y_{NZ} =	5	Y-Koordinate des Bezugselements im Schwerpunkt bzw. in der Nullebene
Taster BNZ	1	Tasternummer des Bezugselementes für den Nullpunkt in der Z-Achse
Bezug BWX	3	Drehung um X: 2 Gerade, 3 Ebene, 4 2_Kreise, 6 Zylinder, 7 Kegel
Muster BWX	3	Punktmuster: 1 in Reihe oder im Raster, 2 an den Enden, 3 kreisförmig
L_{MBWX} =	90	Messlänge am Bezug BWX für die Drehung um X (Bereich der Messpunkte)
Bezug BWY	4	Drehung um Y: 2 Gerade, 3 Ebene, 4 2_Kreise, 6 Zylinder, 7 Kegel
Muster BWY		Messpunkte gleichmäßig am ganzen Kreisumfang
L_{MBWY} =	40	Messlänge am Bezug BWY für die Drehung um Y (Abstand der Mittelpunkte)
Bezug BWZ	3	Drehung um Z: 2 Gerade, 3 Ebene, 4 2_Kreise, 6 Zylinder, 7 Kegel
Muster BWZ	3	Punktmuster: 1 in Reihe oder im Raster, 2 an den Enden, 3 kreisförmig
L_{MBWZ} =	90	Messlänge am Bezug BWZ für die Drehung um Z (Bereich der Messpunkte)
A =	6	Konstanter Anteil A des Grenzwertes $E_{0,\,MPE}$ der Längenmessabweichungen
K =	200	Faktor K des Grenzwertes der Längenmessabweichungen $E_{0,\,MPE} = (A+L/K)$µm
$P_{LTj,\,MPE}$ =	2	Grenzwert der Mehrfachtaster-Ortsabweichung für das Messkopfsystem (µm)
L_T =	100	Tasterlänge für die spezifizierte Mehrfachtaster-Ortsabweichung
U_C =	0,4	Kalibrierunsicherheit des Kugelnormal-Durchmessers (µm)
α_M =	8	Ausdehnungskoeffizient der KMG-Maßstäbe (10^{-6}/K)
t_M =	20	Mittlere Temperatur der Maßstäbe (°C)
δt_M =	2	Maximale Abweichung von der mittleren Temperatur (K)
α_W =	12	Ausdehnungskoeffizient des Werkstücks (10^{-6}/K)
t_W =	22	Mittlere Temperatur des Werkstücks (°C)
δt_W =	2	Maximale Abweichung von der mittleren Temperatur (K)
Temperatur	0	Temperaturbedingte Längenmessabweichung korrigiert: 0 nein, 1 ja

Fortsetzung nächste Seite

Tabelle 7.6: Unsicherheit Position (Fortsetzung)

Eingangs-größe X_i	Metho-de bzw. Anzahl m_i	Messpunkt-anzahl bzw. Verteilung n_i	Standard-abweichung bzw. Grenze s_i bzw. a_i	Faktor für Punktzahl / Verteilung b_i	Sensi-tivitäts-koeffizient c_i	Unsicher-heitsbeitrag (µm) $u_i(y)$	Effektive Freiheits-grade ν_{eff}
X_{E0}	B	**4**	2	0,71	1	**1,4**	
X_{NB}	B	**4**	2	0,71	1,0	**1,4**	
Y_{NB}	B	8	2	0,35	0,0	0,0	
Z_{NB}	B	4	2	0,50	0,0	0,0	
W_{BXY}	B	8	2	1,00	0,0	0,0	
W_{BXZ}	B	8	2	1,00	0,0	0,0	
X_{BYX1}	B	4	2	0,71	0,0	0,0	
X_{BYZ1}	B	4	2	0,71	0,0	0,0	
X_{BYX2}	B	4	2	0,71	0,0	0,0	
X_{BYZ2}	B	4	2	0,71	0,0	0,0	
W_{BZX}	B	8	2	1,00	0,0	0,0	
W_{BZY}	B	8	2	1,00	0,2	0,4	
ΔL_{KMG}	B	Normal	0,2	0,50	1	0,1	
α_M	B	Rechteck	1,6	0,58	0,0	0,0	
α_W	B	Rechteck	2,4	0,58	0,1	0,1	
t_M	B	Rechteck	2,0	0,58	0,3	0,4	
t_W	B	Rechteck	2,0	0,58	0,5	0,6	
ΔL_{TK}	B	Syst. Abw.	0,9	1	1	1,0	
		Standardunsicherheit der Messgröße:			$u(y)$ =	2,4	
				Erweiterungsfaktor:	k =	2,00	Verdoppelt:
		Erweiterte Messunsicherheit (P=95 %):			U =	**4,7**	**9,5**

Wegen des kleinen theoretischen Maßes x_E=40 überwiegen die Unsicherheitsbeiträge des Kreismittelpunktes für das tolerierte Element x_{E0} und des Nullpunktes der X-Koordinate x_B. Als erste Maßnahme können diese mit mehr Punkten gemessen werden. Dann folgen die Beiträge der nicht ausgeführten Temperaturkorrektur ΔL_{TK} und der mittleren Temperatur des Werkstücks t_W.

Ist die Positionstoleranz mit dem Durchmesserzeichen vor dem Zahlenwert der Toleranz in die Zeichnung eingetragen, kann die Abweichung in irgendeiner Richtung auftreten. Dann ist die größte Unsicherheit in beliebiger Richtung zu berechnen und zur Bewertung der Messprozesseignung heranzuziehen. Im Beispiel ist das die Z-Koordinate mit dem Winkel ψ=90° (ϕ ist beliebig), und es ergibt sich mit zusätzlichen Unsicherheitsbeiträgen für die Drehung um die Y-Achse die erweiterte Messunsicherheit U=5,4 µm.

Die erweiterte Messunsicherheit wird hier radiusbezogen berechnet. Falls die Positionsabweichung wie bei den meisten KMG durchmesserbezogen ausgewertet wird, ist die Messunsicherheit ebenfalls zu verdoppeln (siehe Abschnitt 4.7).

7.3.5 Symmetrie

Die Berechnungstabelle wird für die Unsicherheit von Symmetrieabweichungen eingesetzt. Dabei kann es sich sowohl beim Bezug als auch beim tolerierten Element um eine Achse (z.B. eines Zylinders oder durch zwei Kreise) oder um ein Symmetrieelement handeln (z.B. von zwei Geraden oder Ebenen). In jedem Fall sind es aber idealgeometrische Elemente, so dass die Formabweichungen keine Rolle spielen. Die Elemente und Bezüge werden mit verschiedenen Tastern gemessen.

Die Tabelle 7.7 zeigt die Unsicherheit der Symmetrieabweichung aus Bild 7.2. Die beiden Bezüge werden mit demselben Taster gemessen. Folgende Eingangsgrößen werden berücksichtigt (siehe auch 7.3.1):

X_{E1} Koordinate des (ersten) tolerierten Elements im Schwerpunkt
Die Bohrung links wird in zwei Ebenen als Zylinder wird mit n=8 gleichmäßig über den ganzen Umfang angeordneten Punkten gemessen. Bei einer Serie von 50 Werkstücken beträgt die mittlere Standardabweichung am Ausgleichszylinder s=5 µm. Der Faktor b ergibt sich aus Tabelle 3.1210 für den Mittelpunkt. Der Sensitivitätskoeffizient für das tolerierte Element ist c_i=1.

W_{E11} Winkel des tolerierten Elements
Die Winkelabweichung der Zylinderachse liefert einen Beitrag für den größten Abstand der Zylinderachse vom Durchstoßpunkt durch die Nullebene des Koordinatensystems. Die Standardabweichung ist dieselbe wie bei X_{E1}, da es sich um dasselbe Element handelt. Der Faktor b ergibt sich aus Tabelle 3.1210 für den Winkel der Achse bei zwei Radialschnitten. Der Sensitivitätskoeffizient ist das Verhältnis des Abstandes L_{NE11}=70 vom Schwerpunkt zur Nullebene zur Messlänge L_{ME11}=130 und beträgt $c_i=L_{NE11}/L_{ME11}\approx 0{,}5$.

X_{TE1} Mittelpunktkoordinate des Tasters für das tolerierte Element
Der Taster für die Bohrung wird mit n=5 Punkten eingemessen, wobei ein Punkt in Richtung des Tasterschaftes auf dem Pol und vier gleichabständig am Äquator angeordnet sind. Die Standardabweichung beträgt $s=s_{min}=A/3=$ =2 µm. Der Faktor b ergibt sich aus Tabelle 3.1210 bzw. Gleichung (3.28) für $u_X=u_Y$ mit b=0,71, da der Tasterschaft in der Bohrung senkrecht zur Auswerterichtung steht. Der Sensitivitätskoeffizient ist c_i=1.

X_{B1} Koordinate des ersten Bezuges im Schwerpunkt
An einer Seitenfläche wird eine Ebene mit n=4 Punkten gemessen. Bei einer Serie von 50 Werkstücken beträgt die mittlere Standardabweichung an jeder Ausgleichsebene s=5 µm. Der Faktor b ergibt sich aus Tabelle 3.1210 für den Ebenenschwerpunkt. Der Sensitivitätskoeffizient ist c_i=0,5, da die Koordinaten zwischen den beiden Bezugsebenen gemittelt werden.

W_{B11} Erster Winkel des ersten Bezuges
Die Punktzahl und die Standardabweichung sind dieselben wie bei X_{B1}, da es sich um dasselbe Element handelt. Der erste Winkel liegt horizontal, d.h. parallel zur Achse der Bohrung. Der Faktor b ergibt sich aus Tabelle 3.1210 für das Punktmuster auf der Ebene an den Enden.
Der Sensitivitätskoeffizient ist das Verhältnis des Schwerpunktabstandes L_{NB11} der Bezugsebene von der Nullebene zu ihrer Messlänge L_{MB11}, d.h. dem Bereich, in dem die Messpunkte liegen. Er wird halbiert, weil die Winkelabweichungen zwischen den beiden Bezugsebenen gemittelt werden. Mit L_{NB11}=250 und L_{MB11}=480 ist $c_i=L_{NB11}/L_{MB11}/2=0{,}26$.

W_{B12} Zweiter Winkel des ersten Bezuges
Die Punktzahl und die Standardabweichung sind dieselben wie bei X_{B1}, da es sich um dasselbe Element handelt. Der zweite Winkel liegt vertikal. Der Faktor b ergibt sich aus Tabelle 3.1210 für das Punktmuster an den Enden.
Der Sensitivitätskoeffizient ist das Verhältnis des Schwerpunktabstandes L_{NB12} der Ebene von der Nullebene zu ihrer Messlänge L_{MB12}, d.h. dem Bereich, in dem die Messpunkte liegen. Er wird halbiert, weil die Winkelabweichungen zwischen beiden Bezugsebenen gemittelt werden. Mit L_{NB12}= 165 und L_{MB12}=310 ist $c_i=L_{NB12}/L_{MB12}/2=0{,}27$.

X_{TB1} Scheitelpunktkoordinate des Tasters für den ersten Bezug
Der Taster für die Bohrung wird mit n=5 Punkten eingemessen, wobei ein Punkt in Richtung des Tasterschaftes auf dem Pol und vier gleichabständig am Äquator angeordnet sind. Die Standardabweichung beträgt $s=s_{min}=A/3=$ =2 µm. Der Faktor b ergibt sich aus Tabelle 3.56 für den Scheitelpunkt mit b=1,00, da der Tasterschaft senkrecht zur Ebene bzw. parallel zur Auswerterichtung steht. Der Sensitivitätskoeffizient aus dem Modell ist c_i=0,5.

X_{B2} Koordinate des zweiten Bezuges im Schwerpunkt
Die zweite Ebene wird wie die erste gemessen; es gelten dieselben Werte.

W_{B21} und W_{B22} Erster und zweiter Winkel des zweiten Bezuges
Die zweite Ebene wird wie die erste gemessen; es gelten dieselben Werte.

X_{TB2} Scheitelpunktkoordinate des Tasters für den zweiten Bezug
Der Taster wird wie der für den ersten Bezug eingemessen.

ΔX_{TBR} Rotationsabweichung der Tastermittelpunkte zwischen 1. und 2. Bezug
Die beiden Bezüge werden mit verschiedenen Tastern gemessen. Die Tasterlängen L_{TB1} und L_{TB2} entsprechen der Länge L_T, für die die Mehrfachtaster-Ortsabweichung $P_{LTj,\,MPE}$ spezifiziert ist. Bei anderen Tasterlängen ist der Grenzwert nach Abschnitt 4.3.2. bzw. Tabelle 8.10 umzurechnen. Die Abweichungen können als normalverteilt angesehen werden, wie die Auswertung der turnusmäßigen Überwachungen zeigt. Dann ist der Faktor b_i=0,5. Der Sensitivitätskoeffizient aus dem Modell beträgt c_i=0,5.

ΔX_{TR} Rotationsabweichung der Tastermittelpunkte zwischen Element und Bezug
Das erste tolerierte Element und der erste Bezug werden mit verschiedenen Tastern gemessen. Die Tasterlängen L_{TE1} und L_{TB1} entsprechen der Länge, für die die Mehrfachtaster-Ortsabweichung $P_{LTj,\,MPE}$ spezifiziert ist. Bei anderen Tasterlängen ist der Grenzwert nach Abschnitt 4.3.2. bzw. Tabelle 8.10 umzurechnen. Die Abweichungen können als normalverteilt angesehen werden, wie die Auswertung der turnusmäßigen Überwachungen zeigt. Dann ist der Faktor b_i=0,5. Der Sensitivitätskoeffizient beträgt c_i=1.

ΔE_{KMG} Geometrieabweichungen des KMG
Die Grenzabweichung der Symmetrie wird nach Tabelle 3.2318 mit der Breite des Teils (D_B=250) berechnet.

Die erweiterte Messunsicherheit wird hier radiusbezogen berechnet. Falls die Symmetrieabweichung wie bei den meisten KMG durchmesserbezogen ausgewertet wird, ist die Messunsicherheit ebenfalls zu verdoppeln (siehe Abschnitt 4.7).

Tabelle 7.7: Unsicherheit der Symmetrieabweichung der Bohrung 150 zur Symmetrieebene zwischen den beiden Seitenflächen aus Bild 7.2

Messgröße: E_S Symmetrieabweichung (radiusbezogen)

Funktion: $E_S = X_{E1} + W_{E11} * L_{NE11} / L_{ME11} - X_{TE1} - [X_{B1} + W_{B11} * L_{NB11} / L_{MB11} + W_{B12} * L_{NB12} / L_{MB12} + X_{B2} + W_{B21} * L_{NB21} / L_{MB21} + W_{B22} * L_{NB22} / L_{MB22}] / 2 - \Delta X_{TR} - \Delta E_{KMG}$

Messbedingungen:

Element 1	6	Auswahl: 1 Punkt, 2 Gerade, 3 Ebene, 4 Kreis, 6 Zylinder, 7 Kegel
Merkmal	-	Koordinate im Schwerpunkt der Messpunkte senkrecht zur Achse
D_E =	150	Größter Durchmesser bzw. größte Breite des tolerierten Elements
Muster E11	2	Punktmuster: 1 gleichmäßig verteilt, 2 zwei Radialschnitte
L_{ME11} =	130	Messlänge am ersten tolerierten Element (Bereich der Messpunkte)
L_{NE11} =	70	Abstand der Auswertestelle (Nullebene) vom Schwerpunkt am tol. Element
Taster E1	1	Tasternummer bzw. Tasterstellung für das erste tolerierte Element
Taster E1		Tasterschaft senkrecht zur Auswerterichtung
L_{TE1} =	100	Tasterlänge (Abstand zwischen Kugelmittelpunkt und Anlage am Tastkopf)
Bezug 1	3	Auswahl: 1 Punkt, 2 Gerade, 3 Ebene, 4 Kreis, 6 Zylinder, 7 Kegel
Merkmal	-	Symmetrieelement mit Koordinate im Schwerpunkt senkrecht zur Oberfläche
D_B =	250	Größter Durchmesser bzw. größte Breite des Bezuges
Muster B11	2	Punktmuster: 1 in Reihe oder im Raster, 2 an den Enden, 3 kreisförmig
L_{MB11} =	480	Messlänge am ersten Bezug (Bereich der Messpunkte)
L_{NB11} =	250	Abstand des Schwerpunktes am ersten Bezug von der Nullebene
Muster B12	2	Punktmuster: 1 in Reihe oder im Raster, 2 an den Enden, 3 kreisförmig
L_{MB12} =	310	2. Messlänge am ersten Bezug (Bereich der Messpunkte)
L_{NB12} =	165	2. Abstand des Schwerpunktes am ersten Bezug von der Nullebene
Taster B1	2	Tasternummer bzw. Tasterstellung für den ersten Bezug
Taster B1	2	Tasterschaft: 1 senkrecht, 2 parallel zur Auswerterichtung
L_{TB1} =	100	Tasterlänge (Abstand zwischen Kugelmittelpunkt und Anlage am Tastkopf)
Bezug 2	3	Auswahl: 1 Punkt, 2 Gerade, 3 Ebene, 4 Kreis, 6 Zylinder, 7 Kegel
Merkmal	-	Symmetrieelement mit Koordinate im Schwerpunkt senkrecht zur Oberfläche
Muster B21	2	Punktmuster: 1 in Reihe oder im Raster, 2 an den Enden, 3 kreisförmig
L_{MB21} =	480	Messlänge am zweiten Bezug (Bereich der Messpunkte)
L_{NB21} =	250	Abstand des Schwerpunktes am zweiten Bezug von der Nullebene
Muster B22	2	2. Punktmuster: 1 in Reihe oder im Raster, 2 an den Enden, 3 kreisförmig
L_{MB22} =	310	2. Messlänge am zweiten Bezug (Bereich der Messpunkte)
L_{NB22} =	165	2. Abstand des Schwerpunktes am zweiten Bezug von der Nullebene
Taster B2	3	Tasternummer bzw. Tasterstellung für den zweiten Bezug
Taster B2	2	Tasterschaft: 1 senkrecht, 2 parallel zur Auswerterichtung
L_{TB2} =	100	Tasterlänge (Abstand zwischen Kugelmittelpunkt und Anlage am Tastkopf)
A =	6	Konstanter Anteil A des Grenzwertes $E_{0,\,MPE}$ der Längenmessabweichungen
K =	200	Faktor K des Grenzwertes der Längenmessabweichung $E_{0,\,MPE} = (A+L/K)$ µm
$P_{LTj,\,MPE}$ =	2	Grenzwert der Mehrfachtaster-Ortsabweichung für das Messkopfsystem (µm)
L_T =	100	Tasterlänge für die spezifizierte Mehrfachtaster-Ortsabweichung
Software	1	Auswertung in der Nullebene (Durchstoßpunkt)

Fortsetzung nächste Seite

Tabelle 7.7: Unsicherheit Symmetrie (Fortsetzung)

Eingangs-größe X_i	Metho-de bzw. Anzahl m_i	Messpunkt-anzahl bzw. Verteilung n_i	Standard-abweichung bzw. Grenze s_i bzw. a_i	Faktor für Punktzahl / Verteilung b_i	Sensi-tivitäts-koeffizient c_i	Unsicher-heitsbeitrag (µm) $u_i(y)$	Effektive Freiheits-grade ν_{eff}
X_{E1}	B	8	5	0,50	1,0	2,5	
W_{E11}	B	8	5	1,00	0,5	**2,7**	
X_{TE1}	B	5	2	0,71	1,0	1,4	
X_{B1}	B	4	5	0,50	0,5	1,3	
W_{B11}	B	4	5	1,00	0,3	1,3	
W_{B12}	B	4	5	1,00	0,3	1,3	
X_{TB1}	B	5	2	1,00	0,5	1,0	
X_{B2}	B	4	5	0,50	0,5	1,3	
W_{B21}	B	4	5	1,00	0,3	1,3	
W_{B22}	B	4	5	1,00	0,3	1,3	
X_{TB2}	B	5	2	1,00	0,5	1,0	
ΔX_{TBR}	B	Normal	2,0	0,50	0,5	0,5	
ΔX_{TR}	B	Normal	2,0	0,50	1	1,0	
ΔE_{KMG}	B	Normal	0,6	0,50	1	0,3	
		Standardunsicherheit der Messgröße:			$u(y)$ =	5,4	
				Erweiterungsfaktor:	k =	2,00	Verdoppelt:
		Erweiterte Messunsicherheit (P=95%):			U =	**10,8**	**21,5**

Die größten Unsicherheitsbeiträge stammen von der Koordinate und vom ersten Winkel des tolerierten Elements. Sie lassen sich einfach durch eine größere Punktzahl verringern.

Der Temperatureinfluss wird hier nicht berücksichtigt. Es wird vorausgesetzt, dass die Temperatur innerhalb des Messobjekts ausgeglichen ist und sich während der Messung nicht ändert. Dann können Verformungen aufgrund unterschiedlicher Temperaturen ausgeschlossen werden. Die absolute Größe des Messobjekts spielt für die Symmetrie keine Rolle. Dasselbe gilt sinngemäß auch für die folgenden Beispiele.

7.3.6 Koaxialität

Die Berechnungstabelle wird für die Unsicherheit von Koaxialitätsabweichungen eingesetzt. Dabei kann es sich sowohl beim Bezug als auch beim tolerierten Element um eine Achse (z.B. eines Zylinders oder durch zwei Kreise) oder um einen Mittelpunkt handeln (z.B. eines Kreises). In jedem Fall sind es aber idealgeometrische Elemente, so dass die Formabweichungen keine Rolle spielen.

Im Bild 7.2 ist die Koaxialitätstoleranz an der rechten Bohrung eingetragen, die linke Bohrung ist der Bezug. Die Bohrungen werden mit verschiedenen Tastern gemessen. Die Tabelle 7.8 zeigt die Unsicherheit der Koaxialitätsabweichung. Folgende Eingangsgrößen werden berücksichtigt (siehe auch 7.3.1):

X_E Mittelpunktkoordinate des tolerierten Elements
Die rechte Bohrung wird in zwei Ebenen als Zylinder wird mit n=8 gleichmäßig über den ganzen Umfang verteilten Punkten gemessen. Bei einer Serie von 50 Werkstücken beträgt die mittlere Standardabweichung am Ausgleichskreis s=5 µm. Der Faktor b ergibt sich aus Tabelle 3.12.

W_E Winkel des tolerierten Elements
Die Standardabweichung ist dieselbe wie bei X_E, da es sich um dasselbe Element handelt. Der Faktor b ergibt sich aus Tabelle 3.12 für den Winkel der Achse bei zwei Radialschnitten. Der Sensitivitätskoeffizient ist das Verhältnis der halben Länge L_E des Formelements zur Messlänge L_{ME}. Mit L_E=100 und L_{ME}=80 ist $c_i=L_E/2/L_{ME}\approx 0{,}6$.

X_{TE} Mittelpunktkoordinate des Tasters des tolerierten Elements vom Einmessen
Beim Einmessen wird die zugängliche Halbkugel angetastet. Der Faktor b ergibt sich aus Tabelle 3.12 für den Mittelpunkt senkrecht zum Tasterschaft.

X_{B1} Mittelpunktkoordinate des (ersten) Bezuges
Die linke Bohrung wird in zwei Ebenen als Zylinder wird mit n=8 gleichmäßig über den ganzen Umfang verteilten Punkten gemessen. Bei einer Serie von 50 Werkstücken beträgt die mittlere Standardabweichung am Ausgleichskreis s=5 µm. Der Faktor b ergibt sich aus Tabelle 3.12 für den Mittelpunkt.

W_{B1} Winkel des ersten Bezuges
Die Standardabweichung ist dieselbe wie bei X_B, da es sich um dasselbe Element handelt. Der Faktor b ergibt sich aus Tabelle 3.12 für den Winkel der Achse bei zwei Radialschnitten. Der Sensitivitätskoeffizient ist das Verhältnis des größten Abstandes L_A des tolerierten Elements vom Schwerpunkt der Messpunkte am Bezug zur Messlänge L_{MB}. Mit L_A=430 und L_{MB}=130 ist $c_i=L_A/L_{MB}\approx 3{,}3$.

X_{TB} Mittelpunktkoordinate des Tasters des Bezuges vom Einmessen
Beim Einmessen wird die zugängliche Halbkugel angetastet. Der Faktor b ergibt sich aus Tabelle 3.12 für den Mittelpunkt senkrecht zum Tasterschaft.

ΔX_{TR} Rotationsabweichung der Tastermittelpunkte zwischen Element und Bezug
Die Abweichung wird mit dem Grenzwert der Mehrfachtaster-Ortsabweichung $P_{LTj,\,MPE}$ abgeschätzt. Da die aktuellen Tasterlängen L_{TE}=100 und L_{TB}=100 mit der spezifizierten Länge L_T übereinstimmen, kann der Grenzwert direkt übernommen werden. Bei anderen Tasterlängen ist der Grenzwert nach Abschnitt 4.3.2. umzurechnen (siehe auch Tabelle 8.13). Anhand der bei der Überwachung dokumentierten Abweichungen lässt sich die Annahme einer Normalverteilung rechtfertigen.

ΔE_{KMG} Geometrieabweichungen des KMG
Die Grenzabweichung der Koaxialität berechnet sich nach Tabelle 3.23 mit dem Durchmesser D_B=150 des Bezuges. Der Sensitivitätskoeffizient berechnet sich wie bei W_B.

Tabelle 7.8: Unsicherheit für die Koaxialität der rechten Bohrung zur linken nach Bild 7.2, gemessen mit verschiedenen Tastern

Messgröße: E_K Koaxialitätsabweichung (radiusbezogen)

Funktion: $E_K = X_E + W_E{*}L_E/2/L_{ME} - X_{TE} - X_{B1} - (W_{B1} - \Delta E_{KMG}){*}L_A/L_{MB} - X_{TB} - \Delta X_{TR}$

Messbedingungen:

Taster	2	Auswahl: 1 derselbe Taster, 2 verschiedene Taster für Element und Bezug
Element	6	Auswahl: 4 Kreis, 6 Zylinder, 7 Kegel
Merkmal	-	Koordinate im Schwerpunkt der Messpunkte senkrecht zur Achse
Muster E	2	Punktmuster: 1 gleichmäßig verteilt, 2 zwei Radialschnitte
D_E =	100	Durchmesser des tolerierten Elements
L_A =	450	Größter Abstand des Elements vom Schwerpunkt der Messpunkte am Bezug
L_E =	100	Auswertelänge am tolerierten Element (Gesamtlänge bis zum Rand)
L_{ME} =	80	Messlänge am tolerierten Element (Bereich der Messpunkte)
L_{TE} =	100	Tasterlänge (Abstand zwischen Kugelmittelpunkt und Anlage am Messkopf)
Bezug 1	6	Auswahl: 4 Kreis, 6 Zylinder, 7 Kegel
Merkmal		Koordinate im Schwerpunkt der Messpunkte senkrecht zur Achse
Muster B	2	Punktmuster: 1 gleichmäßig verteilt, 2 zwei Radialschnitte
Bezug 2		Auswahl: 4 Kreis, 6 Zylinder, 7 Kegel (für die gemeinsame Achse)
D_B =	150	Durchmesser des Bezuges
L_{MB} =	130	Messlänge am Bezug (Bereich der Messpunkte)
L_{TB} =	100	Tasterlänge (Abstand zwischen Kugelmittelpunkt und Anlage am Messkopf)
A =	6	Konstanter Anteil A des Grenzwertes $E_{0,\,MPE}$ der Längenmessabweichungen
K =	200	Faktor K des Grenzwertes der Längenmessabweichung $E_{0,\,MPE} = (A+L/K)$ µm
$P_{LTj,\,MPE}$ =	2	Grenzwert der Mehrfachtaster-Ortsabweichung des Messkopfsystems
L_T =	100	Tasterlänge für die spezifizierte Mehrfachtaster-Ortsabweichung

Eingangs-größe X_i	Methode bzw. Anzahl m_i	Messpunkt-anzahl bzw. Verteilung n_i	Standard-abweichung bzw. Grenze s_i bzw. a_i	Faktor für Punktzahl / Verteilung b_i	Sensi-tivitäts-koeffizient c_i	Unsicher-heitsbeitrag (µm) $u_i(y)$	Effektive Freiheits-grade ν_{eff}
X_E	B	8	5	0,50	1	2,5	
W_E	B	8	5	1,00	0,6	3,1	
X_{TE}	B	5	2	0,71	1	1,4	
X_{B1}	B	8	5	0,50	1,0	2,5	
W_{B1}	B	8	5	1,00	3,3	**16,5**	
X_{TB}	B	5	2	0,71	1	1,4	
ΔX_{TR}	B	Normal	2,0	0,50	1	1,0	
ΔE_{KMG}	B	Normal	0,4	0,50	3,5	0,6	
		Standardunsicherheit der Messgröße:			$u(y)$ =	17,4	
				Erweiterungsfaktor:	k =	2,00	Verdoppelt:
		Erweiterte Messunsicherheit (P=95 %):			U =	**34,7**	**69,4**

Der weitaus größte Unsicherheitsbeitrag stammt von der Winkelabweichung W_{B1} der Bezugsachse. Ursache ist der Sensitivitätskoeffizient, der sich aus dem Längenverhältnis L_A/L_{MB} ergibt. Das entspricht den geometrischen Verhältnissen am Werkstück und lässt sich deshalb auch nicht ändern.
Wegen der großen Messunsicherheit sollte hier die Art der Toleranzeintragung nach Bild 7.2 selbst in Frage gestellt werden, die in den meisten Fällen gar nicht der Funktion entspricht. Tatsächlich sind in der Regel beide Bohrungen gleichberechtigte Lagerstellen einer Welle, für die eher die Koaxialität zu ihrer gemeinsamen Achse funktionsbestimmend ist, siehe das folgende Beispiel.
Die erweiterte Messunsicherheit wird hier radiusbezogen berechnet. Falls die Koaxialitätsabweichung wie bei den meisten KMG durchmesserbezogen ausgewertet wird, ist die Messunsicherheit ebenfalls zu verdoppeln (siehe Abschnitt 4.7).

7.3.7 Koaxialität zur gemeinsamen Achse

Die Berechnungstabelle wird für die Unsicherheit der Koaxialitätsabweichung zur gemeinsamen Achse eingesetzt. Diese wird gemessen, wenn zwei Bohrungen gleichberechtigte Lagerstellen einer Welle sind. Dasselbe gilt natürlich auch für die beiden Lagerstellen der Welle als Außendurchmesser. Das tolerierte Element ist dann gleichzeitig auch Bezug. Es wird die Abweichung der Achse des tolerierten Elements von der gemeinsamen Achse der beiden Elemente berechnet. Bei dem tolerierten Element muss es sich um eine Achse handeln (z.B. eines Zylinders oder durch zwei Kreise), der (zweite) Bezug kann eine Achse oder ein Mittelpunkt sein (z.B. eines Kreises). Das tolerierte Element und der (zweite) Bezug können mit verschiedenen Tastern gemessen werden.
Das Bild 7.9 zeigt das Werkstück aus Bild 7.2 mit den Koaxialitätstoleranzen der linken und der rechten Bohrung zu ihrer gemeinsamen Achse.

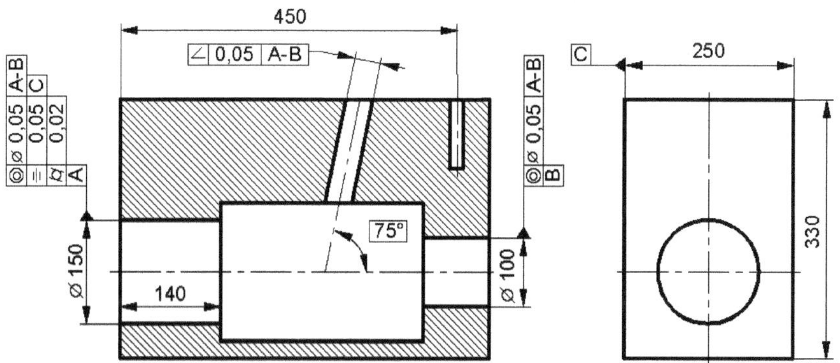

Bild 7.9: Beispiel-Werkstückzeichnung mit Koaxialitätstoleranzen zur gemeinsamen Achse

Die gemeinsame Achse von zwei Bohrungen ist in ISO 5459 [44] definiert als gemeinsame Achse von zwei einbeschriebenen koaxialen Zylindern mit dem kleinstmöglichen Abstand zur Werkstückoberfläche (Bild 7.10).

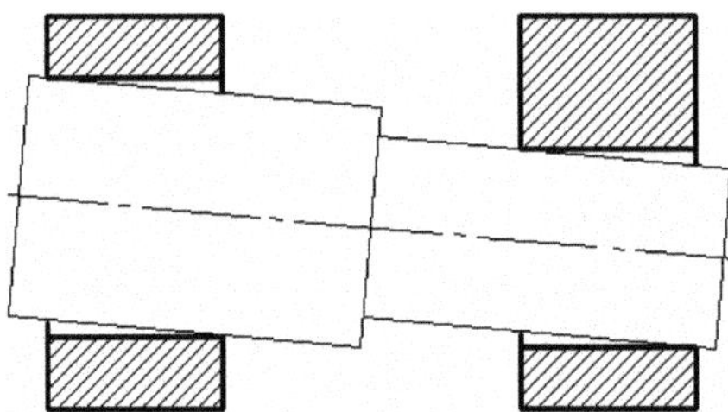

Bild 7.10:
Definition der gemeinsamen Achse von zwei Bohrungen nach ISO 5459 [44]

Diese Definition ist eindeutig. Allerdings verfügen handelsübliche Koordinatenmessgeräte in der Regel über keine Software, die eine dementsprechende Auswertung der gemeinsamen Achse gestattet. Man erhält jedoch eine gute Näherung, wenn man die Verbindungsgerade zwischen den Mittelpunkten der Bohrungen berechnet (Bild 7.11). Diese ergeben sich als Schnittpunkte der Zylinderachse mit der mittleren Ebene der Bohrung oder als Symmetriepunkte von je zwei gemessenen Kreisen. Die Koaxialitätsabweichung einer einzelnen Bohrungsachse zur gemeinsamen Achse ergibt sich als Abstand der beiden Achsen am Anfang bzw. Ende der Bohrung.

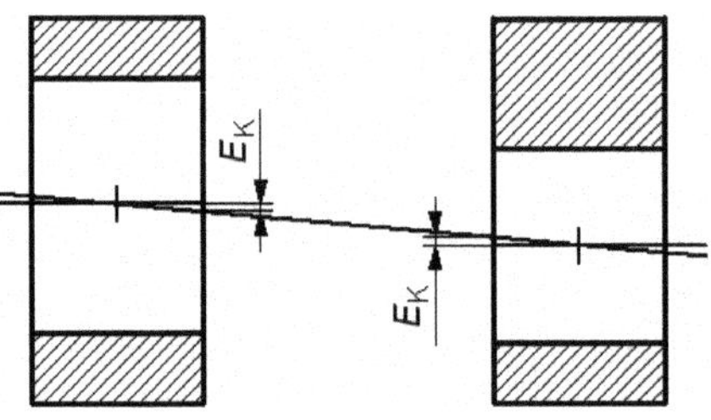

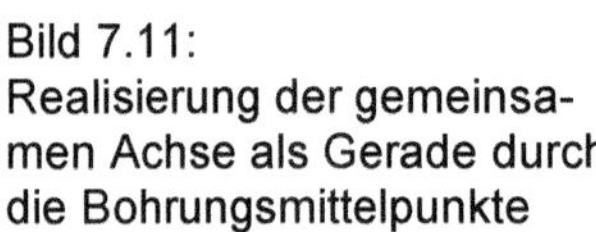

Bild 7.11:
Realisierung der gemeinsamen Achse als Gerade durch die Bohrungsmittelpunkte

Die Tabelle 7.12 zeigt die Unsicherheit der Koaxialitätsabweichung zur gemeinsamen Achse nach Bild 7.11. Die Bohrungen werden mit verschiedenen Tastern gemessen. Folgende Eingangsgrößen werden berücksichtigt (siehe auch 7.3.1):

X_{E1} Mittelpunktkoordinate des (ersten) tolerierten Elements
Die rechte Bohrung wird in zwei Ebenen als Zylinder wird mit n=8 gleichmäßig über den ganzen Umfang angeordneten Punkten gemessen. Der Abstand der Messebenen beträgt L_{ME}=80 mm, also je 10 mm vom Rand. Bei einer Serie von 50 Werkstücken ist die mittlere Standardabweichung am Ausgleichskreis s=5 µm. Der Faktor b ergibt sich aus Tabelle 3.12 für den Mittelpunkt. Der Sensitivitätskoeffizient ist das Verhältnis der halben Länge L_E des Formelements zum größten Abstand L_A des tolerierten Elements vom Schwerpunkt der Messpunkte am Bezug. Mit L_E=100 und L_A=430 ist c_i= $=L_E/2/L_A \approx 0{,}1$.

W_{E1} Winkel des tolerierten Elements
Die Standardabweichung ist dieselbe wie bei X_E, da es sich um dasselbe Element handelt. Der Faktor b ergibt sich aus Tabelle 3.12 für den Winkel der Achse bei n=8 Punkten und zwei Radialschnitten. Der Sensitivitätskoeffizient ist das Verhältnis der halben Länge L_E des Formelements zur Messlänge L_{ME}. Mit L_E=100 und L_{ME}=80 ist $c_i=L_E/2/L_{ME} \approx 0{,}6$.

X_{TE} Mittelpunktkoordinate des Tasters des tolerierten Elements vom Einmessen
Beim Einmessen wird die zugängliche Halbkugel angetastet. Der Faktor b ergibt sich aus Tabelle 3.12 für den Mittelpunkt senkrecht zum Tasterschaft. Der Sensitivitätskoeffizient ergibt sich mit den Längenverhältnissen aus dem mathematischen Modell. Mit L_E=100 und L_A=400 ist $c_i=L_E/2/L_A\approx0{,}1$.

X_{B1} Mittelpunktkoordinate des (ersten) Bezuges
Die linke Bohrung wird in zwei Ebenen als Zylinder wird mit n=8 gleichmäßig über den ganzen Umfang angeordneten Punkten gemessen. Der Faktor b ergibt sich aus Tabelle 3.12 für den Mittelpunkt. Der Sensitivitätskoeffizient ist das Verhältnis der halben Länge L_E des Formelements zum größten Abstand L_A des tolerierten Elements vom Schwerpunkt der Messpunkte am Bezug. Mit L_E=100 und L_A=400 ist $c_i=L_E/2/L_A\approx0{,}1$.

X_{TB} Mittelpunktkoordinate des Tasters des Bezuges vom Einmessen
Beim Einmessen wird die zugängliche Halbkugel angetastet. Der Faktor b ergibt sich aus Tabelle 3.12 für den Mittelpunkt senkrecht zum Tasterschaft. Der Sensitivitätskoeffizient ergibt sich mit den Längenverhältnissen aus dem mathematischen Modell. Mit L_E=100 und L_A=400 ist $c_i=L_E/2/L_A\approx0{,}1$.

ΔX_{TR} Rotationsabweichung der Tastermittelpunkte zwischen Element und Bezug
Die Abweichung wird mit dem Grenzwert der Mehrfachtaster-Ortsabweichung $P_{LTj,\,MPE}$ abgeschätzt. Da die aktuellen Tasterlängen L_{T1} und L_{T2} mit der spezifizierten Länge L_T übereinstimmen, ist der längenproportionale Umrechnungsfaktor 1, und der Grenzwert wird direkt übernommen. Bei anderen Tasterlängen ist der Grenzwert nach Abschnitt 4.3.2. umzurechnen (siehe auch Tabelle 8.16). Anhand der bei der Überwachung dokumentierten Abweichungen lässt sich die Annahme einer Normalverteilung rechtfertigen. Der Sensitivitätskoeffizient ergibt sich mit den Längenverhältnissen aus dem mathematischen Modell. Mit L_E=100 und L_A=400 ist $c_i=L_E/2/L_A\approx0{,}1$.

ΔE_{KMG} Geometrieabweichungen des KMG
Die Grenzabweichung der Koaxialität zur gemeinsamen Achse berechnet sich nach Tabelle 3.23 mit den Abmessungen des tolerierten Elements. Der Sensitivitätskoeffizient ist c_i=1.

Die erweiterte Messunsicherheit der Koaxialitätsabweichung der rechten Bohrung zur gemeinsamen Achse wird mit D=100, L_E=100 und L_{ME}=80 berechnet und beträgt 6,3 µm. Für die linke Bohrung ergibt sich mit D=150, L_E=140 und L_{ME}=130 U=5,6 µm. Die Unsicherheit ist in beiden Fällen deutlich kleiner als die in Tabelle 7.8, vor allem, weil hier die Sensitivitätskoeffizienten alle kleiner als 1 sind. Das heißt, dass die funktionsgerechte Koaxialitätsabweichung zur gemeinsamen Achse im Bild 7.11 bei sonst gleichen Bedingungen prinzipiell sehr viel genauer gemessen werden kann als die nicht funktionsgerechte Koaxialität nach Bild 7.2.
Der überwiegende Unsicherheitsbeitrag kommt aus der Winkelabweichung der Achse des tolerierten Elements. Er lässt sich durch eine höhere Messpunktzahl verringern. Der Beitrag der Geometrieabweichungen des KMG ist hier vernachlässigbar.

Tabelle 7.12: Unsicherheit für die Koaxialitätsabweichung der rechten Bohrung zur gemeinsamen Achse durch beide Bohrungen nach Bild 7.9

Messgröße: E_K Koaxialitätsabweichung zur gemeinsamen Achse (radiusbezogen)

Funktion: $E_K = (X_{E1} - X_{TE} - X_{B1} + X_{TB} - \Delta X_{TR}) * L_E/2/L_A + W_{E1} * L_E/2/L_{ME} - \Delta E_{KMG}$

Messbedingungen:

Taster	2	Auswahl: 1 derselbe Taster, 2 verschiedene Taster für Element und Bezug
Element 1	6	Auswahl: 4 Kreis, 6 Zylinder, 7 Kegel (Element ist gleichzeitig auch Bezug)
Merkmal	-	Koordinate im Schwerpunkt der Messpunkte senkrecht zur Achse
Muster E	2	Punktmuster: 1 gleichmäßig verteilt, 2 zwei Radialschnitte
Element 2		Auswahl: 4 Kreis, 6 Zylinder, 7 Kegel (Element ist gleichzeitig auch Bezug)
D_E =	100	Durchmesser des tolerierten Elements
L_A =	430	Größter Abstand des Elements vom Schwerpunkt der Messpunkte am Bezug
L_E =	100	Auswertelänge am tolerierten Element (Gesamtlänge bis zum Rand)
L_{ME} =	80	Messlänge am tolerierten Element (Bereich der Messpunkte)
L_{TE} =	100	Tasterlänge (Abstand zwischen Kugelmittelpunkt und Anlage am Messkopf)
Bezug 1	6	Auswahl: 4 Kreis, 6 Zylinder, 7 Kegel
Merkmal	-	Koordinate im Schwerpunkt der Messpunkte senkrecht zur Achse
Bezug 2		Auswahl: 4 Kreis, 6 Zylinder, 7 Kegel (für die gemeinsame Achse)
L_{TB} =	100	Tasterlänge (Abstand zwischen Kugelmittelpunkt und Anlage am Messkopf)
A =	6	Konstanter Anteil A des Grenzwertes $E_{0,\,MPE}$ der Längenmessabweichungen
K =	200	Faktor K des Grenzwertes der Längenmessabweichungen $E_{0,\,MPE} = (A+L/K)$ µm
$P_{LTj,\,MPE}$ =	2	Grenzwert der Mehrfachtaster-Ortsabweichung des Messkopfsystems
L_T =	100	Tasterlänge für die spezifizierte Mehrfachtaster-Ortsabweichung

Eingangs-größe X_i	Methode bzw. Anzahl m_i	Messpunkt-anzahl bzw. Verteilung n_i	Standard-abweichung bzw. Grenze s_i bzw. a_i	Faktor für Punktzahl / Verteilung b_i	Sensi-tivitäts-koeffizient c_i	Unsicher-heitsbeitrag (µm) $u_i(y)$	Effektive Freiheits-grade ν_{eff}
X_{E1}	B	8	5	0,50	0,1	0,3	
W_{E1}	B	8	5	1,00	0,6	**3,1**	
X_{TE}	B	5	2	0,71	0,1	0,2	
X_{B1}	B	8	5	0,50	0,1	0,3	
X_{TB}	B	5	2	0,71	0,1	0,2	
ΔX_{TR}	B	Normal	2,0	0,50	0,1	0,1	
ΔE_{KMG}	B	Normal	0,3	0,50	1	0,1	
		Standardunsicherheit der Messgröße:			$u(y)$ =	3,2	
		Erweiterungsfaktor:			k =	2,00	Verdoppelt:
		Erweiterte Messunsicherheit (P=95 %):			U =	**6,3**	**12,7**

Die erweiterte Messunsicherheit wird hier radiusbezogen berechnet. Falls die Koaxialitätsabweichung wie bei den meisten KMG durchmesserbezogen ausgewertet wird, ist die Messunsicherheit ebenfalls zu verdoppeln (siehe Abschnitt 4.7).

7.3.8 Richtung

Die Richtungsabweichungen Parallelität, Rechtwinkligkeit und Neigung sind in ISO 1101 [40] als Extremwerte definiert. Hier können die Unsicherheiten an Oberflächen nicht vollständig ermittelt werden, weil bei der punktweisen Antastung die höchsten und tiefsten Punkte der Oberfläche nur näherungsweise erfasst werden. Die Abweichung wird also tendenziell zu klein gemessen. Demgegenüber vergrößert die Antaststreuung des KMG die angezeigte Formabweichung gegenüber dem richtigen Wert.
Deshalb muss die tolerierte Oberfläche mit demselben Taster sowie mit ausreichend vielen Messpunkten gemessen werden, d.h. bei Geraden mindestens 100 Punkte, bei ebenen Flächen noch deutlich mehr. Für die Antaststreuung des KMG wird bei ΔE_A die minimale Standardabweichung s_{min} nach Gleichung (4.3) eingesetzt.
Bei Achsen und Symmetrieelementen stellt sich die Frage nicht, da deren Richtungsabweichungen üblicherweise für die mittleren Elemente ausgewertet werden, siehe Abschnitt 4.7. Die Antaststreuung entfällt hier. Dasselbe gilt für Winkel.

Die Unsicherheiten sind bei allen Richtungsabweichungen (Parallelität, Rechtwinkligkeit und Neigung) bis auf die Geometrieabweichungen des KMG annähernd gleich. Entscheidend sind die Längenverhältnisse der tolerierten Elemente zu den Bezügen, was sich in den Sensitivitätskoeffizienten niederschlägt.

Die Tabelle 7.13 zeigt die Unsicherheit der Neigungsabweichung der Bohrungsachse 75° aus Bild 7.2 zur gemeinsamen Achse A-B. Die beiden Bezugsbohrungen wurden mit verschiedenen Tastern gemessen. Folgende Eingangsgrößen werden berücksichtigt (siehe 7.3.1):

W_{E1} Winkel des tolerierten Elements
Die Bohrung wird als Zylinder in zwei Messebenen mit je vier Punkten (n=8) gemessen. Die Punkte sind jeweils gleichabständig am ganzen Umfang verteilt. Bei einer Serie von 50 Werkstücken beträgt die mittlere Standardabweichung am Ausgleichszylinder s=5 µm. Der Faktor b ergibt sich aus Tabelle 3.12 für den Winkel der Zylinderachse. Der Sensitivitätskoeffizient berechnet sich als Verhältnis der Auswertelänge L_E des tolerierten Elements zu seiner Messlänge L_{ME} als Abstand der beiden Messebenen. Mit L_E=150 und L_{ME}=100 ist $c_i=L_E/L_{ME}$=1,5.

X_{B1} Koordinate des 1. Bezuges
Die Bohrung links wird als Zylinder mit n=8 Punkten gemessen, die in zwei Radialschnitten gleichmäßig über den ganzen Umfang verteilt sind. Bei einer Serie von 50 Werkstücken beträgt die mittlere Standardabweichung am Ausgleichskreis s=5 µm. Der Faktor b ergibt sich aus Tabelle 3.12 für den Mittelpunkt. Der Sensitivitätskoeffizient berechnet sich als Verhältnis der Auswertelänge L_E des tolerierten Elements zur Messlänge L_{MB} als Bereich der Messpunkte über beide Bezüge, hier als Schwerpunktabstand. Mit L_E=150 und L_{MB}=380 ist $c_i=L_E/L_{MB}\approx0{,}4$.

X_{B2} Koordinate des 2. Bezuges
Die rechte Bohrung wird wie die linke gemessen. Es ergibt sich derselbe Unsicherheitsbeitrag.

X_{TB1} Tastermittelpunkt des 1. Bezuges vom Einmessen
Der Taster für den linken Bezug wird am Kugelnormal mit n=5 Punkten eingemessen, die gleichmäßig über die zugängliche Halbkugel verteilt sind. Die Standardabweichung von der Ausgleichskugel entspricht der minimalen Standardabweichung 2 µm nach Gleichung (4.3). Der Faktor b ergibt sich aus Tabelle 3.12 für den Mittelpunkt der Halbkugel senkrecht zum Tasterschaft. Der Sensitivitätskoeffizient berechnet sich wie bei X_{B1}.

X_{TB2} Tastermittelpunkt des 2. Bezuges vom Einmessen
Der Taster für den rechten Bezug wird wie der am linken Bezug eingemessen. Es ergibt sich derselbe Unsicherheitsbeitrag.

ΔX_{TBR} Rotationsabweichung der Tastermittelpunkte am Bezug
Die Abweichung wird mit dem Grenzwert der Mehrfachtaster-Ortsabweichung $P_{LTj,\,MPE}$ abgeschätzt. Da die aktuellen Tasterlängen L_{TB1} und L_{TB2} mit der spezifizierten Länge L_T übereinstimmen, wird der Grenzwert direkt übernommen. Bei anderen Tasterlängen ist der Grenzwert nach Abschnitt 4.3.2. umzurechnen (siehe auch Tabelle 8.19). Anhand der bei der Überwachung dokumentierten Abweichungen lässt sich die Annahme einer Normalverteilung rechtfertigen.

ΔE_{KMG} Geometrieabweichungen des KMG
Die Grenzabweichung der Neigung wird nach Tabelle 3.23 mit der Auswertelänge L_E=150, der Messlänge am Bezug L_{MB}=380 als Abstand der beiden Schwerpunkte und dem Winkel α=75° berechnet. Der Sensitivitätskoeffizient ist c_i=1.

Der weitaus größte Unsicherheitsbeitrag in Tabelle 7.13 stammt mit 7,5 µm aus der Messung der Bohrung als Zylinder in zwei Radialschnitten mit nur je 4 Punkten. Wird der Zylinder z.B. mit 100 Punkten gemessen, verringern sich sein Beitrag auf 2,1 µm und die erweiterte Messunsicherheit auf 5,6 µm. Der Beitrag der Geometrieabweichungen des KMG ist hier vernachlässigbar.

Die Unsicherheiten von Richtungsabweichungen wie in Tabelle 7.13 werden in Längeneinheiten berechnet und beziehen sich immer auf die Auswertelänge L_E am tolerierten Element. Zur Umrechnung in Winkeleinheiten (Bogenmaß) sind sie durch diese Länge zu dividieren, und zur Umrechnung in Grad ist der Wert noch einmal mit $180/\pi$ zu multiplizieren:

$$U_{\alpha^\circ} = \frac{U}{L_E} \cdot \frac{180^\circ}{\pi} \qquad (7.2)$$

Dabei sind die unterschiedlichen Einheiten von U (µm) und L_E (mm) zu beachten. Für das Beispiel in Tabelle 7.13 ergibt sich die Winkelunsicherheit U_{α°=0,0059°.

Tabelle 7.13: Unsicherheit der Neigungsabweichung zwischen der Zylinderachse und der gemeinsamen Achse durch zwei Kreismittelpunkte als Bezug, gemessen mit zwei verschiedenen Tastern

Messgröße: E_R Richtungsabweichung des tolerierten Elements zum Bezug

Funktion: $E_R = [\, W_{E1} / L_{ME} - (X_{B1} - X_{TB1} - X_{B2} + X_{TB2} - \Delta X_{TBR}) / L_{MB} \,] * L_E - \Delta E_{KMG}$

Messbedingungen:

Merkmal	3	1 Parallelität, 2 Rechtwinkligkeit, 3 Neigung, 4 Winkel
α =	75	Nennwert des Neigungswinkels (in Grad)
Element 1	6	Auswahl: 1 Punkt, 2 Gerade, 3 Ebene, 4 Kreis, 6 Zylinder, 7 Kegel
Muster E	2	Punktmuster: 1 gleichmäßig verteilt, 2 zwei Radialschnitte
Element 2		Auswahl: 4 Kreis, 6 Zylinder, 7 Kegel
L_E =	150	Auswertelänge (Länge des tolerierten Elements)
L_{ME} =	100	Messlänge am tolerierten Element (Bereich der Messpunkte)
Bezug 1	6	Auswahl: 1 Punkt, 2 Gerade, 3 Ebene, 4 Kreis, 6 Zylinder, 7 Kegel
Muster B		Gemeinsame Achse
Bezug 2	6	Auswahl: 4 Kreis, 6 Zylinder, 7 Kegel
L_{MB} =	380	Messlänge am Bezug (Abstand der Schwerpunkte)
Taster B	2	Auswahl: 1 derselbe Taster, 2 verschiedene Taster
L_{TB1} =	100	Tasterlänge 1 (Abstand zwischen Kugelmittelpunkt und Anlage am Messkopf)
L_{TB2} =	100	Tasterlänge 2 (Abstand zwischen Kugelmittelpunkt und Anlage am Messkopf)
A =	6	Konstanter Anteil A des Grenzwertes $E_{0,\,MPE}$ der Längenmessabweichungen
K =	200	Faktor K des Grenzwertes der Längenmessabweichungen $E_{0,\,MPE} = (A+L/K)$ µm
$P_{LTj,\,MPE}$ =	2	Grenzwert der Mehrfachtaster-Ortsabweichung des Messkopfsystems
L_T =	100	Tasterlänge für die spezifizierte Mehrfachtaster-Ortsabweichung

Eingangs-größe X_i	Methode bzw. Anzahl m_i	Messpunkt-anzahl bzw. Verteilung n_i	Standard-abweichung bzw. Grenze s_i bzw. a_i	Faktor für Punktzahl / Verteilung b_i	Sensi-tivitäts-koeffizient c_i	Unsicher-heitsbeitrag (µm) $u_i(y)$	Effektive Freiheits-grade ν_{eff}
W_{E1}	B	8	5	1,00	1,5	**7,5**	
X_{B1}	B	8	5	0,50	0,4	1,0	
X_{B2}	B	8	5	0,50	0,4	1,0	
X_{TB1}	B	5	2	0,71	0,4	0,6	
X_{TB2}	B	5	2	0,71	0,4	0,6	
ΔX_{TBR}	B	Normal	2,0	0,50	0,4	0,4	
ΔE_{KMG}	B	Normal	1,4	0,50	1	0,7	
		Standardunsicherheit der Messgröße:			$u(y)$ =	7,7	
		Erweiterungsfaktor:			k =	2,00	
		Erweiterte Messunsicherheit (P=95 %):			U =	**15,4**	

Der weitaus größte Unsicherheitsbeitrag kommt vom Winkel W_{E1} des tolerierten Elements. Er lässt sich z.B. einfach durch eine größere Messpunktanzahl verringern.

7.3.9 Form

Die Formabweichungen sind in ISO 1101 [40] als Extremwerte definiert. Hier können die Unsicherheiten nicht vollständig ermittelt werden, weil bei der punktweisen Antastung die höchsten und tiefsten Punkte der Oberfläche nur näherungsweise erfasst werden. Die Formabweichung wird also tendenziell zu klein abgeschätzt. Demgegenüber vergrößern sowohl die Antaststreuung des KMG als auch die Tasterbiegung in der Regel die angezeigte Formabweichung gegenüber dem richtigen Wert. Deshalb muss das Messverfahren folgende Voraussetzungen erfüllen:

1. Die ganze Oberfläche wird mit demselben Taster sowie mit ausreichend großer Messpunktzahl gemessen, d.h. bei Gerade und Kreis mindestens 100 Punkte, bei ebenen Flächen und Zylindermantelflächen noch deutlich mehr; bei den beiden Extrempunkten A_1 und A_2 wird für die Antaststreuung des KMG die minimale Standardabweichung s_{min} nach Gleichung (4.3) eingesetzt.
2. Bei Rundheit, Zylinderform und Flächenform werden die Biegeabweichungen des Tasters durch eine Messung an einem kleinen Normal von der Gestalt und räumlichen Orientierung des Werkstücks bestimmt. Die Anzahl und die Anordnung der Messpunkte muss der Messung am Werkstück entsprechen. Die gemessene Formabweichung F wird als Grenzabweichung a für die Biegeabweichungen des Tasters ΔF_{T} eingesetzt. Als Verteilung wird eine Rechteckverteilung angenommen.
3. Bei Geradheit und Ebenheit hat die richtungsabhängige Tasterbiegung ΔF_{T} keinen Einfluss auf das Messergebnis, da die Antastrichtung immer dieselbe ist, und entfällt damit.

Die Biegeabweichungen des Tasters werden üblicherweise für den einen am Werkstück eingesetzten Taster ermittelt. Manchmal werden zur Messung der Formabweichung aber mehrere Taster bzw. derselbe Taster in verschiedenen Stellungen des Dreh-Schwenk-Gelenks eingesetzt. Dann werden die Biegeabweichungen für diese Taster bzw. Tasterstellungen ermittelt und in die Rechnung eingesetzt. Die Anzahl und die Anordnung der Messpunkte muss der Messung am Werkstück entsprechen.

Die Tabelle 7.14 zeigt die Unsicherheit einer Zylinderformabweichung. Es werden folgende Eingangsgrößen berücksichtigt:

A_1, A_2 Maximale positive bzw. maximale negative Abweichung am Werkstück
Für die Antaststreuung des KMG wird die minimale Standardabweichung s_{min} nach Gleichung (4.3) eingesetzt.

ΔF_{T} Biegeabweichungen des Tasters
Die am Normal gemessene Formabweichung F wird als Grenzabweichung a für die Biegeabweichungen des Tasters ΔF_{T} eingesetzt. Als Verteilung wird eine Rechteckverteilung angenommen.

ΔF_{KMG} Geometrieabweichungen des KMG
Die Grenzabweichung der Zylinderform wird nach Tabelle 3.23 mit dem Durchmesser D=150 und der Länge L=140 der Bohrung berechnet.

Tabelle 7.14: Unsicherheit einer Zylinderformabweichung

Messgröße: E_F Formabweichung

Funktion: $E_F = A_1 - A_2 - \Delta F_T - \Delta F_{KMG}$

Eingangsgrößen:

A_1	Maximale positive Abweichung der Oberfläche (Antaststreuung des KMG)
A_2	Maximale negative Abweichung der Oberfläche (Antaststreuung des KMG)
ΔF_T	Biegeabweichungen des Tasters (Messung am Normal)
ΔF_{KMG}	Geometrieabweichungen des KMG

Messbedingungen:

Element	6	Auswahl: 2 Gerade, 3 Ebene, 4 Kreis, 5 Halbkugel, 6 Zylinder, 7 Kegel
Merkmal	4	1 Geradheit, 3 Rundheit, 4 Zylinderform
L =	140	Nennmaß der Länge (größere Länge)
D (l) =	150	Nennmaß des (mittleren) Durchmessers bzw. der Breite (kleinere Länge)
A =	6	Konstanter Anteil A des Grenzwertes $E_{0,\,MPE}$ der Längenmessabweichungen
K =	200	Faktor K des Grenzwertes der Längenmessabweichungen $E_{0,\,MPE}$= (A+L/K) µm
F =	2,5	Formabweichung am Normal aufgrund der Tasterbiegung (µm)

Eingangs-größe X_i	Methode bzw. Anzahl m_i	Messpunkt-anzahl bzw. Verteilung n_i	Standard-abweichung bzw. Grenze s_i bzw. a_i	Faktor für Punktzahl / Verteilung b_i	Sensitivitäts-koeffizient c_i	Unsicher-heitsbeitrag (µm) $u_i(y)$
A_1	B	Stand.-abw.	2,0	1	1	**2,0**
A_2	B	Stand.-abw.	2,0	1	1	**2,0**
ΔF_T	B	Rechteck	2,5	0,58	1	1,4
ΔF_{KMG}	B	Normal	2,9	0,50	1	1,5
				Standardunsicherheit der Messgröße:	$u(y)$ =	3,5
				Erweiterungsfaktor:	k =	2,00
				Erweiterte Messunsicherheit (P=95 %):	U =	**7,0**

Die größten Unsicherheitsbeiträge kommen aus der Antaststreuung des KMG. Diese kann nur durch die Messung auf einem genauerem KMG mit einem kleineren konstanten Anteil A im Grenzwert $E_{0,\,MPE}$ der Längenmessabweichung verringert werden. Dasselbe gilt sinngemäß für den Beitrag ΔF_{KMG} der Geometrieabweichungen des KMG, der aus dem längenabhängigen Anteil L/K abgeschätzt wird. Der Beitrag ΔF_T aus der Tasterbiegung lässt sich durch einen steiferen Taster verringern.

Die Messung zur Bestimmung der Biegeabweichungen ΔF_T des Tasters kann entfallen, wenn der verwendete Taster demjenigen entspricht, für den der Grenzwert $P_{FTU,\,MPE}$ der Einzeltaster-Formabweichung nach ISO 10360-5 [50] spezifiziert ist. Dann wird dieser Grenzwert verwendet. In vielen Fällen wird der Taster jedoch größere Biegungen aufweisen, die dann im Einzelfall zu ermitteln sind.

7.4 Grenzen der Methode

Die Ermittlung der aufgabenspezifischen Messunsicherheit von Koordinatenmessungen mit den besprochenen Berechnungstabellen ist an folgende Voraussetzungen gebunden:

1. Auswertung mittels Ausgleichsrechnung (Methode der kleinsten Quadrate nach Gauß) für besteingepasste mittlere Elemente
2. Die Eingangsgrößen sind voneinander unabhängig und nicht miteinander korreliert
3. Gleichmäßige Anordnung der Messpunkte auf der ganzen Oberfläche (z.B. am ganzen Kreisumfang), soweit nicht anders angegeben
4. Turnusmäßige Überwachung des KMG, der Grenzwert $E_{0,\ MPE}$ der Längenmessabweichung ist eingehalten
5. Bei Formabweichungen und allen Prüfmerkmalen, die Formabweichungen einschließen (Richtung, Lauf), Messung mit großen Messpunktzahlen, so dass die extremen Punkte der Oberflächen mit erfasst werden
6. Änderungen des Tasters bzw. der Tasterkombination nach dem Einmessen, z.B. durch Temperaturänderungen an langen Tastern oder durch die Drift des KMG, werden nicht berücksichtigt
7. Einflüsse der Größe des Tasterdurchmessers und zusätzlicher Filterungen, durch die sich Unterschiede zu anderen Messverfahren ergeben können, werden nicht berücksichtigt
8. Nur Einzelpunktantastungen; der dynamische Einfluss beim Scanning wird nicht berücksichtigt (siehe dazu auch den Abschnitt 5.2)

Diese Grenzen entsprechen bis auf 2. und 3. denen bei den anderen Methoden (Virtuelles KMG und kalibrierte Werkstücke). Für andere Messpunktanordnungen sind die Kovarianzmatrizen nach der Beschreibung im Kapitel 3 zu berechnen und die entsprechenden Faktoren b_i für die Standardunsicherheiten der Formelementeparameter in die Rechnung einzusetzen. Zusätzlich lassen sich aus den Kovarianz- bzw. den Gewichtsmatrizen der Ausgleichselemente nach Abschnitt 3.2.2. auch die Korrelationskoeffizienten berechnen und bei der Ermittlung der Standardunsicherheit der Messgröße berücksichtigen. Die Sonderfälle der Scheitelpunkte am Kreisausschnitt und an der Halbkugel wurden in den Abschnitten 3.2.3 und 3.2.4 beschrieben.

Insofern ist die Ermittlung der aufgabenspezifischen Messunsicherheit nur durch die hier beschriebenen Berechnungstabellen als formale Hilfsmittel begrenzt, nicht jedoch prinzipiell.

7.5 Anwendung in der Praxis

Die Berechnung der aufgabenspezifischen Messunsicherheit von Koordinatenmessungen mit den besprochenen Berechnungstabellen lässt sich in der Praxis überprüfen. Wegen des großen Aufwandes für die dazu erforderlichen Messreihen muss sich diese Überprüfung auf ausgewählte Prüfmerkmale beschränken. Hier soll als Beispiel die Unsicherheit des Ausgleichskreisdurchmessers betrachtet werden.

Das Werkstück im Bild 7.15 weist eine annähernd elliptische Form auf, und die Formabweichung beträgt rund 30 µm. Es wird mit acht Punkten gemessen. Bei einer Reihe von je 20 Wiederholungsmessungen an fünf verschiedenen Stellen der Oberfläche erhält man die in Tabelle 6.1 angegebenen Durchmesser. Die Standardabweichung der Messungen an den verschiedenen Messstellen beträgt im Mittel s=1,35 µm.

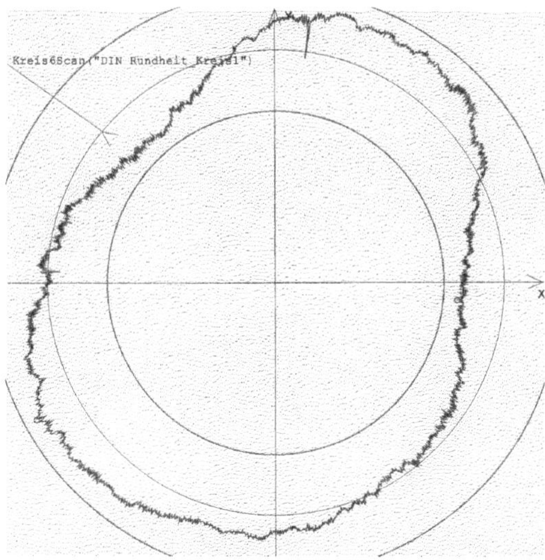

Bild 7.15:
Kreisprofil mit annähernd elliptischen Formabweichungen

Zunächst wird die kleinstmögliche Messunsicherheit berechnet, die mit dem KMG erreicht werden kann. Dazu wird für die Methode B die minimale Standardabweichung $s_{min}=A/3$ nach Gleichung (4.3) für die Antaststreuung des KMG eingesetzt, siehe Tabelle 7.16. Die erweiterte Messunsicherheit beträgt U=2,4 µm.

Diese kleinstmögliche Messunsicherheit lässt sich bereits vor der Messung anhand der festgelegten Messstrategie berechnen. Damit liefert sie wesentliche Informationen zur Optimierung der Messstrategie, z.B. hinsichtlich der Messpunktanzahl und -anordnung sowie der Temperaturbedingungen. Die einzige fehlende Information ist der Einfluss der Formabweichungen der Werkstückoberfläche, die in der Standardabweichung am Ausgleichselement steckt (in Tabelle 7.16 wurde mit s_{min} gerechnet). Diese erhält man erst, wenn das Werkstück tatsächlich gemessen wurde.

Tabelle 7.16: Unsicherheit des Ausgleichskreisdurchmessers nach Bild 7.15 nach Methode B mit der kleinsten Messunsicherheit für s_{min}=0,7 µm

Messbedingungen:

Element	4	Auswahl: 4 Kreis, 5 Halbkugel, 6 Zylinder
D =	100	Nennmaß des Durchmessers
ϕ =		Winkelbereich der Messpunkte am Umfang (Standard 360°)
A =	2	Konstanter Anteil A des Grenzwertes $E_{0,\,MPE}$ der Längenmessabweichungen
K =	300	Faktor K des Grenzwertes der Längenmessabweichungen $E_{0,\,MPE}$ = (A+L/K) µm
U_C =	0,4	Kalibrierunsicherheit des Kugelnormal-Durchmessers (µm)
α_M =	8	Ausdehnungskoeffizient der KMG-Maßstäbe (10^{-6}/K)
t_M =	20	Mittlere Temperatur der Maßstäbe (°C)
δt_M =	1	Maximale Abweichung von der mittleren Temperatur (K)
α_W =	12	Ausdehnungskoeffizient des Werkstücks (10^{-6}/K)
t_W =	20	Mittlere Temperatur des Werkstücks (°C)
δt_W =	1	Maximale Abweichung von der mittleren Temperatur (K)
Temperatur	1	Temperaturbedingte Längenmessabweichung korrigiert: 0 nein, 1 ja

Eingangs-größe X_i	Methode bzw. Anzahl m_i	Messpunkt-anzahl bzw. Verteilung n_i	Standard-abweichung bzw. Grenze s_i bzw. a_i	Faktor für Punktzahl / Verteilung b_i	Sensi-tivitäts-koeffizient c_i	Unsicher-heitsbeitrag (µm) $u_i(y)$	Effektive Freiheits-grade ν_{eff}
D_{WE}	B	8	0,7	0,71	1	0,5	
D_T	B	5	0,7	1,00	1	**0,7**	
D_C	B	Normal	0,4	0,50	1	0,2	
ΔL_{KMG}	B	Normal	0,3	0,50	1	0,2	
$\Delta L_{\alpha M}$	B	Rechteck	1,6	0,58	0,0	0,0	
$\Delta L_{\alpha W}$	B	Rechteck	2,4	0,58	0,2	0,0	
ΔL_{tM}	B	Rechteck	2,0	0,58	0,8	0,5	
ΔL_{tW}	B	Rechteck	2,0	0,58	1,2	0,7	
		Standardunsicherheit der Messgröße:			$u(y)$ =	1,2	
		Erweiterungsfaktor:			k =	2,00	
		Erweiterte Messunsicherheit (P=95 %):			U =	**2,4**	

Die Tabelle 7.16 gibt die kleinstmögliche Messunsicherheit an, die mit dem KMG erreicht werden kann. Wegen der Formabweichungen der Oberfläche ist sie tatsächlich jedoch größer.

Um diese größere Messunsicherheit zu ermitteln, lassen sich im einfachsten Fall die Informationen aus der Messung des Werkstücks verwenden. Wird es genau einmal gemessen, trägt man in die Berechnungstabelle in der zweiten Spalte die Anzahl der Messungen m=1 ein. In die vierte Spalte wird die Standardabweichung am Ausgleichselement aus der einen Messung eingetragen, hier z.B. s=9 µm. Die Anzahl der freien Parameter in (2.13) ist p=3. Mit ν_{eff}=5,3 effektiven Freiheitsgraden und dem Erweiterungsfaktor k=2,53 ergibt sich die erweiterte Messunsicherheit U=16,3 µm, siehe Tabelle 7.17.

Tabelle 7.17: Unsicherheit des Ausgleichskreisdurchmessers aus Bild 7.15 bzw. Tabelle 7.16 aus einer Messung mit der Standardabweichung s=9 µm

Eingangs-größe X_i	Methode bzw. Anzahl m_i	Messpunkt-anzahl bzw. Verteilung n_i	Standard-abweichung bzw. Grenze s_i bzw. a_i	Faktor für Punktzahl / Verteilung b_i	Sensi-tivitäts-koeffizient c_i	Unsicher-heitsbeitrag (µm) $u_i(y)$	Effektive Freiheits-grade ν_{eff}
D_{WE}	1	8	9	0,71	1	**6,4**	3,3E+02
D_T	B	5	0,7	1,00	1	0,7	
D_C	B	Normal	0,4	0,50	1	0,2	
ΔL_{KMG}	B	Normal	0,3	0,50	1	0,2	
$\Delta L_{\alpha M}$	B	Rechteck	1,6	0,58	0,0	0,0	
$\Delta L_{\alpha W}$	B	Rechteck	2,4	0,58	0,2	0,3	
ΔL_{tM}	B	Rechteck	2,0	0,58	0,8	0,9	
ΔL_{tW}	B	Rechteck	2,0	0,58	1,2	1,4	
		Standardunsicherheit der Messgröße:			$u(y)$ =	6,5	5,3
		Erweiterungsfaktor:			k =	2,53	
		Erweiterte Messunsicherheit (P=95 %):			U =	**16,3**	

Die Messunsicherheit wird kleiner, wenn die Standardabweichung am Ausgleichselement nicht nur aus einer Messung, sondern aus mehreren Messungen bekannt ist. Dabei kann es sich um mehrere Teile aus einer Serie handeln oder auch um Messungen an demselben Teil, aber an jeweils anderen Stellen der Oberfläche.

Die Tabelle 6.1 enthält solche Daten. Um den Einfluss der Formabweichungen zu ermitteln, wurde fünfmal an verschiedenen Stellen gemessen. Die Standardabweichungen am Ausgleichskreis liegen zwischen 8,5 und 10 µm, im Mittel bei 9 µm.

Mit m=5 Messungen erhält man im Unterschied zu Tabelle 7.17 ν_{eff}=26,6 effektive Freiheitsgrade, den Erweiterungsfaktor k=2,05 und die erweiterte Messunsicherheit U=13,3 µm. Das sind rund 20 % weniger.

Bei m=100 Messungen sind k=2,00 und U=12,9 µm. Die 20 Wiederholungsmessungen bringen also trotz des erheblichen Aufwandes keine kleinere Messunsicherheit.

Die Messunsicherheit nach Tabelle 7.17 hat den Vorteil, dass sie sich mit relativ geringem Aufwand ermitteln lässt. Wird die Standardabweichung aus einer Serie von Werkstücken ermittelt, sind gar keine zusätzlichen Messungen zur Ermittlung der Messunsicherheit erforderlich. Allerdings wird der Einfluss der Formabweichungen der Oberfläche nach oben abgeschätzt, d.h. die so berechnete Messunsicherheit ist in der Regel größer als die richtige.

Die richtige Messunsicherheit erhält man aus einer Wiederholmessreihe an demselben Werkstück, wenn jedesmal andere Stellen der Oberfläche angetastet werden. Es handelt sich dann um die Ermittlungsmethode A des GUM. In Tabelle 6.1 beträgt die Standardabweichung der Durchmesser an den fünf verschiedenen Messstellen im Mittel s=1,35 µm. Über die 20 Wiederholungsmessungen unterscheiden sich die Werte kaum. Es genügt also, diese Standardabweichung einmalig aus wenigen Messungen zu bestimmen.

Zur Ermittlung der Messunsicherheit wird in die zweite Spalte der Berechnungstabelle die Methode „A“ eingetragen, in die dritte Spalte die Anzahl der Messungen n=5 und in die vierte Spalte die Standardabweichung s=1,35 µm der fünf Durchmesser. Der Faktor für die Punktzahl bzw. Verteilung ist bei Methode A immer b = 1, siehe Tabelle 7.18.

Die Anzahl der freien Parameter in (2.13) ist jetzt p=1. Für ν_{eff}=11,4 effektive Freiheitsgrade erhält man den Erweiterungsfaktor k=2,19. Die erweiterte Messunsicherheit ist mit U=3,8 µm deutlich kleiner als die nach der Methode B mit der Standardabweichung am Ausgleichskreis ermittelte. Allerdings ist der Aufwand für die Wiederholungsmessungen an den verschiedenen Stellen der Oberfläche auch größer.

Tabelle 7.18: Unsicherheit des Ausgleichskreisdurchmessers aus Bild 7.15 bzw. Tabelle 7.16 nach Methode A mit fünf Wiederholungsmessungen an verschiedenen Stellen der Oberfläche des Werkstücks (Tabelle 6.1)

Eingangsgröße X_i	Methode bzw. Anzahl m_i	Messpunktanzahl bzw. Verteilung n_i	Standardabweichung bzw. Grenze s_i bzw. a_i	Faktor für Punktzahl / Verteilung b_i	Sensitivitätskoeffizient c_i	Unsicherheitsbeitrag (µm) $u_i(y)$	Effektive Freiheitsgrade ν_{eff}
D_{WE}	A	5	1,35	1,00	1	**1,4**	8,3E-01
D_T	B	5	0,7	1,00	1	0,7	
D_C	B	Normal	0,4	0,50	1	0,2	
ΔL_{KMG}	B	Normal	0,3	0,50	1	0,2	
$\Delta L_{\alpha M}$	B	Rechteck	1,6	0,58	0,0	0,0	
$\Delta L_{\alpha W}$	B	Rechteck	2,4	0,58	0,2	0,0	
ΔL_{tM}	B	Rechteck	2,0	0,58	0,8	0,4	
ΔL_{tW}	B	Rechteck	2,0	0,58	1,2	0,7	
		Standardunsicherheit der Messgröße:			$u(y)$ =	1,8	11,4
				Erweiterungsfaktor:	k =	2,19	
		Erweiterte Messunsicherheit (P=95 %):			U =	**3,8**	

Die richtige Messunsicherheit liegt immer zwischen den Schätzwerten, die man aus der Antaststreuung des KMG bzw. aus der Standardabweichung am Ausgleichselement erhält. Mit der letzteren wird die Unsicherheit mit dem geringsten Aufwand nach oben abgeschätzt. Für eine bessere Schätzung sind entweder Messungen an verschiedenen Stellen der Oberfläche durchzuführen oder bei der einmaligen Messung mit geeigneten mathematischen Verfahren die zufälligen von den systematischen Messwertanteilen zu trennen [4] [9] [11]. Eine Einführung gibt das Kapitel 10.

8 Berechnungstabellen

8.1 Überblick

Im vorangegangenen Kapitel wurden Beispiele für Messunsicherheitsberechnungen besprochen. Dabei lag jeweils eine definierte Messaufgabe mit einer definierten Messstrategie zugrunde, d.h. die zu messenden Formelemente und die Anordnungen der Messpunkte waren vorgegeben. Es ist jedoch häufig wünschenswert und sogar notwendig, dieselbe Messaufgabe mit verschiedenen Messstrategien zu lösen, also z.B. anstelle eines Zylinders Kreise in mehreren Messebenen zu messen – oder umgekehrt. Dementsprechend sollten die Berechnungstabellen variabel gehandhabt werden können.

Im folgenden werden Berechnungstabellen für die Beispiele aus Kapitel 7 vorgestellt und verschiedene Anwendungsfälle angegeben. Die Struktur ist dabei immer gleich:

1. Erläuterung der Eingangsgrößen
2. Definition der Messgröße
3. Angabe des mathematischen Modells der Messung (Funktion)
4. Eingabe für die Messbedingungen mit Auswahl der Formelemente, Messpunktmuster, Messung mit demselben oder verschiedenen Tastern, Auswertebedingungen am Werkstück, Daten zum KMG und zu den Temperaturbedingungen
5. Tabelle für die Messunsicherheitsbilanz mit den Eingaben für die Methode (A oder B), die Messpunktanzahl n_i bzw. die Verteilungsform und die Standardabweichung s_i bzw. den Grenzwert a_i der Verteilung sowie mit den weiteren Berechnungen

Zunächst werden die Messbedingungen eingetragen. Dann sind entsprechend der gewählten Messstrategie anhand der Auswahltabelle Fallunterscheidungen zu treffen, um die aktuell zutreffenden Eingangsgrößen zu identifizieren bzw. die nicht benötigten aus der Unsicherheitstabelle auszulassen. (Bei den Beispielen im Kapitel 7 wurden diese Zeilen weggelassen, um die Darstellung nicht zu überfrachten. Eine variabel handhabbare Berechnungstabelle muss aber alle Möglichkeiten zulassen.)

Schließlich sind die noch fehlenden Daten in die Unsicherheitstabelle einzutragen und nach den angegebenen Formeln die weiteren Werte zu berechnen: Faktoren b_i für die Punktzahl bzw. die Verteilung, Sensitivitätskoeffizienten c_i, Unsicherheitsbeiträge u_i, Standardunsicherheit der Messgröße $u(y)$, effektive Freiheitsgrade ν_{eff}, Erweiterungsfaktor k und erweiterte Messunsicherheit U.
Bei den Tabellen für Durchmesser, Abstand und Position wird unterschieden, ob die temperaturbedingte Längenmessabweichung ΔL_T bei der Messung korrigiert wurde oder nicht. Im zweiten Fall wird sie nach Abschnitt 2.5 als zusätzliche Eingangsgröße berücksichtigt.

Die für alle Berechnungstabellen benötigten Formeln sind in der folgenden Übersicht zusammengestellt (Tabelle 8.1).

Tabelle 8.1: Zusammenstellung der Formeln in den Berechnungstabellen

Größe	Formelzeichen	Gleichung Nr.	Formel
Unsicherheitsbeitrag der Eingangsgröße X_i	$u_i(y)$	(2.10) (2.11)	$u_i(y) = s_i \cdot b_i \cdot c_i$ $u_i(y) = a_i \cdot b_i \cdot c_i$
Standardunsicherheit der Messgröße	$u(y)$	(2.9)	$u(y) = \sqrt{\sum_{i=1}^{N} u_i^2(y)}$
Quotient aus Potenzen und Freiheitsgraden	---	(2.13)	$\frac{u_i^4(y)}{(n_i - p_i) \cdot m_i}$
Effektive Freiheitsgrade	ν_{eff}	(2.13)	$\nu_{eff} = \frac{u^4(y)}{\sum_{i=1}^{N} \frac{u_i^4(y)}{(n_i - p_i) \cdot m_i}}$
Erweiterungsfaktor	k	Tabelle 2.3	Faktor der t-Verteilung für $f = \nu_{eff}$
Erweiterte Messunsicherheit	U	(2.12)	$U = k \cdot u(y)$

Variablen:

a_i Methode B: Grenzwert der Verteilung nach Bild 2.4

b_i Methode B: Verteilungsfaktoren für die Verteilungsformen nach Bild 2.4: $1/\sqrt{6} \approx 0{,}41$ Dreieckverteilung, $1/\sqrt{4} = 0{,}50$ Normalverteilung (P=95 %), $1/\sqrt{3} \approx 0{,}58$ Rechteckverteilung, $1/\sqrt{2} \approx 0{,}71$ Arcsin-Verteilung; Methode A: $b_i = 1$

k Erweiterungsfaktor für die Standardunsicherheit $u(y)$ der Messgröße

n_i Methode B: Anzahl der Messpunkte am Ausgleichselement; Methode A: Anzahl der Wiederholungsmessungen

m_i Methode B: Anzahl der Messungen am Ausgleichselement; Methode A: $m_i = 1$

p_i Methode B: Freie Parameter (Anzahl p_i der Formelementeparameter): Punkt 1, Gerade 2, Ebene 3, Kreis 3, Kugel (Taster) 4, Zylinder 5, Kegel 6 Methode A: $p_i = 1$

s_i Methode B: Standardabweichung am Ausgleichselement; Methode A: Standardabweichung der Wiederholungsmessungen

8.2 Durchmesser

Tabelle 8.2: Auswahltabelle Durchmesser

Eingangsgröße X_i	Standardabweichung bzw. Grenze s_i bzw. a_i	Faktor für Punktzahl bzw. Verteilung b_i	Sensitivitätskoeffizient c_i
D_{WE}	$s_{min} = \frac{A}{3}$ 1)	$\sqrt{\frac{4}{n}}$ 3) 4)	1
D_E		$\sqrt{\frac{4}{n}}$ 4)	1
D_C	$a_i = U_C$	Verteilungsfaktoren nach Tabelle 8.1	1
ΔL_{KMG}	$a_i = \frac{D}{K}$ 2)		1
α_M	$a_i = \frac{\alpha_M}{5}$		$\frac{D \cdot (t_M - 20°)}{1000}$
α_W	$a_i = \frac{\alpha_W}{5}$		$\frac{D \cdot (t_W - 20°)}{1000}$
t_M	$a_i = \delta t_M$		$\frac{D \cdot \alpha_M}{1000}$
t_W	$a_i = \delta t_W$		$\frac{D \cdot \alpha_W}{1000}$
ΔL_{TK}	$a_i = \Delta L_{TK}$ 5)	1	1

Anmerkungen:

1) Standardabweichung s vom Ausgleichselement oder s_{min} mit dem Faktor A aus dem Grenzwert der Längenmessabweichungen $E_{0,\,MPE} = (A+L/K)$ µm

2) Faktor K aus dem Grenzwert der Längenmessabweichungen $E_{0,\,MPE} = (A+L/K)$ µm, mit L=D Durchmesser des Formelements

3) Bei Messung am Kreisausschnitt Faktor für den Winkelbereich der Messpunkte aus dem Diagramm im Bild 3.3 entnehmen und mit dem Faktor b_i multiplizieren

4) Halbkugel mit: $b_i = 1{,}5 \cdot \sqrt{4/n}$ (bei n_i=5 und n_i=6 Punkten: b_i=1)

5) Nicht ausgeführte Temperaturkorrektur:
$\Delta L_{TK} = D_{WE} \cdot [\alpha_W \cdot (t_W - 20°) - \alpha_M \cdot (t_M - 20°)]$

Tabelle 8.3: Berechnungstabelle Durchmesser

Messgröße: D Durchmesser, korrigiert auf die Referenztemperatur 20°C

Funktion: $D = D_{WE} - (D_T - D_C) - \Delta L_{KMG} - \Delta L_T + \Delta L_{TK}$

mit: $\Delta L_T = D_{WE}$ * [α_W*(t_W–20°C) – α_M*(t_M–20°C)]

Fortsetzung nächste Seite

Tabelle 8.3: Berechnungstabelle Durchmesser (Fortsetzung)

Eingangsgrößen:

D_{WE}	Durchmesser des Ausgleichselements am Werkstück
D_T	Durchmesser der Ausgleichskugel beim Einmessen des Tasters (Halbkugel)
D_C	Kalibrierter Durchmesser des Kugelnormals
ΔL_{KMG}	Geometrieabweichungen des KMG
α_M	Ausdehnungskoeffizient der KMG-Maßstäbe
α_W	Ausdehnungskoeffizient des Werkstücks
t_M	Mittlere Temperatur der KMG-Maßstäbe
t_W	Mittlere Temperatur des Werkstücks
ΔL_{TK}	Temperaturbedingte Längenmessabweichung, wenn nicht korrigiert

Messbedingungen:

Element		Auswahl: 4 Kreis, 5 Halbkugel, 6 Zylinder
D =		Nennmaß des Durchmessers
ϕ =		Winkelbereich der Messpunkte am Umfang (Standard 360°)
A =		Konstanter Anteil A des Grenzwertes $E_{0,\ MPE}$ der Längenmessabweichungen
K =		Faktor K des Grenzwertes der Längenmessabweichungen $E_{0,\ MPE}$= $(A+L/K)$ µm
U_C =		Kalibrierunsicherheit des Kugelnormal-Durchmessers (µm)
α_M =		Ausdehnungskoeffizient der KMG-Maßstäbe (10^{-6}/K)
t_M =		Mittlere Temperatur der Maßstäbe (°C)
δt_M =		Maximale Abweichung von der mittleren Temperatur (K)
α_W =		Ausdehnungskoeffizient des Werkstücks (10^{-6}/K)
t_W =		Mittlere Temperatur des Werkstücks (°C)
δt_W =		Maximale Abweichung von der mittleren Temperatur (K)
Temperatur		Temperaturbedingte Längenmessabweichung korrigiert: 0 nein, 1 ja

Eingangs-größe X_i	Methode bzw. Anzahl m_i	Messpunkt-anzahl bzw. Verteilung n_i	Standard-abweichung bzw. Grenze s_i bzw. a_i	Faktor für Punktzahl / Verteilung b_i	Sensi-tivitäts-koeffizient c_i	Unsicher-heitsbeitrag (µm) $u_i(y)$	Effektive Freiheits-grade ν_{eff}
D_{WE}					1		
D_T					1		
D_C	B	Normal		0,5	1		0
ΔL_{KMG}	B	Normal		0,5	1		0
$\Delta L_{\alpha M}$	B	Rechteck		0,58			0
α_W	B	Rechteck		0,58			0
α_M	B	Rechteck		0,58			0
t_W	B	Rechteck		0,58			0
t_M	B	Rechteck		0,58			0
ΔL_{TK}	B	Syst. Abw.		1	1		0
				Standardunsicherheit der Messgröße:	$u(y)$ =		Σ =
				Erweiterungsfaktor:	k =		ν_{eff} =
				Erweiterte Messunsicherheit (P=95 %):	U =		

8.3 Abstand

Tabelle 8.4: Auswahltabelle Abstand; Faktoren für die Punktzahl nach Tabelle 3.1012, für den Scheitelpunkt des Tasters nach Tabelle 3.6 und bzw. für die Verteilung nach Tabelle 8.1; Längen nach Bild 8.5

Eingangs-größe X_i	Bedingung	Standardabweichung bzw. Grenze s_i bzw. a_i	Sensitivitäts-koeffizient c_i
X_E, X_B	Immer	$s_{min} = \frac{A}{3}$ [1]	1
W_{E1}	Toleriertes Element: Gerade, Ebene, Zylinder, Kegel		$\frac{L_{NE1}}{L_{ME1}}$
W_{E2}	Toleriertes Element: Ebene		$\frac{L_{NE2}}{L_{ME2}}$
W_{B1}	Bezug: Gerade, Ebene, Zylinder, Kegel		$\frac{L_{NB1}}{L_{MB1}}$
W_{B2}	Bezug: Ebene		$\frac{L_{NB2}}{L_{MB2}}$
X_{TE}, X_{TB}	Zwei verschiedene Taster		1
D_{TE}, D_{TB}	Oberfläche, kein Stufenmaß mit demselben Taster		1 [5]
D_C	Mindestens eine Oberfläche, kein Stufenmaß mit demselben Taster	$a_i = U_C$	1 [5]
ΔX_{TR}	Zwei verschiedene Taster	$a_i = \frac{L_{TE} + L_{TB}}{2 \cdot L_T} \cdot P_{LTj,MPE}$ [2]	1
ΔX_D	Element und Bezug in verschiedenen Stellungen des Drehtisches	$a_i = F_{MPE} \cdot \sqrt{\frac{r_{max}^2 + h_{max}^2}{r^2 + \Delta h^2}}$ [6]	1
ΔL_{KMG}	Immer	$a_i = \frac{L}{K}$ [3]	1
α_M	Immer	$a_i = \frac{\alpha_M}{5}$	$\frac{L \cdot (t_M - 20°)}{1000}$
α_W	Immer	$a_i = \frac{\alpha_W}{5}$	$\frac{L \cdot (t_W - 20°)}{1000}$
t_M	Immer	$a_i = \delta t_M$	$\frac{L \cdot \alpha_M}{1000}$
t_W	Immer	$a_i = \delta t_W$	$\frac{L \cdot \alpha_W}{1000}$
ΔL_{TK}	Wenn nicht korrigiert	$a_i = \Delta L_{TK}$ [4]	1

Anmerkungen:

[1] Standardabweichung s vom Ausgleichselement oder s_{min} mit dem Faktor A aus dem Grenzwert der Längenmessabweichungen $E_{0,\,MPE} = (A+L/K)$ µm

[2] Grenzwert $P_{LTj,\,MPE}$ der Mehrfachtaster-Ortsabweichung mit Tasterlänge L_T

[3] Faktor K aus dem Grenzwert der Längenmessabweichungen $E_{0,\,MPE} = (A+L/K)$ µm;

[4] Nicht ausgeführte Temperaturkorrektur:
$\Delta L_{TK} = L_{NA} \cdot [\alpha_W \cdot (t_W - 20°) - \alpha_M \cdot (t_M - 20°)]$

[5] Wenn nur eine Oberfläche oder zwei Oberflächen mit verschiedenen Tastern (bei D_{TE} und D_{TB}) bzw. nur eine Oberfläche (bei D_C), dann: $c_i = 0{,}5$

[6] Maximale Vierachsenabweichung: $F_{MPE} = \mathrm{Max}(F_{A,MPE};\ F_{R,MPE};\ F_{T,MPE})$

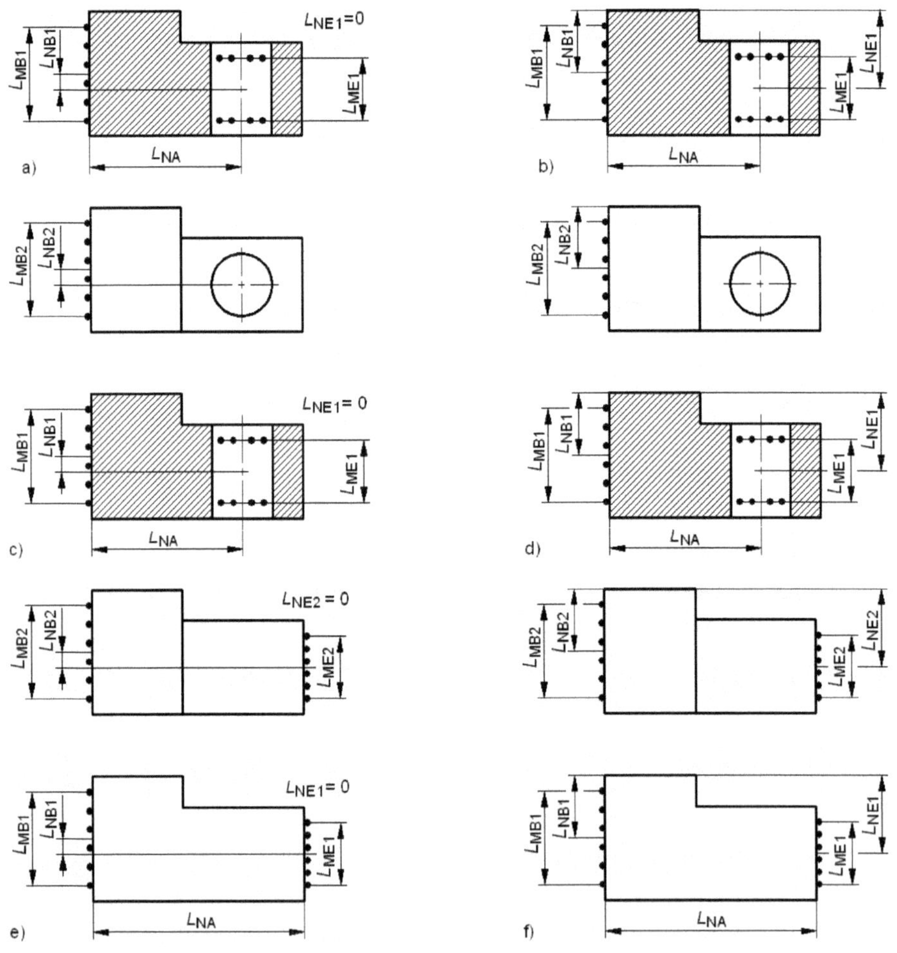

Bild 8.5: Bezeichnungen in den Tabellen 8.4 und 8.6; links jeweils Schwerpunktabstand, rechts Abstand in der Nullebene (oben)

Konstanten:

Δh Höhendifferenz für den Grenzwert der Vierachsenabweichungen
h_{max} Radius für den Grenzwert der Vierachsenabweichungen
L_{MB1} 1. Koordinate: Messlänge am Bezug (Bereich der Messpunkte)
L_{MB2} 2. Koordinate: Messlänge am Bezug (Bereich der Messpunkte - nur bei Ebene)
L_{ME1} 1. Koordinate: Messlänge am Element (Bereich der Messpunkte)
L_{ME2} 2. Koordinate: Messlänge am Element (Bereich der Messpunkte - nur Ebene)
L_{NA} Nennmaß des Abstandes bzw. theoretisches Maß bei Position
L_{NBj} Abstand des Schwerpunktes am Bezug vom Schwerpunkt am tolerierten Element bzw. von der Nullebene (Index j = 1. bzw. 2. Koordinate)
L_{NEj} Abstand der Auswertestelle (bzw. Nullebene) am tolerierten Element von seinem Schwerpunkt (Index j = 1. bzw. 2. Koordinate)
L_T Tasterlänge für die spezifizierte Mehrfachtaster-Ortsabweichung $P_{LTj,\,MPE}$
L_{TB} Tasterlänge am Bezug
L_{TE} Tasterlänge am Element
r Größte Höhe des tol. Elements bzw. eines Bezugs über der Drehtischfläche
r_{max} Größter Abstand des tol. Elements bzw. eines Bezugs von der Drehtischachse

Tabelle 8.6: Berechnungstabelle Abstand

Messgröße: L Länge, korrigiert auf die Referenztemperatur 20°C

Funktion: $L = (X_E - W_{E1}*L_{NE1}/L_{ME1} - W_{E2}*L_{NE2}/L_{ME2} - X_{TE} - (D_{TE}-D_C)/2) - (X_B - W_{B1}*L_{NB1}/L_{MB1} - W_{B2}*L_{NB2}/L_{MB2} - X_{TB} + (D_{TB}-D_C)/2) - \Delta X_{TR} - \Delta X_D - \Delta L_{KMG} - \Delta L_T + \Delta L_{TK}$

mit: $\Delta L_T = L_{NA} * [\alpha_W*(t_W-20°C) - \alpha_M*(t_M-20°C)]$

Eingangsgrößen:

X_E	Koordinate des tolerierten Elements im Schwerpunkt, Mittelpunkt oder Scheitelpunkt
W_{E1}	1. Winkel des tolerierten Elements für die Messlänge L_{ME1}
W_{E2}	2. Winkel des tolerierten Elements für die Messlänge L_{ME2} (nur bei Ebene)
X_{TE}	Mittelpunktkoordinate beim Einmessen des Tasters für das Element (bzw. Scheitelpunkt)
D_{TE}	Durchmesser der Ausgleichskugel beim Einmessen des Tasters für das tolerierte Element
X_B	Koordinate des Bezuges im Schwerpunkt, Mittelpunkt oder Scheitelpunkt
W_{B1}	1. Winkel des Bezuges für die Messlänge L_{MB1}
W_{B2}	2. Winkel des Bezuges für die Messlänge L_{MB2} (nur bei Ebene)
X_{TB}	Mittelpunktkoordinate beim Einmessen des Tasters für den Bezug (bzw. Scheitelpunkt)
D_{TB}	Durchmesser der Ausgleichskugel beim Einmessen des Tasters für den Bezug
D_C	Kalibrierter Durchmesser des Kugelnormals
ΔX_{TR}	Rotationsabweichung der Tastermittelpunkte zwischen Element und Bezug
ΔX_D	Rotationsabweichungen des Drehtisches zwischen Element und Bezug
ΔL_{KMG}	Geometrieabweichungen des KMG
α_M	Ausdehnungskoeffizient der KMG-Maßstäbe
α_W	Ausdehnungskoeffizient des Werkstücks
t_M	Mittlere Temperatur der KMG-Maßstäbe
t_W	Mittlere Temperatur des Werkstücks
ΔL_{TK}	Temperaturbedingte Längenmessabweichung, wenn nicht korrigiert

Fortsetzung nächste Seite

Tabelle 8.6: Berechnungstabelle Abstand (Fortsetzung)

Messbedingungen:

Taster		Auswahl: 1 derselbe Taster, 2 verschiedene Taster für Element und Bezug
Maß		Auswahl: 0 Stufenmaß, 1 Innen- oder Außenmaß
L_{NA} =		Nennmaß des Abstandes (bei Position theoretisches Maß)
Element		Auswahl: 1 Punkt, 2 Gerade, 3 Ebene, 4 Kreis, 5 Halbkugel, 6 Zylinder, 7 Kegel
Merkmal E		Oberfläche: Koordinate im Schwerpunkt der Messpunkte Kreis: 1 Mittelpunkt, 2 Scheitelpunkt senkrecht zur Achse und zum Tasterschaft Halbkugel: Mittelpunktkoordinate abhängig von der Richtung des Tasterschafts Zylinder, Kegel: Koordinate im Schwerpunkt senkrecht zur Achse
Muster E1		Gerade, Ebene: 1 in Reihe oder im Raster, 2 an den Enden, 3 kreisförmig Kreis: gleichmäßig am ganzen Kreisumfang bzw. Kreisausschnitt Halbkugel: gleichmäßig auf der ganzen Halbkugel verteilt Zylinder, Kegel: 1 gleichmäßig verteilt, 2 zwei Radialschnitte
L_{ME1} =		Messlänge am tolerierten Element (Bereich der Messpunkte)
L_{NE1} =		Abstand der Auswertestelle (Nullebene) vom Schwerpunkt am tol. Element
Muster E2		2. Punktmuster: 1 in Reihe oder im Raster, 2 an den Enden, 3 kreisförmig
L_{ME2} =		2. Messlänge am tolerierten Element (Bereich der Messpunkte – nur Ebene)
L_{NE2} =		2. Abstand der Auswertestelle (Nullebene) vom Schwerpunkt am tol. Element
Taster E		Tasterschaft: 1 senkrecht, 2 parallel zur Auswerterichtung
L_{TE} =		Tasterlänge (Abstand zwischen Kugelmittelpunkt und Anlage am Messkopf)
Bezug		Auswahl: 1 Punkt, 2 Gerade, 3 Ebene, 4 Kreis, 5 Halbkugel, 6 Zylinder, 7 Kegel
Merkmal B		Oberfläche: Koordinate im Schwerpunkt der Messpunkte Kreis: 1 Mittelpunkt, 2 Scheitelpunkt senkrecht zur Achse und zum Tasterschaft Halbkugel: Mittelpunktkoordinate abhängig von der Richtung des Tasterschafts Zylinder, Kegel: Koordinate im Schwerpunkt senkrecht zur Achse
Muster B1		Gerade, Ebene: 1 in Reihe oder im Raster, 2 an den Enden, 3 kreisförmig Kreis: gleichmäßig am ganzen Kreisumfang bzw. Kreisausschnitt Halbkugel: gleichmäßig auf der ganzen Halbkugel verteilt Zylinder, Kegel: 1 gleichmäßig verteilt, 2 zwei Radialschnitte
L_{MB1} =		Messlänge am Bezug (Bereich der Messpunkte)
L_{NB1} =		Abstand des Schwerpunktes am Bezug von der Nullebene bzw. vom Schwerpunkt am tolerierten Element
Muster B2		2. Punktmuster: 1 in Reihe oder im Raster, 2 an den Enden, 3 kreisförmig
L_{MB2} =		2. Messlänge am Bezug (Bereich der Messpunkte – nur bei Ebene)
L_{NB2} =		2. Abstand des Schwerpunktes am Bezug von der Nullebene bzw. vom Schwerpunkt am tolerierten Element (nur bei Ebene)
Taster B		Tasterschaft: 1 senkrecht, 2 parallel zur Auswerterichtung
L_{TB} =		Tasterlänge (Abstand zwischen Kugelmittelpunkt und Anlage am Messkopf)
A =		Konstanter Anteil A des Grenzwertes $E_{0,\,MPE}$ der Längenmessabweichungen
K =		Faktor K des Grenzwertes der Längenmessabweichungen $E_{0,\,MPE} = (A+L/K)$ µm
$P_{LTj,\,MPE}$=		Grenzwert der Mehrfachtaster-Ortsabweichung des Messkopfsystems
L_T =		Tasterlänge für die spezifizierte Mehrfachtaster-Ortsabweichung
U_C =		Kalibrierunsicherheit des Kugelnormal-Durchmessers (µm)
α_M =		Ausdehnungskoeffizient der KMG-Maßstäbe (10^{-6}/K)
t_M =		Mittlere Temperatur der KMG-Maßstäbe (°C)
δt_M =		Maximale Abweichung von der mittleren Temperatur (K)
α_W =		Ausdehnungskoeffizient des Werkstücks (10^{-6}/K)
t_W =		Mittlere Temperatur des Werkstücks (°C)
δt_W =		Maximale Abweichung von der mittleren Temperatur (K)
Temperatur		Temperaturbedingte Längenmessabweichung korrigiert: 0 nein, 1 ja
Software		Auswertung: 0 im Schwerpunkt der Messpunkte, 1 in der Nullebene

Fortsetzung nächste Seite[US1]

Tabelle 8.6: Berechnungstabelle Abstand (Fortsetzung)

Drehtisch		Messung: 0 ohne Drehtisch, 1 mit Drehtisch
F_{MPE} =		Maximaler Grenzwert der Vierachsenabweichung des Drehtischs (µm)
Δh =		Höhendifferenz für den Grenzwert der Vierachsenabweichungen
r =		Radius für den Grenzwert der Vierachsenabweichungen
h_{max} =		Größte Höhe des tol. Elements bzw. des Bezugs über der Drehtischfläche
r_{max} =		Größter Abstand des tol. Elements bzw. des Bezugs von der Drehtischachse

Eingangs-größe X_i	Methode bzw. Anzahl m_i	Messpunkt-anzahl bzw. Verteilung n_i	Standard-abweichung bzw. Grenze s_i bzw. a_i	Faktor für Punktzahl / Verteilung b_i	Sensi-tivitäts-koeffizient c_i	Unsicher-heitsbeitrag (µm) $u_i(y)$	Effektive Freiheits-grade ν_{eff}
X_E							
W_{E1}							
W_{E2}							
X_{TE}							
D_{TE}							
X_B							
W_{B1}							
W_{B2}							
X_{TB}							
D_{TB}							
D_C	B	Normal		0,5			0
ΔX_{TR}	B	Normal		0,5	1		0
ΔX_D	B	Normal		0,5	1		0
ΔL_{KMG}	B	Normal		0,5	1		0
α_M	B	Rechteck		0,58			0
α_W	B	Rechteck		0,58			0
t_M	B	Rechteck		0,58			0
t_W	B	Rechteck		0,58			0
ΔL_{TK}	B	Syst. Abw.		1	1		0
		Standardunsicherheit der Messgröße:			$u(y)$ =		Σ =
				Erweiterungsfaktor:	k =		ν_{eff} =
		Erweiterte Messunsicherheit (P=95 %):			U =		

8.4 Position

Tabelle 8.7: Auswahltabelle Position; Faktoren für die Punktzahl nach Tabelle 3.12, für den Scheitelpunkt des Tasters nach Tabelle 3.6 und für die Verteilung nach Tabelle 8.1; Längen nach Bild 8.8, 8.9 und 8.10

Eingangs größe X_i	Bedingung	Standardabweichung bzw. Grenze s_i bzw. a_i	Sensitivitätskoeffizient c_i
X_E	Immer		1
W_{E1}	Gerade, Ebene, Zylinder, Kegel		$\frac{L_{NE1}}{L_{ME1}}$
W_{E2}	Ebene	$s_{min} = \frac{A}{3}$ 1)	$\frac{L_{NE2}}{L_{ME2}}$
X_{TE}	Verschiedene Taster		1
D_{TE}	Punkt, Gerade, Ebene und verschiedene Taster		0,5
X_{NB}, Y_{NB}, Z_{NB}	Immer		1 2) 3) 4)
X_{TBX}, Y_{TBY}, Z_{TBZ}	Verschiedene Taster bei Element und Bezug	$s_{min} = \frac{A}{3}$ 1)	1 2) 3) 4)
D_{TBX}, D_{TBY}, D_{TBZ}	Punkt, Gerade, Ebene und verschiedene Taster		0,5 2) 3) 4)
W_{BXY}	Gerade, Ebene, Zylinder, Kegel		$\frac{Y_E - Y_{NX}}{L_{MBWX}}$ 4)
W_{BXZ}	Gerade, Ebene, Zylinder, Kegel		$\frac{Z_E - Z_{NX}}{L_{MBWX}}$ 3)
W_{BYX}	Gerade, Ebene, Zylinder, Kegel	$s_{min} = \frac{A}{3}$ 1)	$\frac{X_E - X_{NY}}{L_{MBWY}}$ 4)
W_{BYZ}	Gerade, Ebene, Zylinder, Kegel		$\frac{Z_E - Z_{NY}}{L_{MBWY}}$ 2)
W_{BZX}	Gerade, Ebene, Zylinder, Kegel		$\frac{X_E - X_{NZ}}{L_{MBWZ}}$ 3)
W_{BZY}	Gerade, Ebene, Zylinder, Kegel		$\frac{Y_E - Y_{NZ}}{L_{MBWZ}}$ 2)
$X_{BXY1(2)}$	Zwei Kreismittelpunkte		$\frac{Y_E - Y_{NX}}{L_{MBWX}}$ 4)
$X_{BXZ1(2)}$	Zwei Kreismittelpunkte	$s_{min} = \frac{A}{3}$ 1)	$\frac{Z_E - Z_{NX}}{L_{MBWX}}$ 3)

Fortsetzung nächste Seite

Tabelle 8.7: Auswahltabelle Position (Fortsetzung)

Eingangs größe X_i	Bedingung	Standardabweichung bzw. Grenze s_i bzw. a_i	Sensitivitäts-koeffizient c_i
$X_{BYX1(2)}$	Zwei Kreismittelpunkte	$s_{min} = \frac{A}{3}$ 1)	$\frac{X_E - X_{NY}}{L_{MBWY}}$ 4)
$X_{BYZ1(2)}$	Zwei Kreismittelpunkte		$\frac{Z_E - Z_{NY}}{L_{MBWY}}$ 2)
$X_{BZX1(2)}$	Zwei Kreismittelpunkte		$\frac{X_E - X_{NZ}}{L_{MBWZ}}$ 3)
$X_{BZY1(2)}$	Zwei Kreismittelpunkte		$\frac{Y_E - Y_{NZ}}{L_{MBWZ}}$ 2)
D_C	Mindestens eine Oberfläche	$a_i = \frac{U_C}{2}$	5)
ΔX_{TR}	Verschiedene Taster	$a_i = \frac{L_{TE} + L_{TBNX}}{2 \cdot L_T} \cdot P_{LTj,MPE}$ 6)	1 2)
ΔY_{TR}	Verschiedene Taster	$a_i = \frac{L_{TE} + L_{TBNY}}{2 \cdot L_T} \cdot P_{LTj,MPE}$ 6)	1 3)
ΔZ_{TR}	Verschiedene Taster	$a_i = \frac{L_{TE} + L_{TBNZ}}{2 \cdot L_T} \cdot P_{LTj,MPE}$ 6)	1 4)
ΔX_D	Element und Bezugssystem in verschiedenen Stellungen des Drehtisches	$a_i = F_{MPE} \cdot \sqrt{\frac{r_{max}^2 + h_{max}^2}{r^2 + \Delta h^2}}$ 10)	1
ΔL_{KMG}	Immer	$a_i = \frac{L_N}{K}$ 7) 8)	1
α_M	Immer	$a_i = \frac{\alpha_M}{5}$	$\frac{L_N \cdot (t_M - 20°)}{1000}$ 8)
α_W	Immer	$a_i = \frac{\alpha_W}{5}$	$\frac{L_N \cdot (t_W - 20°)}{1000}$ 8)
t_M	Immer	$a_i = \delta t_M$	$\frac{L_N \cdot \alpha_M}{1000}$ 8)
t_W	Immer	$a_i = \delta t_W$	$\frac{L_N \cdot \alpha_W}{1000}$ 8)
ΔL_{TK}	Wenn nicht korrigiert	$a_i = \Delta L_{TK}$ 9)	1

Anmerkungen:

1) Standardabweichung s vom Ausgleichselement oder s_{min} mit Faktor A aus dem Grenzwert der Längenmessabweichungen $E_{0,\,MPE} = (A+L/K)$ µm

2) Wert multipliziert mit dem Faktor $\cos\phi * \cos\psi$ (Auswertung der X-Koordinate)

3) Wert multipliziert mit dem Faktor $\sin\phi * \cos\psi$ (Auswertung der Y-Koordinate)

[4] Wert multipliziert mit dem Faktor $\sin\psi$ (Auswertung der Z-Koordinate)

[5] Sensitivitätskoeffizient $c_i = (1 + \cos\phi{*}\cos\psi - \sin\phi{*}\cos\psi - \sin\psi) / 2$

[6] Grenzwert $P_{LTj,\,MPE}$ der Mehrfachtaster-Ortsabweichung

[7] Faktor K aus $E_{0,\,MPE} = (A+L/K)$ µm, mit $L=L_{NA}$

[8] Projizierter Abstand vom Koordinatenursprung (wirksame Länge):
$L_{NA} = (x_E * \cos\phi + y_E * \sin\phi) * \cos\psi + z_E * \sin\psi$

[9] Nicht korrigierte Temperaturabweichung:
$\Delta L_{TK} = L_{NA} \cdot [\alpha_W \cdot (t_W - 20°) - \alpha_M \cdot (t_M - 20°)]$

[10] Maximale Vierachsenabweichung: $F_{MPE} = \mathrm{Max}(F_{A,MPE};\ F_{R,MPE};\ F_{T,MPE})$

Konstanten:

- ϕ Azimutwinkel der Auswerterichtung in der XY-Ebene, von der positiven X-Achse aus gemessen
- ψ Elevationswinkel der Auswerterichtung (Auslenkung aus der XY-Ebene)
- Δh Höhendifferenz für den Grenzwert der Vierachsenabweichungen
- h_{max} Radius für den Grenzwert der Vierachsenabweichungen
- L_{MBWX} Messlänge am Bezug für die Drehung um die X-Achse (Bereich der Messpunkte bzw. Abstand der Mittelpunkte)
- L_{MBWY} Messlänge am Bezug für die Drehung um die Y-Achse (Bereich der Messpunkte bzw. Abstand der Mittelpunkte)
- L_{MBWZ} Messlänge am Bezug für die Drehung um die Z-Achse (Bereich der Messpunkte bzw. Abstand der Mittelpunkte)
- L_{ME1} 1. Messlänge am tolerierten Element für 1. Winkel (Bereich der Messpunkte)
- L_{ME2} 2. Messlänge am tolerierten Element für 2. Winkel (Bereich der Messpunkte)
- L_{NA} Nennwert der Messlänge für die Geometrieabweichungen des KMG und die Temperatur (projizierter Abstand vom Koordinatenursprung)
- L_{NE1} 1. Abstand der Auswertestelle am tolerierten Element von seinem Schwerpunkt
- L_{NE2} 2. Abstand der Auswertestelle am tolerierten Element von seinem Schwerpunkt
- r Größte Höhe des tol. Elements bzw. eines Bezugs über der Drehtischfläche
- r_{max} Größter Abstand des tol. Elements bzw. eines Bezugs von der Drehtischachse
- X_E Theoretisches Maß der X-Koordinate für den Punkt am tolerierten Element
- X_{NY} X-Koordinate des Bezuges für den Y-Nullpunkt im Schwerpunkt bzw. in der Nullebene
- X_{NZ} X-Koordinate des Bezuges für den Z-Nullpunkt im Schwerpunkt bzw. in der Nullebene
- Y_E Theoretisches Maß der Y-Koordinate für den Punkt am tolerierten Element
- Y_{NX} Y-Koordinate des Bezuges für den X-Nullpunkt im Schwerpunkt bzw. in der Nullebene

Y_{NZ} Y-Koordinate des Bezuges für den Z-Nullpunkt im Schwerpunkt bzw. in der Nullebene

Z_E Theoretisches Maß der Z-Koordinate für den Punkt am tolerierten Element

Z_{NX} Z-Koordinate des Bezuges für den X-Nullpunkt im Schwerpunkt bzw. in der Nullebene

Z_{NY} Z-Koordinate des Bezuges für den Y-Nullpunkt im Schwerpunkt bzw. in der Nullebene

Anmerkungen:

1. Bei der Bestimmung von Winkeln des Bezugssystems aus zwei Kreismittelpunkten (z.B. X_{BXY1} und X_{BXY2}) wird vorausgesetzt, dass beide mit demselben Taster gemessen wurden.
2. Ist der Bezug ein Symmetrieelement, wird die Gesamtsumme der Messpunkte eingesetzt. Das Punktmuster wird als gleich vorausgesetzt, und es wird mit der Gesamtzahl der Messpunkte gerechnet.
3. Die Berechnung der Unsicherheit eines Lochmusters setzt hier voraus, dass die Hauptrichtung (Raumausrichtung) des Bezugssystems bereits festgelegt ist. Es werden also nur ggf. die beiden Koordinaten und der Winkel in der Ebene (Nebenrichtung) bestimmt. Einzelheiten sind im Abschnitt 3.2.9 beschrieben.

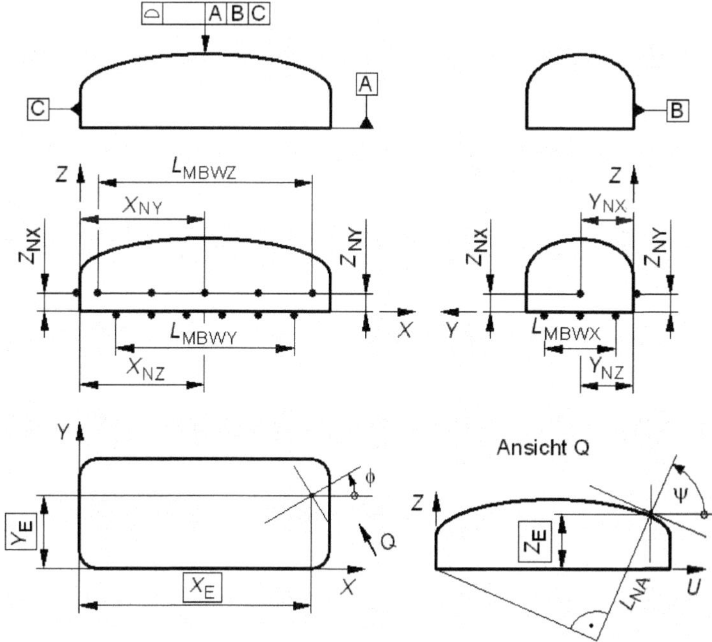

Bild 8.8: Bezeichnungen in den Tabellen 8.7 und 8.11 für eine Flächenformtoleranz im Bezugssystem

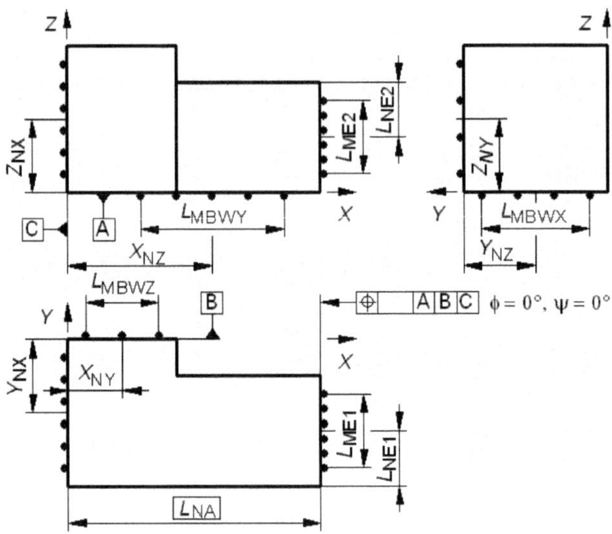

Bild 8.9: Bezeichnungen in den Tabellen 8.7 und 8.11 für eine Positionstoleranz im Bezugssystem mit Auswertung in den Schwerpunkten

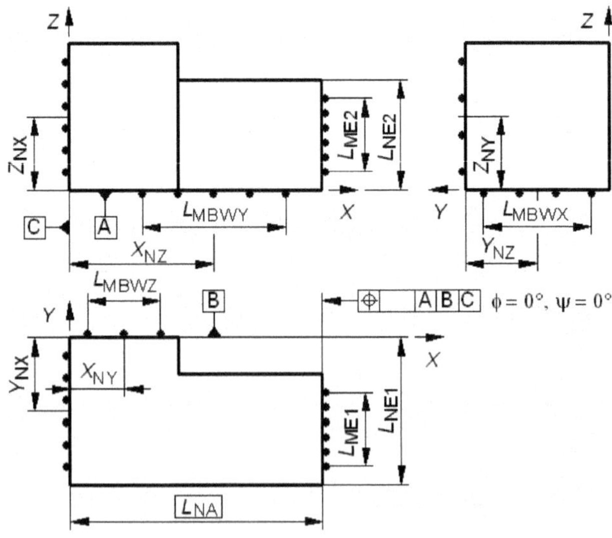

Bild 8.10: Bezeichnungen in den Tabellen 8.7 und 8.11 für eine Positionstoleranz im Bezugssystem mit Auswertung in der Nullebene (Durchstoßpunkte in den Ebenen A und B)

Tabelle 8.11: Berechnungstabelle Position

Messgröße: E_P Abweichung der Koordinate des betrachteten Punktes auf der Oberfläche bzw. Achse, korrigiert auf die Referenztemperatur 20°C (radiusbezogen)

Funktion: $E_P = [\, X_{E0} - W_{E1}{*}L_{NE1}/L_{ME1} - W_{E2}{*}L_{NE2}/L_{ME2} - X_{TE} - (D_{TE}-D_C)/2 \,] \; - [\, X_{NB} - W_{BYZ} * (Z_E-Z_{NY})/L_{MBWY} - W_{BZY}{*}(Y_E-Y_{NZ})/L_{MBWZ} - X_{TBX} + (D_{TBX}-D_C)/2 - \Delta X_{TR} \,] {*}\cos(\phi) * \cos(\psi) \; + [\, Y_{NB} - W_{BZX}{*}(X_E-X_{NZ})/L_{MBWZ} - W_{BXZ}{*}(Z_E-Z_{NX})/L_{MBWX} - Y_{TBY} + (D_{TBY}-D_C)/2 - \Delta Y_{TR} \,] {*}\sin(\phi){*}\cos(\psi) \; + [\, Z_{NB} - W_{BXY}{*}(Y_E-Y_{NX})/L_{MBWX} - W_{BYX} * (X_E-X_{NY})/L_{MBWY} - Z_{TBZ} + (D_{TBZ}-D_C)/2 - \Delta Z_{TR} \,] {*}\sin(\psi) - \Delta X_D - \Delta L_{KMG} - \Delta L_T + \Delta L_{TK}$

mit: $\Delta L_T = \Delta L_{TK} = L_{NA} * [\, \alpha_W{*}(t_W-20°C) - \alpha_M{*}(t_M-20°C) \,]$

Messlänge: $L_{NA} = (x_E{*}\cos\phi + y_E{*}\sin\phi) {*}\cos\psi + z_E{*}\sin\psi$

Winkel: $W_{Bxy} = X_{Bxy1} - X_{Bxy2}$

Eingangsgrößen:

X_{E0}	Koordinate des tolerierten Elements im Schwerpunkt
W_{E1}	1. Winkel des tolerierten Elements mit der Messlänge L_{ME1}
W_{E2}	2. Winkel des tolerierten Elements mit der Messlänge L_{ME2}
X_{TE}	Mittelpunktkoordinate des Tasters für das tolerierte Element vom Einmessen (Halbkugel)
D_{TE}	Durchmesser der Ausgleichskugel beim Einmessen des Tasters für das tolerierte Element
X_{NB}	Bezug mit Nullpunkt der X-Koordinate des Bezugssystems
X_{TBX}	Mittelpunktkoordinate des Tasters für den Bezug der X-Koordinate vom Einmessen
D_{TBX}	Durchmesser der Ausgleichskugel beim Einmessen des Tasters für den Bezug in X
Y_{NB}	Bezug mit Nullpunkt der Y-Koordinate des Bezugssystems
Y_{TBY}	Mittelpunktkoordinate des Tasters für den Bezug der Y-Koordinate vom Einmessen
D_{TBY}	Durchmesser der Ausgleichskugel beim Einmessen des Tasters für den Bezug in Y
Z_{NB}	Bezug mit Nullpunkt der Z-Koordinate des Bezugssystems
Z_{TBZ}	Mittelpunktkoordinate des Tasters für den Bezug der Z-Koordinate vom Einmessen
D_{TBZ}	Durchmesser der Ausgleichskugel beim Einmessen des Tasters für den Bezug in Z
W_{BXY}	Winkel des Bezuges für die Drehung um die X-Achse mit Nullpunktabstand ΔY
W_{BXZ}	Winkel des Bezuges für die Drehung um die X-Achse mit Nullpunktabstand ΔZ
X_{BXY1}	1. Mittelpunktkoordinate des Bezuges für Drehung um die X-Achse mit ΔY
X_{BXY2}	2. Mittelpunktkoordinate des Bezuges für Drehung um die X-Achse mit ΔY
X_{BXZ1}	1. Mittelpunktkoordinate des Bezuges für Drehung um die X-Achse mit ΔZ
X_{BXZ2}	2. Mittelpunktkoordinate des Bezuges für Drehung um die X-Achse mit ΔZ
W_{BYX}	Winkel des Bezuges für die Drehung um die Y-Achse mit Nullpunktabstand ΔX
W_{BYZ}	Winkel des Bezuges für die Drehung um die Y-Achse mit Nullpunktabstand ΔZ
X_{BYX1}	1. Mittelpunktkoordinate des Bezuges für Drehung um die Y-Achse mit ΔX
X_{BYX2}	Mittelpunktkoordinate des Bezuges für Drehung um die Y-Achse mit ΔX
X_{BYZ1}	1. Mittelpunktkoordinate des Bezuges für Drehung um die Y-Achse mit ΔZ
X_{BYZ2}	2. Mittelpunktkoordinate des Bezuges für Drehung um die Y-Achse mit ΔZ
W_{BZX}	Winkel des Bezuges für die Drehung um die Z-Achse mit Nullpunktabstand ΔX
W_{BZY}	Winkel des Bezuges für die Drehung um die Z-Achse mit Nullpunktabstand ΔY
X_{BZX1}	1. Mittelpunktkoordinate des Bezuges für Drehung um die Z-Achse mit ΔX
X_{BZX2}	2. Mittelpunktkoordinate des Bezuges für Drehung um die Z-Achse mit ΔX
X_{BYZ1}	1. Mittelpunktkoordinate des Bezuges für Drehung um die Z-Achse mit ΔY
X_{BYZ2}	2. Mittelpunktkoordinate des Bezuges für Drehung um die Z-Achse mit ΔY

Fortsetzung nächste Seite

Tabelle 8.11: Berechnungstabelle Position (Fortsetzung)

D_C	Kalibrierter Durchmesser des Kugelnormals
ΔX_{TR}	Rotationsabweichung des Tastermittelpunktes *X* des tolerierten Elements
ΔY_{TR}	Rotationsabweichung des Tastermittelpunktes *Y* des tolerierten Elements
ΔZ_{TR}	Rotationsabweichung des Tastermittelpunktes *Z* des tolerierten Elements
ΔX_D	Rotationsabweichungen des Drehtisches zwischen Element und Bezugssystem
ΔL_{KMG}	Geometrieabweichungen des KMG
D_C	Kalibrierter Durchmesser des Kugelnormals
ΔX_{TR}	Rotationsabweichung des Tastermittelpunktes *X* des tolerierten Elements
ΔY_{TR}	Rotationsabweichung des Tastermittelpunktes *Y* des tolerierten Elements
ΔZ_{TR}	Rotationsabweichung des Tastermittelpunktes *Z* des tolerierten Elements
ΔX_D	Rotationsabweichungen des Drehtisches zwischen Element und Bezugssystem
ΔL_{KMG}	Geometrieabweichungen des KMG
α_M	Ausdehnungskoeffizient der KMG-Maßstäbe
α_W	Ausdehnungskoeffizient des Werkstücks
t_M	Mittlere Temperatur der KMG-Maßstäbe
t_W	Mittlere Temperatur des Werkstücks
ΔL_{TK}	Temperaturbedingte Längenmessabweichung, wenn nicht korrigiert

Messbedingungen:

X_E =		Theoretisches Maß in der *X*-Koordinate für den Punkt am tolerierten Element
Y_E =		Theoretisches Maß in der *Y*-Koordinate für den Punkt am tolerierten Element
Z_E =		Theoretisches Maß in der *Z*-Koordinate für den Punkt am tolerierten Element
ϕ =		Azimutwinkel in ° (in der *XY*-Ebene, von der *X*-Achse aus gemessen)
ψ =		Elevationswinkel in ° (Auslenkung aus der *XY*-Ebene)
L_{NA} =		Nennwert der Messlänge für Geometrieabweichungen und Temperatur
Element		1 Punkt, 2 Gerade, 3 Ebene, 4 Kreis, 5 Halbkugel, 6 Zylinder, 7 Kegel
Merkmal E	-	Mittelpunktkoordinate senkrecht zur Achse und zum Tasterschaft
Muster E1		Punktmuster: 1 in Reihe oder im Raster, 2 an den Enden, 3 kreisförmig
L_{ME1} =		1. Messlänge am tolerierten Element (Bereich der Messpunkte)
L_{NE1} =		1. Abstand der Auswertestelle des tolerierten Elements vom Schwerpunkt
Muster E2		Punktmuster: 1 in Reihe oder im Raster, 2 an den Enden, 3 kreisförmig
L_{ME2} =		2. Messlänge am tolerierten Element (Bereich der Messpunkte)
L_{NE2} =		2. Abstand der Auswertestelle des tolerierten Elements vom Schwerpunkt
Taster E		Tasternummer für das tolerierte Element
Taster E		Tasterschaft: 1 senkrecht, 2 parallel zur Auswerterichtung
L_{TE} =		Tasterlänge (Abstand zwischen Kugelmittelpunkt und Anlage am Tastkopf)
Bezug NX		1 Punkt, 2 Gerade, 3 Ebene, 4 Kreis, 5 Halbkugel, 6 Zylinder, 7 Kegel
Merkmal NX	-	Mittelpunktkoordinate senkrecht zur Achse und zum Tasterschaft
Y_{NX} =		*Y*-Koordinate des Bezuges im Schwerpunkt bzw. in der Nullebene
Z_{NX} =		*Z*-Koordinate des Bezuges im Schwerpunkt bzw. in der Nullebene
Taster NX		Tasternummer des Bezuges für den Nullpunkt in der *X*-Achse
Taster NX		Tasterschaft senkrecht zur Auswerterichtung (parallel zur Achse)
L_{TBNX} =		Tasterlänge (Abstand zwischen Kugelmittelpunkt und Anlage am Tastkopf)

Fortsetzung nächste Seite

Tabelle 8.11: Berechnungstabelle Position (Fortsetzung)

Bezug NY		1 Punkt, 2 Gerade, 3 Ebene, 4 Kreis, 5 Halbkugel, 6 Zylinder, 7 Kegel
Merkmal NY	-	Mittelpunktkoordinate senkrecht zur Achse und zum Tasterschaft
X_{NY} =		*X*-Koordinate des Bezuges im Schwerpunkt bzw. in der Nullebene
Z_{NY} =		*Z*-Koordinate des Bezuges im Schwerpunkt bzw. in der Nullebene
Taster NY		Tasternummer des Bezuges für den Nullpunkt in der *Y*-Achse
Taster NY		Tasterschaft: 1 senkrecht, 2 parallel zur Auswerterichtung
L_{TBNY} =		Tasterlänge (Abstand zwischen Kugelmittelpunkt und Anlage am Tastkopf)
Bezug NZ		1 Punkt, 2 Gerade, 3 Ebene, 4 Kreis, 5 Halbkugel, 6 Zylinder, 7 Kegel
Merkmal NZ	-	Mittelpunktkoordinate senkrecht zur Achse und zum Tasterschaft
X_{NZ} =		*X*-Koordinate des Bezuges im Schwerpunkt bzw. in der Nullebene
Y_{NZ} =		*Y*-Koordinate des Bezuges im Schwerpunkt bzw. in der Nullebene
Taster NZ		Tasternummer des Bezuges für den Nullpunkt in der *Z*-Achse
Taster NZ		Tasterschaft senkrecht zur Auswerterichtung (parallel zur Achse)
L_{TBNZ} =		Tasterlänge (Abstand zwischen Kugelmittelpunkt und Anlage am Tastkopf)
Bezug WX		Drehung um *X*: 2 Gerade, 3 Ebene, 4 2_Kreise, 6 Zylinder, 7 Kegel
Muster WX		Punktmuster: 1 in Reihe oder im Raster, 2 an den Enden, 3 kreisförmig
L_{MBWX} =		Messlänge am Bezug BWX für die Drehung um X (Bereich der Messpunkte)
Bezug WY		Drehung um *Y*: 2 Gerade, 3 Ebene, 4 2_Kreise, 6 Zylinder, 7 Kegel
Muster WY		Messpunkte gleichmäßig am ganzen Kreisumfang
L_{MBWY} =		Messlänge am Bezug BWY für die Drehung um Y (Abstand der Mittelpunkte)
Bezug WZ		Drehung um *Z*: 2 Gerade, 3 Ebene, 4 2_Kreise, 6 Zylinder, 7 Kegel
Muster WZ		Punktmuster: 1 in Reihe oder im Raster, 2 an den Enden, 3 kreisförmig
L_{MBWZ} =		Messlänge am Bezug BWZ für die Drehung um Z (Bereich der Messpunkte)
A =		Konstanter Anteil A des Grenzwertes $E_{0,\,MPE}$ der Längenmessabweichungen
K =		Faktor K des Grenzwertes der Längenmessabweichungen $E_{0,\,MPE} = (A+L/K)$µm
$P_{LTj,\,MPE}$ =		Grenzwert der Mehrfachtaster-Ortsabweichung für das Messkopfsystem (µm)
L_T =		Tasterlänge für die spezifizierte Mehrfachtaster-Ortsabweichung
U_C =		Kalibrierunsicherheit des Kugelnormal-Durchmessers (µm)
α_M =		Ausdehnungskoeffizient der KMG-Maßstäbe (10^{-6}/K)
t_M =		Mittlere Temperatur der Maßstäbe (°C)
δt_M =		Maximale Abweichung von der mittleren Temperatur (K)
α_W =		Ausdehnungskoeffizient des Werkstücks (10^{-6}/K)
t_W =		Mittlere Temperatur des Werkstücks (°C)
δt_W =		Maximale Abweichung von der mittleren Temperatur (K)
Temperatur		Temperaturbedingte Längenmessabweichung korrigiert: 0 nein, 1 ja
Drehtisch		Messung des tolerierten Elements: 0 ohne Drehtisch, 1 mit Drehtisch
F_{MPE} =		Maximaler Grenzwert der Vierachsenabweichung des Drehtischs (µm)
Δh =		Höhendifferenz für den Grenzwert der Vierachsenabweichungen
r =		Radius für den Grenzwert der Vierachsenabweichungen
h_{max} =		Größte Höhe des tol. Elements bzw. eines Bezugs über der Drehtischfläche
r_{max} =		Größter Abstand des tol. Elements bzw. eines Bezugs von der Drehtischachse

Fortsetzung nächste Seite

Tabelle 8.11: Berechnungstabelle Position (Fortsetzung)

Eingangsgröße X_i	Methode bzw. Anzahl m_i	Messpunktanzahl bzw. Verteilung n_i	Standardabweichung bzw. Grenze s_i bzw. a_i	Faktor für Punktzahl / Verteilung b_i	Sensitivitätskoeffizient c_i	Unsicherheitsbeitrag (µm) $u_i(y)$	Effektive Freiheitsgrade ν_{eff}
X_{E0}							
W_{E1}							
W_{E2}							
X_{TE}							
D_{TE}							
X_{NB}							
X_{TBX}							
D_{TBX}							
Y_{NB}							
Y_{TBY}							
D_{TBY}							
Z_{NB}							
Z_{TBZ}							
D_{TBZ}							
W_{BXY}							
W_{BXZ}							
X_{BXY1}							
X_{BXZ1}							
X_{BXY2}							
X_{BXZ2}							
W_{BYX}							
W_{BYZ}							
X_{BYX1}							
X_{BYZ1}							
X_{BYX2}							
X_{BYZ2}							
W_{BZX}							
W_{BZY}							
X_{BZX1}							
X_{BZY1}							
X_{BZX2}							
X_{BZY2}							
D_C		Normal		0,5			
ΔX_{TR}		Normal		0,5			
ΔY_{TR}		Normal		0,5			
ΔZ_{TR}		Normal		0,5			
ΔX_D		Normal		0,5			
ΔL_{KMG}	B	Normal		0,5			
α_M	B	Rechteck		0,58			
α_W	B	Rechteck		0,58			
t_M	B	Rechteck		0,58			
t_W	B	Rechteck		0,58			
ΔL_{TK}	B	Syst. Abw.		1			
				Standardunsicherheit der Messgröße:	$u(y)$ =		Σ =
				Erweiterungsfaktor:	k =		ν_{eff} =
				Erweiterte Messunsicherheit (P=95 %):	U =		

8.5 Symmetrie

Tabelle 8.12: Auswahltabelle Symmetrie; Faktoren für die Punktzahl nach Tabelle 3.12, für den Scheitelpunkt des Tasters nach Tabelle 3.6 und für die Verteilung nach Tabelle 8.1; Längen nach Bild 8.13

Eingangsgröße X_i	Bedingung	Standardabweichung bzw. Grenze s_i bzw. a_i	Sensitivitätskoeffizient c_i
X_{E1}	Immer		1 [4]
W_{E11}, W_{E12}	Gerade, Ebene (1. und 2. Koordinate), Zylinder, Kegel	$s_{min} = \frac{A}{3}$ [1]	$\frac{L_{NE1i}}{L_{ME1i}}$ [4]
X_{TE1}	Verschiedene Taster		1 [4]
D_{TE1}	Element 1 Oberfläche mit verschiedenen Tastern		$0{,}5$ [5]
X_{E2}	Zweites Element		$0{,}5$
W_{E21}, W_{E22}	Zweites Element Gerade, Ebene, Zylinder, Kegel	$s_{min} = \frac{A}{3}$ [1]	$\frac{L_{NE2i}}{L_{ME2i}} \cdot 0{,}5$
X_{TE2}	Zweites Element mit verschiedenen Tastern		$0{,}5$
D_{TE2}	Zweites Element Oberfläche mit verschiedenen Tastern		$0{,}5$ [5]
ΔX_{TER}	Erstes und zweites Element mit verschiedenen Tastern	$a_i = \frac{L_{TE1} + L_{TE2}}{2 \cdot L_T} \cdot P_{LTj,MPE}$ [2]	$0{,}5$
X_{B1}	Immer		1 [4]
W_{B11}, W_{B12}	Gerade, Ebene (1. und 2. Koordinate), Zylinder, Kegel	$s_{min} = \frac{A}{3}$ [1]	$\frac{L_{NB1i}}{L_{MB1i}}$ [4]
X_{TB1}	Verschiedene Taster		1 [4]
D_{TB1}	Erster Bezug Oberfläche mit verschiedenen Tastern		$0{,}5$ [5]
X_{B2}	Zweiter Bezug		$0{,}5$
W_{B21}, W_{B22}	Zweiter Bezug Gerade, Ebene, Zylinder, Kegel	$s_{min} = \frac{A}{3}$ [1]	$\frac{L_{NB2i}}{L_{MB2i}} \cdot 0{,}5$
X_{TB2}	Zweiter Bezug mit verschiedenen Tastern		$0{,}5$
D_{TB2}	Zweiter Bezug Oberfläche mit verschiedenen Tastern		$0{,}5$ [5]
ΔX_{TBR}	Erster und zweiter Bezug mit verschiedenen Tastern	$a_i = \frac{L_{TB1} + L_{TB2}}{2 \cdot L_T} \cdot P_{LTj,MPE}$ [2]	$0{,}5$
ΔX_{TR}	Element und Bezug mit verschiedenen Tastern	$a_i = \frac{L_{TE1} + L_{TB1}}{2 \cdot L_T} \cdot P_{LTj,MPE}$ [2]	1

Fortsetzung nächste Seite

Tabelle 8.12: Auswahltabelle Symmetrie (Fortsetzung)

ΔX_D	Element und Bezug in verschiedenen Stellungen des Drehtisches	$a_i = F_{MPE} \cdot \sqrt{\frac{r_{max}^2 + h_{max}^2}{r^2 + \Delta h^2}}$ 6)	1
ΔE_{KMG}	Immer	$a_i = \frac{D}{2 \cdot K}$ 3)	1

Anmerkungen:

1) Standardabweichung s vom Ausgleichselement oder s_{min} mit dem Faktor A aus dem Grenzwert der Längenmessabweichung $E_{0,\,MPE} = (A+L/K)$ µm

2) Grenzwert $P_{LTj,\,MPE}$ der Mehrfachtaster-Ortsabweichung

3) Faktor K aus dem Grenzwert der Längenmessabweichung $E_{0,\,MPE} = (A+L/K)$ µm; mit $L = \text{Max}(D_E;D_B)$ als größter Durchmesser bzw. größte Breite des tolerierten Elements (D_E) oder des Bezuges (D_B)

4) Ist das Element oder der Bezug ein Symmetrieelement, wird c_i halbiert

5) Werden beide Seiten mit demselben Taster gemessen, entfällt der Unsicherheitsbeitrag

6) Maximale Vierachsenabweichung: $F_{MPE} = \text{Max}(F_{A,MPE;}\ F_{R,MPE;}\ F_{T,MPE})$

Konstanten:

Δh Höhendifferenz für den Grenzwert der Vierachsenabweichungen

h_{max} Radius für den Grenzwert der Vierachsenabweichungen

L_{MB11} Messlänge am ersten Bezug: Bereich der Messpunkte in der 1. Koordinate

L_{MB12} Messlänge am ersten Bezug: Bereich der Messpunkte in der 2. Koordinate (nur bei Ebene)

L_{MB21} Messlänge am zweiten Bezug: Bereich der Messpunkte in der 1. Koordinate

L_{MB22} Messlänge am zweiten Bezug: Bereich der Messpunkte in der 2. Koordinate (nur bei Ebene)

L_{ME11} Messlänge am ersten tolerierten Element: Bereich der Messpunkte in der 1. Koordinate

L_{ME12} Messlänge am ersten tolerierten Element: Bereich der Messpunkte in der 2. Koordinate (nur bei Ebene)

L_{ME21} Messlänge am zweiten tolerierten Element: Bereich der Messpunkte in der 1. Koordinate

L_{ME22} Messlänge am zweiten tolerierten Element: Bereich der Messpunkte in der 2. Koordinate (nur bei Ebene)

L_{NB11} Abstand des Schwerpunktes am ersten Bezug in der 1. Koordinate vom Schwerpunkt am ersten tolerierten Element bzw. von der Nullebene

L_{NB12} Abstand des Schwerpunktes am ersten Bezug in der 2. Koordinate vom Schwerpunkt am ersten tolerierten Element bzw. von der Nullebene (Ebene)

L_{NB21} Abstand des Schwerpunktes am zweiten Bezug in der 1. Koordinate vom Schwerpunkt am ersten tolerierten Element bzw. von der Nullebene

L_{NB22} Abstand des Schwerpunktes am zweiten Bezug in der 2. Koordinate vom Schwerpunkt am ersten tolerierten Element bzw. von der Nullebene (Ebene)

L_{NE11} Abstand der Auswertestelle (Nullebene) vom Schwerpunkt am ersten tolerierten Element in der 1. Koordinate

L_{NE12} Abstand der Auswertestelle (Nullebene) vom Schwerpunkt am ersten tolerierten Element in der 2. Koordinate (nur bei Ebene)

L_{NE21} Abstand der Auswertestelle (Nullebene) vom Schwerpunkt am zweiten tolerierten Element in der 1. Koordinate

L_{NE22} Abstand der Auswertestelle (Nullebene) vom Schwerpunkt am zweiten tolerierten Element in der 2. Koordinate (nur bei Ebene)

L_T Tasterlänge für die spezifizierte Mehrfachtaster-Ortsabweichung $P_{LTj,\,MPE}$

L_{TB1} Tasterlänge am 1. Bezug

L_{TB2} Tasterlänge am 2. Bezug

L_{TE1} Tasterlänge am 1. tolerierten Element

L_{TE2} Tasterlänge am 2. tolerierten Element

r Größte Höhe des tol. Elements bzw. eines Bezugs über der Drehtischfläche

r_{max} Größter Abstand des tol. Elements bzw. eines Bezugs von der Drehtischachse

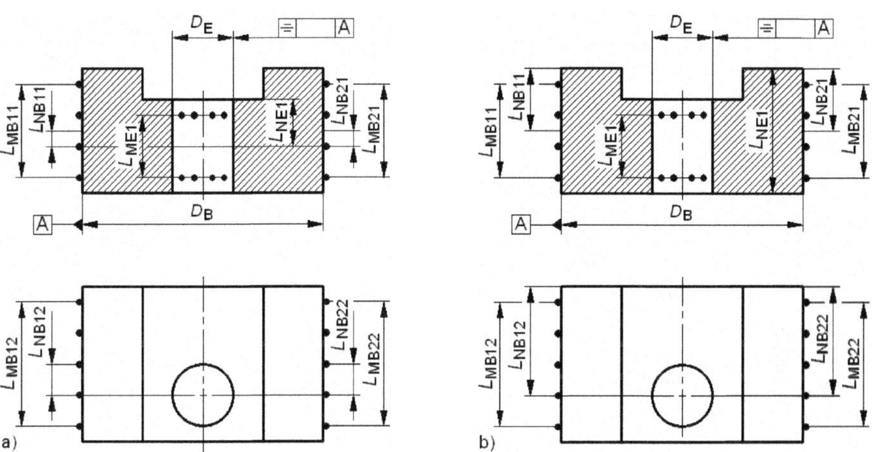

Bild 8.13: Bezeichnungen in den Tabellen 8.12 und 8.14; links Symmetrie in den Schwerpunkten, rechts Symmetrie in der Nullebene (jeweils oben)

Tabelle 8.14: Berechnungstabelle Symmetrie

Messgröße: E_S Symmetrieabweichung (radiusbezogen)

Funktion:

$$E_S = [\, X_{E1} + W_{E11} * L_{NE11} / L_{ME11} + W_{E12} * L_{NE12} / L_{ME12} - X_{TE1} + D_{TE1} / 2 + X_{E2} + W_{E21} * L_{NE21} / L_{ME21} + W_{E22} * L_{NE22} / L_{ME22} - X_{TE2} - D_{TE2} / 2 - \Delta X_{TER} \,] / 2 - [\, X_{B1} + W_{B11} * L_{NB11} / L_{MB11} + W_{B12} * L_{NB12} / L_{MB12} - X_{TB1} + D_{TB1} / 2 + X_{B2} + W_{B21} * L_{NB21} / L_{MB21} + W_{B22} * L_{NB22} / L_{MB22} - X_{TB2} - D_{TB2} / 2 - \Delta X_{TBR} \,] / 2 - \Delta X_{TR} - \Delta E_{KMG}$$

Fortsetzung nächste Seite

Tabelle 8.14: Berechnungstabelle Symmetrie (Fortsetzung)

Eingangsgrößen:

X_{E1}	Koordinate des ersten tolerierten Elements im Schwerpunkt
W_{E11}	1. Winkel des ersten tolerierten Elements
W_{E12}	2. Winkel des ersten tolerierten Elements (nur bei Ebene)
X_{TE1}	Mittelpunktkoordinate beim Einmessen des Tasters für das 1. Element (bzw. Scheitelpunkt)
D_{TE1}	Durchmesser der Ausgleichskugel beim Einmessen des Tasters für das 1. Element
X_{E2}	Koordinate des zweiten tolerierten Elements im Schwerpunkt
W_{E21}	1. Winkel des zweiten tolerierten Elements
W_{E21}	2. Winkel des zweiten tolerierten Elements (nur bei Ebene)
X_{TE2}	Mittelpunktkoordinate beim Einmessen des Tasters für das 2. Element (bzw. Scheitelpunkt)
D_{TE2}	Durchmesser der Ausgleichskugel beim Einmessen des Tasters für das 1. Element
ΔX_{TER}	Rotationsabweichung der Tastermittelpunkte am tolerierten Element
X_{B1}	Koordinate des ersten Bezuges im Schwerpunkt
W_{B11}	1. Winkel des ersten Bezuges
W_{B12}	2. Winkel des ersten Bezuges (nur bei Ebene)
X_{TB1}	Mittelpunktkoordinate beim Einmessen des Tasters für den 1. Bezug (bzw. Scheitelpunkt)
D_{TB1}	Durchmesser der Ausgleichskugel beim Einmessen des Tasters für den 1. Bezug
X_{B2}	Koordinate des zweiten Bezuges im Schwerpunkt
W_{B21}	1. Winkel des zweiten Bezuges
W_{B22}	2. Winkel des zweiten Bezuges (nur bei Ebene)
X_{TB2}	Mittelpunktkoordinate beim Einmessen des Tasters für den 1. Bezug (bzw. Scheitelpunkt)
D_{TB2}	Durchmesser der Ausgleichskugel beim Einmessen des Tasters für den 1. Bezug
ΔX_{TBR}	Rotationsabweichung der Tastermittelpunkte am Bezug
ΔX_{TR}	Rotationsabweichung der Tastermittelpunkte zwischen Element(en) und Bezug (Bezügen)
ΔX_{D}	Rotationsabweichungen des Drehtisches zwischen Element(en) und Bezug (Bezügen)
ΔE_{KMG}	Geometrieabweichungen des KMG

Messbedingungen:

Element 1		Auswahl: 1 Punkt, 2 Gerade, 3 Ebene, 4 Kreis, 6 Zylinder, 7 Kegel
Merkmal	-	Koordinate im Schwerpunkt der Messpunkte senkrecht zur Oberfläche (Achse)
D_{E} =		Größter Durchmesser bzw. größte Breite des tolerierten Elements
Muster E11		1. Punktmuster: 1 in Reihe oder im Raster, 2 an den Enden, 3 kreisförmig
L_{ME11} =		1. Messlänge am 1. tolerierten Element (Bereich der Messpunkte)
L_{NE11} =		1. Abstand der Auswertestelle (Nullebene) vom Schwerpunkt am 1. tol. Element
Muster E12		2. Punktmuster: 1 in Reihe oder im Raster, 2 an den Enden, 3 kreisförmig
L_{ME12} =		2. Messlänge am 1. tolerierten Element (Bereich der Messpunkte; nur Ebene)
L_{NE12} =		2. Abstand der Auswertestelle (Nullebene) vom Schwerpunkt am 1. tol. Element
Taster E1		Tasternummer für das 1. tolerierte Element
Taster E1		Tasterschaft: 1 senkrecht, 2 parallel zur Auswerterichtung
L_{TE1} =		Tasterlänge (Abstand zwischen Kugelmittelpunkt und Anlage am Tastkopf)

Fortsetzung nächste Seite

Tabelle 8.14: Berechnungstabelle Symmetrie (Fortsetzung)

Element 2		Auswahl: 1 Punkt, 2 Gerade, 3 Ebene, 4 Kreis, 6 Zylinder, 7 Kegel
Merkmal	-	Koordinate im Schwerpunkt der Messpunkte senkrecht zur Oberfläche (Achse)
Muster E21		1. Punktmuster: 1 in Reihe oder im Raster, 2 an den Enden, 3 kreisförmig
L_{ME21} =		1. Messlänge am 2. tolerierten Element (Bereich der Messpunkte)
L_{NE21} =		1. Abstand der Auswertestelle (Nullebene) vom Schwerpunkt am 2. tol. Element
Muster E22		2. Punktmuster: 1 in Reihe oder im Raster, 2 an den Enden, 3 kreisförmig
L_{ME22} =		2. Messlänge am 2. tolerierten Element (Bereich der Messpunkte; nur bei Ebene)
L_{NE22} =		2. Abstand der Auswertestelle (Nullebene) vom Schwerpunkt am 2. tol. Element
Taster E2		Tasternummer für das 2. tolerierte Element
Taster E2		Tasterschaft: 1 senkrecht, 2 parallel zur Auswerterichtung
L_{TE2} =		Tasterlänge (Abstand zwischen Kugelmittelpunkt und Anlage am Tastkopf)
Bezug 1		Auswahl: 1 Punkt, 2 Gerade, 3 Ebene, 4 Kreis, 6 Zylinder, 7 Kegel
Merkmal	-	Koordinate im Schwerpunkt der Messpunkte senkrecht zur Oberfläche (Achse)
D_B =		Größter Durchmesser bzw. größte Breite des Bezuges
Muster B11		Punktmuster: 1 in Reihe oder im Raster, 2 an den Enden, 3 kreisförmig
L_{MB11} =		Messlänge am ersten Bezug (Bereich der Messpunkte)
L_{NB11} =		Abstand des Schwerpunktes am 1. Bezug von der Nullebene bzw. vom Schwerpunkt am 1. tolerierten Element
Muster B12		2. Punktmuster: 1 in Reihe oder im Raster, 2 an den Enden, 3 kreisförmig
L_{MB12} =		2. Messlänge am 1. Bezug (Bereich der Messpunkte - nur bei Ebene)
L_{NB12} =		2. Abstand des Schwerpunktes am 1. Bezug von der Nullebene bzw. vom Schwerpunkt am 1. tolerierten Element (nur bei Ebene)
Taster B1		Tasternummer für den 1. Bezug
Taster B1		Tasterschaft: 1 senkrecht, 2 parallel zur Auswerterichtung
L_{TB1} =		Tasterlänge (Abstand zwischen Kugelmittelpunkt und Anlage am Tastkopf)
Bezug 2		Auswahl: 1 Punkt, 2 Gerade, 3 Ebene, 4 Kreis, 6 Zylinder, 7 Kegel
Merkmal	-	Koordinate im Schwerpunkt der Messpunkte senkrecht zur Oberfläche (Achse)
Muster B21		Punktmuster: 1 in Reihe oder im Raster, 2 an den Enden, 3 kreisförmig
L_{MB21} =		Messlänge am 2. Bezug (Bereich der Messpunkte)
L_{NB21} =		Abstand des Schwerpunktes am 2. Bezug von der Nullebene bzw. vom Schwerpunkt am 2. tolerierten Element
Muster B22		2. Punktmuster: 1 in Reihe oder im Raster, 2 an den Enden, 3 kreisförmig
L_{MB22} =		2. Messlänge am zweiten Bezug (Bereich der Messpunkte - nur bei Ebene)
L_{NB22} =		2. Abstand des Schwerpunktes am 2. Bezug von der Nullebene bzw. vom Schwerpunkt am 2. tolerierten Element (nur bei Ebene)
Taster B2		Tasternummer für den zweiten Bezug
Taster B2		Tasterschaft: 1 senkrecht, 2 parallel zur Auswerterichtung
L_{TB2} =		Tasterlänge (Abstand zwischen Kugelmittelpunkt und Anlage am Tastkopf)
A =		Konstanter Anteil A des Grenzwertes $E_{0,\,MPE}$ der Längenmessabweichungen
K =		Faktor K des Grenzwertes der Längenmessabweichungen $E_{0,\,MPE} = (A+L/K)$ µm
$P_{LTj,\,MPE}$ =		Grenzwert der Mehrfachtaster-Ortsabweichung für das Messkopfsystem (µm)
L_T =		Tasterlänge für die spezifizierte Mehrfachtaster-Ortsabweichung
Software		Auswertung: 0 im Schwerpunkt der Messpunkte, 1 in der Nullebene

Fortsetzung nächste Seite

Tabelle 8.14: Berechnungstabelle Symmetrie (Fortsetzung)

Drehtisch		Messung: 0 ohne Drehtisch, 1 mit Drehtisch
F_{MPE}		Maximaler Grenzwert der Vierachsenabweichung des Drehtischs (µm)
Δh		Höhendifferenz für den Grenzwert der Vierachsenabweichungen
r		Radius für den Grenzwert der Vierachsenabweichungen
h_{max}		Größte Höhe des tolerierten Elements bzw. des Bezuges über der Drehtischfläche
r_{max}		Größter Abstand des tolerierten Elements bzw. Bezuges von der Drehtischachse

Eingangs-größe X_i	Methode bzw. Anzahl m_i	Messpunkt-anzahl bzw. Verteilung n_i	Standard-abweichung bzw. Grenze s_i bzw. a_i	Faktor für Punktzahl / Verteilung b_i	Sensi-tivitäts-koeffizient c_i	Unsicher-heitsbeitrag (µm) $u_i(y)$	Effektive Freiheits-grade ν_{eff}
X_{E1}							
W_{E11}							
W_{E12}							
X_{TE1}							
D_{TE1}							
X_{E2}							
W_{E21}							
W_{E22}							
X_{TE2}							
D_{TE2}							
X_{TER}	B	Normal		0,5	1		0
X_{B1}							
W_{B11}							
W_{B12}							
X_{TB1}							
D_{TB1}							
X_{B2}							
W_{B21}							
W_{B22}							
X_{TB2}							
D_{TB2}							
X_{TBR}	B	Normal		0,5	1		0
ΔX_{TR}	B	Normal		0,5	1		0
ΔX_{D}	B	Normal		0,5	1		0
ΔE_{KMG}	B	Normal		0,5	1		0
			Standardunsicherheit der Messgröße:		$u(y)$ =		Σ =
			Erweiterungsfaktor:		k =		ν_{eff} =
			Erweiterte Messunsicherheit (P=95 %):		U =		

8.6 Koaxialität

Tabelle 8.15: Auswahltabelle Koaxialität; Faktoren für die Punktzahl nach Tabelle 3.12 bzw. für die Verteilung nach Tabelle 8.1; Längen nach Bild 8.16

Eingangs-größe X_i	Bedingung	Standardabweichung bzw. Grenze s_i bzw. a_i	Sensitivitäts-koeffizient c_i
X_E	Immer		1
W_E	Zylinder oder Kegel	$s_{min} = \frac{A}{3}$ [1)]	$\frac{L_E}{2 \cdot L_{ME}}$
X_{TE}	Zwei verschiedene Taster		1
X_{B1}	Nur ein Bezug		1
	Gemeinsame Achse durch zwei Bezüge	$s_{min} = \frac{A}{3}$ [1)]	$\frac{L_A}{L_{MB}} - 0{,}5$
W_{B1}	Bezug (2 Winkel): Ebene, Zylinder oder Kegel		$\frac{L_A}{L_{MB}}$
X_{B2}	Gemeinsame Achse durch zwei Bezüge		$\frac{L_A}{L_{MB}} + 0{,}5$
X_{TB}	Zwei verschiedene Taster		1
ΔX_{TR}	Zwei verschiedene Taster	$a_i = \frac{L_{TE} + L_{TB}}{2 \cdot L_T} \cdot P_{LTj,MPE}$ [2)]	1
ΔX_D	Element und Bezug in verschiedenen Drehtischstellungen	$a_i = F_{MPE} \cdot \sqrt{\frac{r_{max}^2 + h_{max}^2}{r^2 + \Delta h^2}}$ [4)]	1
ΔE_{KMG}	Zwei Kreise in einer Ebene	$a_i = \frac{D}{2 \cdot K}$ [3)]	1
	Sonst immer		$\frac{L_A}{L_{MB}}$
A_1, A_2	Rundlauf und Gesamtrundlauf	$s_{min} = \frac{A}{3}$ [1)]	1
ΔF_T	Rundlauf und Gesamtrundlauf	Formabweichung F am Normal	1
ΔF_{KMG}	Rundlauf und Gesamtrundlauf	Tabelle 3.23 bzw. 8.22	1

Anmerkungen:

1) Standardabweichung s vom Ausgleichselement oder s_{min} mit dem Faktor A aus dem Grenzwert der Längenmessabweichungen $E_{0,\,MPE} = (A+L/K)$ µm

2) Grenzwert $P_{LTj,\,MPE}$ der Mehrfachtaster-Ortsabweichung

3) Faktor K aus dem Grenzwert der Längenmessabweichung $E_{0,\,MPE} = (A+L/K)$ µm; mit $L = D$ als größter Durchmesser des Bezuges

4) Maximale Vierachsenabweichung: $F_{MPE} = \mathrm{Max}(F_{A,MPE};\ F_{R,MPE};\ F_{T,MPE})$

Konstanten:

Δh Höhendifferenz für den Grenzwert der Vierachsenabweichungen
h_{max} Radius für den Grenzwert der Vierachsenabweichungen
L_A Größter Abstand des tolerierten Elements vom Schwerpunkt der Messpunkte am Bezug
L_E Länge des tolerierten Elements (Gesamtlänge bis zum Rand)
L_{MB} Messlänge am Bezug (Bereich der Messpunkte bzw. Abstand der Schwerpunkte der beiden Bezüge)
L_{ME} Messlänge am tolerierten Element (Bereich der Messpunkte)
L_T Tasterlänge für die spezifizierte Mehrfachtaster-Ortsabweichung $P_{LTj,\,MPE}$
L_{TB} Tasterlänge am Bezug
L_{TE} Tasterlänge am tolerierten Element
r Größte Höhe des tol. Elements bzw. eines Bezugs über der Drehtischfläche
r_{max} Größter Abstand des tol. Elements bzw. eines Bezugs von der Drehtischachse

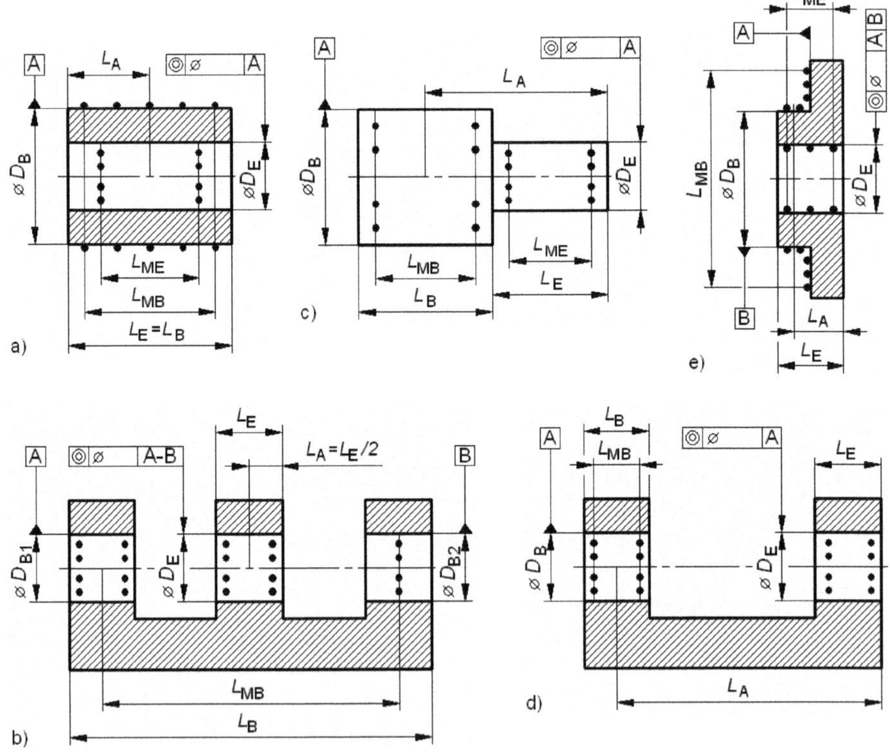

Bild 8.16: Bezeichnungen in den Tabellen 8.13 und 8.17

Tabelle 8.17: Berechnungstabelle Koaxialität und Rundlauf

Messgröße: E_K Koaxialitätsabweichung (radiusbezogen)
Messgröße: E_L (Gesamt-) Rundlaufabweichung

Funktion: $E_K = X_E + W_E{*}L_E/2/L_{ME} - X_{TE} - X_{B1} - (W_{B1} - \Delta E_{KMG}){*}L_A/L_{MB} - X_{TB} - \Delta X_{TR} - \Delta X_D$
oder: $E_K = X_E + W_E{*}L_E/2/L_{ME} - X_{TE} - (X_{B1}+X_{B2})/2 - (X_{B2}-X_{B1}-\Delta E_{KMG}){*}L_A/L_{MB} - X_{TB} - \Delta X_{TR} - \Delta X_D$
Rundlauf: $E_L = 2 * E_K + A_1 - A_2 - \Delta F_T - \Delta F_{KMG}$

Eingangsgrößen:

X_E	Mittelpunktkoordinate des tolerierten Elements
W_E	Winkel des tolerierten Elements
X_{TE}	Mittelpunktkoordinate beim Einmessen des Tasters für das tolerierte Element (Halbkugel)
X_{B1}	Mittelpunktkoordinate des ersten Bezuges
W_{B1}	Winkel des Bezuges im Bereich der Bezugslänge
X_{B2}	Mittelpunktkoordinate des zweiten Bezuges (wenn zutreffend)
X_{TB}	Mittelpunktkoordinate beim Einmessen des Tasters für den Bezug (Halbkugel)
ΔX_{TR}	Rotationsabweichung der Tastermittelpunkte zwischen Element und Bezug
ΔX_D	Rotationsabweichungen des Drehtisches zwischen Element und Bezug
ΔE_{KMG}	Geometrieabweichungen des KMG
A_1	Maximale positive Abweichung der Oberfläche (Antaststreuung des KMG - nur Rundlauf)
A_2	Maximale negative Abweichung der Oberfläche (Antaststreuung des KMG - nur Rundlauf)
ΔF_T	Formabweichung am Normal aufgrund der Tasterbiegung (nur bei Rundlauf)
ΔF_{KMG}	Geometrieabweichungen des KMG für die Formabweichungen (nur bei Rundlauf)

Messbedingungen:

Taster		Auswahl: 1 derselbe Taster, 2 verschiedene Taster für Element und Bezug
Element		Auswahl: 4 Kreis, 6 Zylinder, 7 Kegel
Merkmal	-	Koordinate im Schwerpunkt der Messpunkte (Mittelpunkt) senkrecht zur Achse
Muster E		Punktmuster: 1 gleichmäßig verteilt, 2 zwei Radialschnitte
D_E =		Größter Durchmesser des tolerierten Elements
L_A =		Größter Abstand des Elements vom Schwerpunkt der Messpunkte am Bezug
L_E =		Auswertelänge am tolerierten Element (Gesamtlänge bis zum Rand)
L_{ME} =		Messlänge am tolerierten Element (Bereich der Messpunkte)
L_{TE} =		Tasterlänge (Abstand zwischen Kugelmittelpunkt und Anlage am Messkopf)
Bezug 1		Auswahl: 3 Ebene, 4 Kreis, 6 Zylinder, 7 Kegel
Merkmal	-	Koordinate im Schwerpunkt der Messpunkte (Mittelpunkt) senkrecht zur Achse
Muster B		Punktmuster: 1 gleichmäßig verteilt, 2 zwei Radialschnitte
Bezug 2		Auswahl: 4 Kreis, 6 Zylinder, 7 Kegel
Merkmal	-	Koordinate im Schwerpunkt der Messpunkte (Mittelpunkt) senkrecht zur Achse
D_B =		Größter Durchmesser des Bezuges
L_{MB} =		Messlänge (Bereich der Messpunkte bzw. Abstand der Schwerpunkte)
L_{TB} =		Tasterlänge (Abstand zwischen Kugelmittelpunkt und Anlage am Messkopf)
A =		Konstanter Anteil A des Grenzwertes $E_{0,\,MPE}$ der Längenmessabweichungen
K =		Faktor K des Grenzwertes der Längenmessabweichungen $E_{0,\,MPE} = (A+L/K)$ µm
$P_{LTj,\,MPE}$ =		Grenzwert der Mehrfachtaster-Ortsabweichung des Messkopfsystems
L_T =		Tasterlänge für die spezifizierte Mehrfachtaster-Ortsabweichung

Fortsetzung nächste Seite

Tabelle 8.17: Berechnungstabelle Koaxialität und Rundlauf (Fortsetzung)

Drehtisch		Messung: 0 ohne Drehtisch, 1 mit Drehtisch
F_{MPE} =		Maximaler Grenzwert der Vierachsenabweichung des Drehtischs (µm)
Δh =		Höhendifferenz für den Grenzwert der Vierachsenabweichungen
r =		Radius für den Grenzwert der Vierachsenabweichungen
h_{max} =		Größte Höhe des tol. Elements bzw. des Bezugs über der Drehtischfläche
r_{max} =		Größter Abstand des tol. Elements bzw. des Bezugs von der Drehtischachse
F_T =		Formabweichung am Normal aufgrund der Tasterbiegung (µm); nur bei Lauf

Eingangs-größe X_i	Methode bzw. Anzahl m_i	Messpunkt-anzahl bzw. Verteilung n_i	Standard-abweichung bzw. Grenze s_i bzw. a_i	Faktor für Punktzahl / Verteilung b_i	Sensi-tivitäts-koeffizient c_i	Unsicher-heitsbeitrag (µm) $u_i(y)$	Effektive Freiheits-grade ν_{eff}
X_E					1		
W_E							
X_{TE}							
X_{B1}							
W_{B1}							
X_{B2}							
X_{TB}							
ΔX_{TR}	B	Normal		0,5	1		0
ΔX_D	B	Normal		0,5	1		0
ΔE_{KMG}	B	Normal		0,5	1		0
A_1	B	Normal		0,5	1		0
A_2	B	Normal		0,5	1		0
ΔF_T	B	Rechteck		0,58	1		0
ΔF_{KMG}	B	Normal		0,5	1		0
		Standardunsicherheit der Messgröße:			$u(y)$ =		Σ =
		Erweiterungsfaktor:			k =		ν_{eff} =
		Erweiterte Messunsicherheit (P=95 %):			U =		

Besteht das Bezugssystem aus einer Ebene für die Raumausrichtung (Hauptrichtung) und einem Mittelpunkt als Nullpunkt wie im Bild 8.15 e), wird als Bezug 1 die Ebene mit dem entsprechenden Punktmuster und als Bezug 2 der Mittelpunkt mit der Koordinate im Schwerpunkt gewählt.

8.7 Koaxialität zur gemeinsamen Achse

Tabelle 8.18: Auswahltabelle Koaxialität zur gemeinsamen Achse; Faktoren für die Punktzahl nach Tabelle 3.12 bzw. für die Verteilung nach Tabelle 8.1; Längen nach Bild 8.19

Eingangs-größe X_i	Bedingung	Standardabweichung bzw. Grenze s_i bzw. a_i	Sensitivitäts-koeffizient c_i
X_{E1}	Zylinder oder Kegel		$\frac{L_E}{2 \cdot L_A}$
	Zwei Kreise, Zylinder oder Kegel		$\frac{L_E}{4 \cdot L_A} + \frac{L_E}{2 \cdot L_{ME}}$
W_{E1}	Zylinder oder Kegel	$s_{\min} = \frac{A}{3}$ 1)	$\frac{L_E}{2 \cdot L_{ME}}$
X_{E2}	Zwei Kreise, Zylinder oder Kegel		$\frac{L_E}{4 \cdot L_A} - \frac{L_E}{2 \cdot L_{ME}}$
X_{TE}	Zwei verschiedene Taster		$\frac{L_E}{2 \cdot L_A}$
X_{B1}	Nur ein Bezug		$\frac{L_E}{2 \cdot L_A}$
	Zwei Kreise, Zylinder oder Kegel	$s_{\min} = \frac{A}{3}$ 1)	$\frac{L_E}{4 \cdot L_A}$
X_{B2}	Zwei Kreise, Zylinder oder Kegel		$\frac{L_E}{4 \cdot L_A}$
X_{TB}	Zwei verschiedene Taster		$\frac{L_E}{2 \cdot L_A}$
ΔX_{TR}	Zwei verschiedene Taster	$a_i = \frac{L_{TE} + L_{TB}}{2 \cdot L_T} \cdot P_{LTj,MPE}$ 2)	$\frac{L_E}{2 \cdot L_A}$
ΔX_D	Element und Bezug in verschiedenen Drehtischstellungen	$a_i = F_{MPE} \cdot \sqrt{\frac{r_{\max}^2 + h_{\max}^2}{r^2 + \Delta h^2}}$ 4)	1
ΔE_{KMG}	Immer	$a_i = \frac{D}{2K}$ 3)	1

Anmerkungen:

1) Standardabweichung s vom Ausgleichselement oder $s_{\min}$ mit dem Faktor A aus dem Grenzwert der Längenmessabweichungen $E_{0,\,MPE} = (A+L/K)$ µm

2) Grenzwert $P_{LTj,\,MPE}$ der Mehrfachtaster-Ortsabweichung

3) Faktor K aus dem Grenzwert der Längenmessabweichungen $E_{0,\,MPE} = (A+L/K)$ µm, mit $L=D$ größter Durchmesser des tolerierten Elements

4) Maximale Vierachsenabweichung: $F_{MPE} = \mathrm{Max}(F_{A,MPE};\, F_{R,MPE};\, F_{T,MPE})$

Konstanten:

L_A Größter Abstand des Elements vom Schwerpunkt der Messpunkte am Bezug
L_E Auswertelänge am tolerierten Element (Gesamtlänge bis zum Rand)
L_{ME} Messlänge (Bereich der Messpunkte bzw. Abstand der Schwerpunkte)
L_T Tasterlänge für die spezifizierte Mehrfachtaster-Ortsabweichung $P_{LTj,\,MPE}$
L_{TB} Tasterlänge am Bezug
L_{TE} Tasterlänge am tolerierten Element

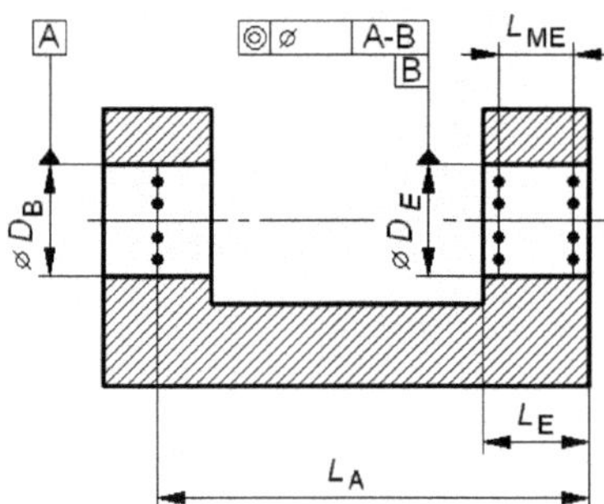

Bild 8.19:
Bezeichnungen in den Tabellen 8.18 und 8.20

Bei der Koaxialität zur gemeinsamen Achse A-B nach Bild 8.19 ist die rechte Bohrung (Bezug B) gleichzeitig das tolerierte Element. Zur Unterscheidung der beiden Elemente A und B wird hier aber nur A als Bezug bezeichnet. Es kann sowohl in einer als auch in zwei Ebenen gemessen werden. Die zweite Variante empfiehlt sich, wenn auch die Koaxialitätsabweichung der linken Bohrung Bezug A zur gemeinsamen Achse A-B wie im Bild 7.10 ausgewertet werden soll.

Tabelle 8.20: Berechnungstabelle Koaxialität und Rundlauf zur gemeinsamen Achse

Messgröße: E_K Koaxialitätsabweichung zur gemeinsamen Achse (radiusbezogen)
Messgröße: E_L (Gesamt-) Rundlaufabweichung zur gemeinsamen Achse

Funktion: $E_K = (X_{E1} - X_{TE} - X_{B1} + X_{TB} - \Delta X_{TR}) * L_E/2/L_A + W_{E1}*L_E/2/L_{ME} - \Delta X_D - \Delta E_{KMG}$
oder: $E_K = [(X_{E1}+X_{E2})/2 - X_{TE} - (X_{B1}-X_{B2})/2 + X_{TB} - \Delta X_{TR}]*L_E/2/L_A + (X_{E1}-X_{E2})*L_E/2/L_{ME} - \Delta X_D - \Delta E_{KMG}$
Rundlauf: $E_L = 2 * E_K + A_1 - A_2 - \Delta F_T - \Delta F_{KMG}$

Eingangsgrößen:

X_{E1}	Mittelpunktkoordinate des tolerierten Elements (Element ist gleichzeitig auch Bezug)
W_{E1}	Winkel des tolerierten Elements (bei Zylinder und Kegel)
X_{E2}	Mittelpunktkoordinate des zweiten tolerierten Elements
X_{TE}	Mittelpunktkoordinate beim Einmessen des Tasters für das tolerierte Element (Halbkugel)
X_{B1}	Mittelpunktkoordinate des ersten Bezuges (nicht tolerierter Bezug)
X_{B2}	Mittelpunktkoordinate des zweiten Bezuges (wenn zutreffend)
X_{TB}	Mittelpunktkoordinate beim Einmessen des Tasters für den Bezug (Halbkugel)
ΔX_{TR}	Rotationsabweichung der Tastermittelpunkte zwischen Element und Bezug
ΔX_D	Rotationsabweichungen des Drehtisches zwischen Element und Bezug
ΔE_{KMG}	Geometrieabweichungen des KMG

Fortsetzung nächste Seite

Tabelle 8.20: Koaxialität und Rundlauf zur gemeinsamen Achse (Fortsetzung)

A_1	Maximale positive Abweichung der Oberfläche (Antaststreuung des KMG - nur Rundlauf)
A_2	Maximale negative Abweichung der Oberfläche (Antaststreuung des KMG - nur Rundlauf)
ΔF_T	Formabweichung am Normal aufgrund der Tasterbiegung (nur bei Rundlauf)
ΔF_{KMG}	Geometrieabweichungen des KMG für die Formabweichungen (nur bei Rundlauf)

Messbedingungen:

Taster		Auswahl: 1 derselbe Taster, 2 verschiedene Taster für Element und Bezug
Element 1		Auswahl: 4 Kreis, 6 Zylinder, 7 Kegel (Element ist gleichzeitig auch Bezug)
Merkmal	-	Koordinate im Schwerpunkt der Messpunkte (Mittelpunkt) senkrecht zur Achse
Muster E		Punktmuster: 1 gleichmäßig verteilt, 2 zwei Radialschnitte
Element 2		Auswahl: 4 Kreis, 6 Zylinder, 7 Kegel (Element ist gleichzeitig auch Bezug)
Merkmal	-	Mittelpunktkoordinate senkrecht zur Achse und zum Tasterschaft
D_E =		Größter Durchmesser des tolerierten Elements
L_A =		Größter Abstand des Elements vom Schwerpunkt der Messpunkte am Bezug
L_E =		Auswertelänge am tolerierten Element (Gesamtlänge bis zum Rand)
L_{ME} =		Messlänge (Bereich der Messpunkte bzw. Abstand der Schwerpunkte)
L_{TE} =		Tasterlänge (Abstand zwischen Kugelmittelpunkt und Anlage am Messkopf)
Bezug 1		Auswahl: 4 Kreis, 6 Zylinder, 7 Kegel
Merkmal	-	Koordinate im Schwerpunkt der Messpunkte (Mittelpunkt) senkrecht zur Achse
Bezug 2		Auswahl: 4 Kreis, 6 Zylinder, 7 Kegel
Merkmal	-	Koordinate im Schwerpunkt der Messpunkte (Mittelpunkt) senkrecht zur Achse
L_{TB} =		Tasterlänge (Abstand zwischen Kugelmittelpunkt und Anlage am Messkopf)
A =		Konstanter Anteil A des Grenzwertes $E_{0,\,MPE}$ der Längenmessabweichungen
K =		Faktor K des Grenzwertes der Längenmessabweichungen $E_{0,\,MPE} = (A+L/K)$ µm
$P_{LTj,\,MPE}$ =		Grenzwert der Mehrfachtaster-Ortsabweichung des Messkopfsystems
L_T =		Tasterlänge für die spezifizierte Mehrfachtaster-Ortsabweichung

Eingangs-größe X_i	Methode bzw. Anzahl m_i	Messpunkt-anzahl bzw. Verteilung n_i	Standard-abweichung bzw. Grenze s_i bzw. a_i	Faktor für Punktzahl / Verteilung b_i	Sensi-tivitäts-koeffizient c_i	Unsicher-heitsbeitrag (µm) $u_i(y)$	Effektive Freiheits-grade ν_{eff}
X_{E1}							
W_{E1}							
X_{E2}							
X_{TE}							
X_{B1}							
X_{B2}							
X_{TB}							
ΔX_{TR}	B	Normal		0,5	1		0
ΔX_D	B	Normal		0,5	1		0
ΔE_{KMG}	B	Normal		0,5	1		0
A_1	B	Normal		0,5	1		0
A_2	B	Normal		0,5	1		0
ΔF_T	B	Rechteck		0,58	1		0
ΔF_{KMG}	B	Normal		0,5	1		0
		Standardunsicherheit der Messgröße:			$u(y)$ =		Σ =
		Erweiterungsfaktor:			k =		ν_{eff} =
		Erweiterte Messunsicherheit (P=95 %):			U =		

8.8 Richtung und Winkel

Tabelle 8.21: Auswahltabelle Richtung; Faktoren für die Punktzahl nach Tabelle 3.12, für den Scheitelpunkt des Tasters nach Tabelle 3.6 und für die Verteilung nach Tabelle 8.1; Längen nach Bild 8.22

Eingangs-größe X_i	Bedingung	Standardabweichung bzw. Grenze s_i bzw. a_i	Sensitivitäts-koeffizient c_i
W_E	Ein toleriertes Element		
X_{E1}, X_{E2}	Gemeinsames Element aus zwei Elementen	$s_{min} = \frac{A}{3}$ 1)	$\frac{L_{Ej}}{L_{MEj}}$
X_{TE1}, X_{TE2}	Zwei Elemente mit verschiedenen Tastern		
D_{TE1}, D_{TE2}	Zwei Elemente mit verschiedenen Tastern, Schaft parallel zur Oberfläche		$\frac{L_{Ej}}{2 \cdot L_{MEj}}$
ΔX_{TER}	Zwei Elemente mit verschiedenen Tastern	$a_i = \frac{L_{TE1} + L_{TE2}}{2 \cdot L_T} \cdot P_{LTj,MPE}$ 2)	$\frac{L_{Ej}}{L_{MEj}}$
ΔX_{DE}	Zwei Elemente in verschiedenen Drehtischstellungen	$a_i = F_{MPE} \cdot \sqrt{\frac{r_{max}^2 + h_{max}^2}{r^2 + \Delta h^2}}$ 4)	1
ΔX_W	Element(e) und Bezug (Bezüge) in verschiedenen Drehtischstellungen	$a_i = \frac{F_{MPE} \cdot L_E}{\sqrt{r^2 + \Delta h^2}}$ 4)	1
W_B	Ein Bezug		
X_{B1}, X_{B2}	Gemeinsamer Bezug aus zwei Bezügen	$s_{min} = \frac{A}{3}$ 1)	$\frac{L_{Ej}}{L_{MBj}}$
X_{TB1}, X_{TB2}	Zwei Bezüge mit verschiedenen Tastern		
D_{TB1}, D_{TB2}	Zwei Bezüge mit verschiedenen Tastern, Schaft parallel zur Oberfläche		$\frac{L_{Ej}}{2 \cdot L_{MBj}}$
ΔX_{TBR}	Zwei Bezüge mit verschiedenen Tastern	$a_i = \frac{L_{TB1} + L_{TB2}}{2 \cdot L_T} \cdot P_{LTj,MPE}$ 2)	$\frac{L_{Ej}}{L_{MBj}}$
ΔX_{DB}	Zwei Bezüge in verschiedenen Drehtischstellungen	$a_i = F_{MPE} \cdot \sqrt{\frac{r_{max}^2 + h_{max}^2}{r^2 + \Delta h^2}}$ 4)	1
A_1, A_2	Richtung an Oberflächen (Gerade, Ebene)	$s_{min} = \frac{A}{3}$ 1)	1
ΔF_{KMG}	Richtung an Oberflächen (Gerade, Ebene)	Tabelle 3.23	1
ΔE_{KMG}	Immer	Tabelle 3.23	1

Anmerkungen:

[1] Standardabweichung s vom Ausgleichselement oder s_{min} mit dem Faktor A aus dem Grenzwert der Längenmessabweichungen $E_{0,\,MPE} = (A+L/K)$ µm
[2] Grenzwert $P_{LTj,\,MPE}$ der Mehrfachtaster-Ortsabweichung (in µm)
[3] Faktor K aus dem Grenzwert der Längenmessabweichung $E_{0,\,MPE} = (A+L/K)$ µm
[4] Maximale Vierachsenabweichung: $F_{MPE} = \text{Max}(F_{A,MPE};\ F_{R,MPE};\ F_{T,MPE})$

Konstanten:

B_E Nur bei Richtungsabweichung an der Ebene: Breite der Ebene
Δh Höhendifferenz für den Grenzwert der Vierachsenabweichungen
h_{max} Radius für den Grenzwert der Vierachsenabweichungen
L_A Kleinster Abstand des tolerierten Elements vom Bezug
L_E Auswertelänge am tolerierten Element (Gesamtlänge bis zum Rand)
L_{MB} Messlänge am Bezug (Bereich der Messpunkte bzw. bei zwei Bezügen Abstand der Schwerpunkte)
L_{ME} Messlänge am tolerierten Element (Bereich der Messpunkte bzw. bei zwei Elementen Abstand der Schwerpunkte)
L_T Tasterlänge für die spezifizierte Mehrfachtaster-Ortsabweichung $P_{LTj,\,MPE}$
L_{Tij} Tasterlänge am Element bzw. am Bezug (Index i=B oder i=E und j=1 oder j=2)
r Größte Höhe des tol. Elements bzw. eines Bezugs über der Drehtischfläche
r_{max} Größter Abstand des tol. Elements bzw. eines Bezugs von der Drehtischachse

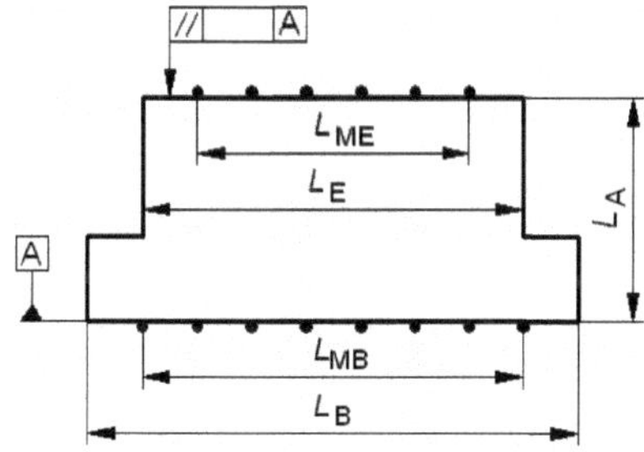

Bild 8.22: Bezeichnungen in den Tabellen 8.21 und 8.23

Das Messverfahren muss folgende Voraussetzungen erfüllen:

1. Ist das tolerierte Element eine Oberfläche (Gerade oder Ebene), ist die Formabweichung Bestandteil des Messergebnisses (außer bei Winkeln). Um die extremen Punkte zu erfassen, ist hier die ganze Oberfläche mit ausreichend großer Messpunktzahl zu messen. Der Unsicherheitsbeitrag der extremen Punkte wird dann bei A_1 und A_2 aus der Antaststreuung der Messpunkte abgeschätzt.
2. Ist das tolerierte Element ein formideales Ersatzelement (z.B. die Achse eines Zylinders), hat die Formabweichung der Oberfläche keinen direkten Einfluss auf das Messergebnis und seine Unsicherheit.

Tabelle 8.23: Berechnungstabelle Richtung und Winkel

Messgröße: E_R Richtungsabweichung des tolerierten Elements zum Bezug
Messgröße: E_W Winkelabweichung des tolerierten Elements zum Bezug
Messgröße: E_L (Gesamt-) Planlaufabweichung des tolerierten Elements zum Bezug
Messgröße: E_N Abweichung des Neigungswinkels am Kegel (= halber Kegelwinkel)

Funktion: $E_R = ((W_{E1} - \Delta W_D) / L_{ME} - W_{B1} / L_{MB}) * L_E + A_1 - A_2 - \Delta F_{KMG} - \Delta E_{KMG}$
Funktion: $E_W = ((W_{E1} - \Delta W_D) / L_{ME} - W_{B1} / L_{MB}) * L_E - \Delta E_{KMG}$
Funktion: $E_L = [(W_{E1} - \Delta W_D) / L_{ME} - W_{B1} / L_{MB}] * L_E + A_1 - A_2 - \Delta F_{KMG} - \Delta E_{KMG}$
Funktion: $E_N = W_{E1} * L_E / L_{ME} - \Delta E_{KMG}$
Winkel: $W_i = X_{i1} - X_{Ti1} - D_{Ti1} / 2 - X_{i2} + X_{Ti2} + D_{Ti2} / 2 - \Delta X_{TiR} - \Delta X_{Di}$ mit i = (E oder B)

Eingangsgrößen:

W_{E1}	Winkel des tolerierten Elements (entfällt bei gemeinsamem Element)
X_{E1}	Koordinate des 1. tolerierten Elements (nur bei gemeinsamem Element)
X_{E2}	Koordinate des 2. tolerierten Elements (nur bei gemeinsamem Element)
X_{TE1}	Mittelpunkt bzw. Scheitelpunkt des Tasters für das 1. Element (nur bei zwei Tastern)
D_{TE1}	Tasterdurchmesser für das 1. tolerierte Element (nur bei Oberflächen und zwei Tastern)
X_{TE2}	Mittelpunkt bzw. Scheitelpunkt des Tasters für das 2. Element (nur bei zwei Tastern)
D_{TE2}	Tasterdurchmesser für das 2. tolerierte Element (nur bei Oberflächen und zwei Tastern)
ΔX_{TER}	Rotationsabweichung der Tastermittelpunkte am tolerierten Element
ΔX_{ED}	Rotationsabweichung des Drehtisches zwischen den tolerierten Elementen
ΔW_D	Winkelabweichung zwischen Element und Bezug durch Abweichungen des Drehtisches
W_{B1}	Winkel des Bezuges (entfällt bei gemeinsamem Element als Bezug)
X_{B1}	Koordinate des 1. Bezuges (nur bei gemeinsamem Bezug)
X_{B2}	Koordinate des 2. Bezuges (nur bei gemeinsamem Bezug)
X_{TB1}	Mittelpunkt bzw. Scheitelpunkt des Tasters für den 1. Bezug (nur bei zwei Tastern)
D_{TB1}	Tasterdurchmesser für den 1. Bezug (nur bei Oberflächen und zwei Tastern)
X_{TB2}	Mittelpunkt bzw. Scheitelpunkt des Tasters für den 2. Bezug (nur bei zwei Tastern)
D_{TB2}	Tasterdurchmesser für den 2. Bezug (nur bei Oberflächen und zwei Tastern)
ΔX_{TBR}	Rotationsabweichung der Tastermittelpunkte am Bezug
ΔX_{BD}	Rotationsabweichung des Drehtisches zwischen den Bezügen
A_1	Maximale positive Abweichung der Oberfläche (Antaststreuung des KMG)
A_2	Maximale negative Abweichung der Oberfläche (Antaststreuung des KMG)
ΔF_{KMG}	Geometrieabweichung des KMG für die Form (nur bei Oberflächen)
ΔE_{KMG}	Geometrieabweichung des KMG für die Lage des mittleren tolerierten Elements

Fortsetzung nächste Seite

Tabelle 8.23: Berechnungstabelle Richtung und Winkel (Fortsetzung)

Messbedingungen:

Merkmal		1 Parallelität, 2 Rechtwinkligkeit, 3 Neigung, 4 Winkel, 5 (Gesamt-) Planlauf, 6 Neigungswinkel am Kegel
α =		Nennwert des (Neigungs-) Winkels (in Grad)
Element 1		Auswahl: 1 Punkt, 2 Gerade, 3 Ebene, 4 Kreis, 6 Zylinder, 7 Kegel
Muster E		Punktmuster Ebene: 1 in Reihe oder im Raster, 2 an Enden, 3 kreisförmig Punktmuster Zylinder und Kegel: 1 gleichmäßig verteilt, 2 zwei Radialschnitte
Element 2		Auswahl: 1 Punkt, 2 Gerade, 3 Ebene, 4 Kreis, 6 Zylinder, 7 Kegel
L_A =		Parallelität: Kleinster Abstand des tolerierten Elements vom Bezug Kegel: Kleinster Kegelradius im Bereich der Auswertelänge
L_E =		Auswertelänge (Länge des tolerierten Elements)
L_{ME} =		Messlänge am tolerierten Element (Bereich der Messpunkte) Zwei Elemente: Abstand der Schwerpunkte Kegel: Messlänge entlang der Kegelachse (Bereich der Messpunkte)
B_E =		Breite der Ebene (nicht bei Winkel)
Taster E		Zwei Elemente: 1 derselbe Taster, 2 verschiedene Taster
Taster E1		Zwei Taster - Tasterschaft: 1 senkrecht, 2 parallel zur Auswerterichtung
L_{TE1} =		Tasterlänge 1 (Abstand zwischen Kugelmittelpunkt und Anlage am Messkopf)
Taster E2		Zwei Taster - Tasterschaft: 1 senkrecht, 2 parallel zur Auswerterichtung
L_{TE2} =		Tasterlänge 2 (Abstand zwischen Kugelmittelpunkt und Anlage am Messkopf)
Bezug 1		Auswahl: 1 Punkt, 2 Gerade, 3 Ebene, 4 Kreis, 6 Zylinder, 7 Kegel
Muster B		Punktmuster Ebene: 1 in Reihe oder im Raster, 2 an Enden, 3 kreisförmig Punktmuster Zylinder und Kegel: 1 gleichmäßig verteilt, 2 zwei Radialschnitte
Bezug 2		Auswahl: 1 Punkt, 2 Gerade, 3 Ebene, 4 Kreis, 6 Zylinder, 7 Kegel
Taster B		Auswahl: 1 derselbe Taster, 2 verschiedene Taster
L_{MB} =		Messlänge (Bereich der Messpunkte bzw. Abstand der Schwerpunkte)
Taster B		Zwei Bezüge: 1 derselbe Taster, 2 verschiedene Taster
Taster B1		Zwei Taster - Tasterschaft: 1 senkrecht, 2 parallel zur Auswerterichtung
L_{TB1} =		Tasterlänge 1 (Abstand zwischen Kugelmittelpunkt und Anlage am Messkopf)
Taster B2		Zwei Taster - Tasterschaft: 1 senkrecht, 2 parallel zur Auswerterichtung
L_{TB2} =		Tasterlänge 2 (Abstand zwischen Kugelmittelpunkt und Anlage am Messkopf)
A =		Konstanter Anteil A des Grenzwertes $E_{0,\,MPE}$ der Längenmessabweichungen
K =		Faktor K des Grenzwertes der Längenmessabweichung $E_{0,\,MPE} = (A+L/K)$ µm
$P_{LTj,\,MPE}$ =		Grenzwert der Mehrfachtaster-Ortsabweichung des Messkopfsystems
L_T =		Tasterlänge für die spezifizierte Mehrfachtaster-Ortsabweichung
F_{MPE} =		Maximaler Grenzwert der Vierachsenabweichung des Drehtisches (µm)
Δh =		Höhendifferenz für den Grenzwert der Vierachsenabweichungen
r =		Radius für den Grenzwert der Vierachsenabweichungen
Drehtisch		Drehung zwischen Element und Bezug: 0 nein, 1 ja
Drehtisch		Drehung zwischen beiden Elementen: 0 nein, 1 ja
h_{Emax} =		Größte Höhe der tolerierten Elemente über der Drehtischfläche
r_{Emax} =		Größter Abstand der tolerierten Elemente von der Drehtischachse
Drehtisch		Drehung zwischen beiden Bezügen: 0 nein, 1 ja
h_{Bmax} =		Größte Höhe der Bezugselemente über der Drehtischfläche
r_{Bmax} =		Größter Abstand der Bezugselemente von der Drehtischachse

Fortsetzung nächste Seite

Tabelle 8.23: Berechnungstabelle Richtung und Winkel (Fortsetzung)

Eingangs-größe X_i	Methode bzw. Anzahl m_i	Messpunkt-anzahl bzw. Verteilung n_i	Standard-abweichung bzw. Grenze s_i bzw. a_i	Faktor für Punktzahl / Verteilung b_i	Sensi-tivitäts-koeffizient c_i	Unsicher-heitsbeitrag (µm) $u_i(y)$	Effektive Freiheits-grade ν_{eff}
W_{E1}							
X_{E1}							
X_{E2}							
X_{TE1}							
D_{TE1}							
X_{TE2}							
D_{TE2}							
ΔX_{TER}	B	Normal		0,5			0
ΔX_{DE}	B	Normal		0,5	1		0
ΔW_D	B	Normal		0,5			0
W_{B1}							
X_{B1}							
X_{B2}							
X_{TB1}							
D_{TB1}							
X_{TB2}							
D_{TB2}							
ΔX_{TBR}	B	Normal		0,5			0
ΔX_{DB}	B	Normal		0,5	1		0
A_1	B	Stand.-abw.		1	1		0
A_2	B	Stand.-abw.		1	1		0
ΔF_{KMG}	B	Normal		0,5	1		0
ΔE_{KMG}	B	Normal		0,5	1		0
			Standardunsicherheit der Messgröße:		$u(y)$ =		Σ =
			Erweiterungsfaktor:		k =		ν_{eff} =
			Erweiterte Messunsicherheit (P=95 %):		U =		
			Winkelunsicherheit (Bogenmaß):		U =		
			Winkelunsicherheit (°):		U =		
			Winkelunsicherheit ("):		U =		

8.9 Form

Tabelle 8.24: Auswahltabelle Form; Faktoren für die Verteilung nach Tabelle 8.1

Eingangs-größe X_i	Bedingung / Merkmal	Standardabweichung bzw. Grenze s_i bzw. a_i
A_1, A_2	Immer	$s_{min} = \frac{A}{3}$ [1]
ΔF_T	Kreis, Kugel, Zylinder, Kegel (nicht bei Gerade und Ebene)	F [2]
ΔF_{KMG}	Geradheit: L = Länge der Geraden	$a_i = \frac{L}{K}$ [3]
	Ebenheit: l = kürzere, L = längere Seite der Ebene	$a_i = \frac{1}{K}\sqrt{5 \cdot l^2 + L^2}$ [3]
	Rundheit: D = Durchmesser	$a_i = \frac{D}{K}\sqrt{\frac{26}{4}}$ [3]
	Zylinderform: L = Länge, D = Durchmesser	$a_i = \frac{1}{K}\sqrt{\frac{26}{4}D^2 + 10 \cdot L^2}$ [3]
	Linien- und Flächenform: L = Raumdiagonale des Formelements	$a_i = \frac{4 \cdot L}{K}$ [3]

Anmerkungen:

[1] Minimale Standardabweichung s_{min} mit dem Faktor A aus dem Grenzwert der Längenmessabweichungen $E_{0,\,MPE} = (A+L/K)$ µm

[2] Formabweichung am Normal

[3] Faktor K aus dem Grenzwert der Längenmessabweichungen $E_{0,\,MPE} = (A+L/K)$ µm

Das Messverfahren muss folgende Voraussetzungen erfüllen:

1. Die ganze Oberfläche wird mit demselben Taster sowie mit ausreichend großer Messpunktzahl gemessen, um die extremen Punkte der Oberfläche zu erfassen. Die Antaststreuung des KMG wird an diesen beiden Punkten durch die minimale Standardabweichung $s_{min}=A/3$ abgeschätzt.
2. Bei Rundheit, Zylinderform und Flächenform werden die Biegeabweichungen des Tasters durch eine Messung an einem kleinen Normal von Gestalt des Werkstücks bestimmt. Die Anzahl und die Anordnung der Messpunkte muss der Messung am Werkstück entsprechen. Die gemessene Formabweichung F wird als Grenzabweichung a für ΔF_T eingesetzt. Als Verteilung wird eine Rechteckverteilung angenommen, weil in der Regel nichts anderes bekannt ist.
3. Bei Geradheit und Ebenheit hat die richtungsabhängige Tasterbiegung keinen Einfluss auf das Messergebnis, da immer in derselben Richtung angetastet wird. Sie leistet deshalb keinen Beitrag zur Messunsicherheit, und ΔF_T entfällt.

Tabelle 8.25: Berechnungstabelle Form

Messgröße: E_F Formabweichung

Funktion: $E_F = A_1 - A_2 - \Delta F_T - \Delta F_{KMG}$

Eingangsgrößen:

A_1	Maximale positive Abweichung der Oberfläche (Antaststreuung des KMG)
A_2	Maximale negative Abweichung der Oberfläche (Antaststreuung des KMG)
ΔF_T	Biegeabweichungen des Tasters (Messung am Normal)
ΔF_{KMG}	Geometrieabweichungen des KMG

Messbedingungen:

Element		2 Gerade, 3 Ebene, 4 Kreis, 5 Halbkugel, 6 Zylinder, 7 Kegel, 8 Freiformfläche
Merkmal		1 Geradheit, 2 Ebenheit, 3 Rundheit, 4 Zylinderform, 5 Linienform, 6 Flächenform
L =		Nennmaß der Länge (größere Länge)
D (l) =		Nennmaß des (mittleren) Durchmessers bzw. der Breite (kleinere Länge)
A =		Konstanter Anteil A des Grenzwertes $E_{0,\,MPE}$ der Längenmessabweichungen
K =		Faktor K des Grenzwertes der Längenmessabweichungen $E_{0,\,MPE} = (A+L/K)$ µm
F =		Formabweichung am Normal aufgrund der Tasterbiegung (µm)

Eingangsgröße X_i	Methode bzw. Anzahl m_i	Messpunktanzahl bzw. Verteilung n_i	Standardabweichung bzw. Grenze s_i bzw. a_i	Faktor für Punktzahl / Verteilung b_i	Sensitivitätskoeffizient c_i	Unsicherheitsbeitrag (µm) $u_i(y)$
A_1	B	Stand.-abw.		1	1	
A_2	B	Stand.-abw.		1	1	
ΔF_T	B	Rechteck		0,58	1	
ΔF_{KMG}	B	Normal		0,5	1	
				Standardunsicherheit der Messgröße:	$u(y)$ =	
				Erweiterungsfaktor:	k =	2,00
				Erweiterte Messunsicherheit (P=95%):	U =	

Die Messung zur Bestimmung der Biegeabweichungen ΔF_T des Tasters kann entfallen, wenn der verwendete Taster demjenigen entspricht, für den der Grenzwert $P_{FTU,\,MPE}$ der Einzeltaster-Formabweichung nach ISO 10360-5 [43] spezifiziert ist. Dann wird mit diesem Grenzwert gerechnet. In vielen Fällen wird der Taster jedoch größere Biegungen aufweisen, die dann im Einzelfall zu ermitteln sind.

Die Biegeabweichungen des Tasters werden üblicherweise für den einen am Werkstück eingesetzten Taster ermittelt. Manchmal werden zur Messung der Formabweichung aber mehrere Taster bzw. derselbe Taster in verschiedenen Stellungen des Dreh-Schwenk-Gelenks eingesetzt. Dann werden die Biegeabweichungen für diese Taster bzw. Tasterstellungen ermittelt und in die Rechnung eingesetzt. Die Anzahl und die Anordnung der Messpunkte muss der Messung am Werkstück entsprechen.

8.10 Lauf

In einer gemessenen Rundlaufabweichung sind sowohl die Abweichung des Mittelpunktes in dem gemessenen Kreisquerschnitt (wie bei Koaxialität) als auch die Formabweichungen der Oberfläche (wie bei Rundheit) enthalten. Die Rundlaufabweichung ergibt sich also durch Addition der Rundheitsabweichung zur Koaxialitätsabweichung. Dabei ist aber zu beachten, dass in den beschriebenen Tabellen die Koaxialitätsabweichung und ihre Unsicherheit radiusbezogen berechnet werden, beim Rundlauf aber immer durchmesserbezogen eingehen. Die Koaxialitätsabweichung ist deshalb zu verdoppeln. Die Modellfunktion lautet:

$$E_R = 2 \cdot E_K + E_F \qquad (8.1)$$

Die radiusbezogene Koaxialitätsabweichung E_K berechnet sich nach Tabelle 8.15, die Rundheit E_F nach Tabelle 8.23. Zu den Beschreibungen der einzelnen Eingangsgrößen wird auf die Abschnitte 8.6 und 8.9 verwiesen.
Beim Gesamtrundlauf wird nicht nur in einem Querschnitt gemessen, sondern innerhalb einer Messung die gesamte Oberfläche erfasst. Die Modellfunktion ist dieselbe wie beim Rundlauf, der Unterschied liegt allein in den Geometrieabweichungen des KMG für die Form: Sie werden beim Gesamtrundlauf anstelle der Rundheit des Kreises mit der Zylinderformabweichung abgeschätzt.

Ähnlich wie bei der Koaxialität lassen sich auch der Rundlauf und der Gesamtrundlauf zur gemeinsamen Achse auswerten. Das setzt aber voraus, dass sowohl die Achse der beiden Bezüge als auch die gemeinsame Achse aus denselben Messpunkten berechnet werden, die auch zur Ermittlung der Laufabweichungen dienen. Dann gilt dieselbe Modellfunktion wie oben, aber mit der radiusbezogenen Koaxialitätsabweichung E_K zur gemeinsamen Achse, berechnet nach Tabelle 8.18 im Abschnitt 8.7.

Eine gemessene Planlaufabweichung entspricht der Rechtwinkligkeitsabweichung einer nominell ebenen Fläche zu einer Achse. Die Berechnung ist dieselbe, und es gibt auch keinen Unterschied bei der Modellfunktion, siehe Tabelle 8.21 im Abschnitt 8.8. Beim (einfachen) Planlauf wird die Ebene lediglich in einem Kreisring angetastet, bei der Rechtwinkligkeit aber die ganze Ebene – wie auch beim Gesamtplanlauf.

9 Andere Bauformen und Sensoren

9.1 Überblick

Die vorangegangenen Kapitel beziehen sich auf taktile Koordinatenmessgeräte, die mit linearen Achsen und mechanisch berührenden Tastern arbeiten. In der Praxis werden heute zunehmend auch andere Bauformen sowie optische Systeme mit den verschiedensten Sensoren eingesetzt. Diese werden unter dem neuen Oberbegriff "Koordinatenmesssysteme" zusammengefasst, siehe z.B. [52] [53].
Die Annahme- und Bestätigungsprüfung dieser Koordinatenmesssysteme wird in der Normenreihe ISO 10360 behandelt. Eine Grundidee dieser Normenreihe ist, einheitliche Kenngrößen und Prüfverfahren zu definieren, auch wenn die Prüfungen an verschiedenen Normalen ausgeführt werden. Damit sind die Genauigkeitskenngrößen wie z.B. der Grenzwert der Längenmessabweichung direkt miteinander vergleichbar, obwohl es sich um ganz verschiedene Messsysteme handelt.
Dabei spielen die Ursachen der Abweichungen keine Rolle. Ob sie durch die Führungsabweichungen des KMG mit rechtwinklig zueinander stehenden Achsen oder aus den Drehgelenken beim Gelenkarm-KMG oder aus den Verzeichnungen eines optischen Systems stammen, ist gleich. In jedem Fall wird nur die Auswirkung auf die Längenmessung geprüft.

Zur Ermittlung der aufgabenspezifischen Messunsicherheit liegt bisher nur die Norm ISO 15530-3 [58] sowie eine Technische Spezifikation (Richtlinie) vor [59]. Diese sind auf Basis der Richtlinien VDI/VDE 2617 Blatt 7 [68] und Blatt 8 [69] entstanden. Die Voraussetzungen für die Anwendung sind jedoch nicht immer gegeben, und der Aufwand ist erheblich, siehe die Kapitel 5 und 6. Deshalb werden hier die Besonderheiten der Messunsicherheitsbilanzen für verschiedene Bauformen und Sensoren dargestellt.

9.2 Gelenkarm-KMG

Gelenkarm-Koordinatenmessgeräte werden mit denselben Kenngrößen wie taktile Koordinatenmessgeräte (KMG) spezifiziert und nach ähnlichen Prüfverfahren geprüft, allerdings zum Teil mit anderen Normalen. Grundlage ist die Norm ISO 10360 Teil 12 [53].
Die wichtigste Kenngröße ist die Längenmessabweichung. Sie ist so definiert und wird so geprüft, dass die Genauigkeit der Gelenkarm-KMG mit anderen Arten von Koordinatenmessgeräten vergleichbar ist. Damit lassen sich Gelenkarm-KMG wie andere KMG behandeln, und für die Messungen können Unsicherheiten ermittelt werden. Eine Möglichkeit dazu ist die Methode mit kalibrierten Werkstücken. Allerdings steht nicht in jedem Fall ein geeignetes kalibriertes Werkstück zur Verfügung, und der Aufwand für die Wiederholmessreihen ist relativ groß.
Wegen der Vergleichbarkeit der Spezifikationen der Messgeräte und der meisten Messaufgaben können aber auch Messunsicherheitsbilanzen angewendet werden. Dabei sind einige Besonderheiten zu beachten:

1. Der Grenzwert der Längenmessabweichung wird vom Hersteller in der Regel nicht längenabhängig, sondern als Maximalwert *B* angegeben, der im ganzen jeweiligen Messvolumen gilt.
2. Damit werden die Unsicherheitsbeiträge aus den Gometrieabweichungen des Gelenkarm-KMG unabhängig von der Größe des Messobjekts und vom Ort im Messvolumen berechnet.
3. Zusätzlich ist die minimale Standardabweichung am Ausgleichselement im Messvolumen zu ermitteln. Dazu werden einige kleine Normale mit vernachlässigbaren Formabweichungen in verschiedenen Lagen gemessen. Aus den Standardabweichungen an den Ausgleichselementen wird die mittlere bestimmt. Damit können die kleinstmöglichen Messunsicherheiten bei der Messung anderer Objekte berechnet werden.
4. Die Längen der einzelnen Arme ändern sich abhängig von der Temperatur. Sie können je nach Hersteller und Ausführungsform aus verschiedenen Materialien bestehen. Ihr linearer thermischer Längenausdehnungskoffizient muss bekannt sein bzw. abgeschätzt werden.
5. In der Regel wird nur mit einem Taster gemessen. Damit entfallen die Unsicherheitsbeiträge für die Rotationsabweichungen der Taster.
6. Die ermittelten Oberflächenpunkte dürfen nicht zusätzlich gefiltert werden. Das würde zu falschen Standardabweichungen der Punkte von den berechneten mittleren Elementen führen.

9.3 Optische Koordinatenmesssysteme

Optische Koordinatenmesssysteme (OKMS) arbeiten in der Regel mit zwei Digitalkameras, die das Messobjekt in mehreren Ansichten erfassen und daraus ein räumliches Datenmodell für die Istgeometrie berechnen. Sie werden mit denselben Kenngrößen wie taktile Koordinatenmessgeräte spezifiziert und nach ähnlichen Prüfverfahren geprüft, allerdings zum Teil mit anderen Normalen. Grundlage sind die Normenreihe ISO 10360 sowie die Richtlinie VDI/VDE 2634 Blatt 3 [74].

Die wichtigste Kenngröße ist die Längenmessabweichung. Sie ist so definiert und wird so geprüft, dass die Genauigkeit der optischen Koordinatenmesssysteme mit anderen Arten von Koordinatenmessgeräten vergleichbar ist. Damit lassen sich OKMS wie andere KMG behandeln, und für die Messungen können Unsicherheiten ermittelt werden. Eine Möglichkeit dazu ist die Methode mit kalibrierten Werkstücken. Allerdings steht nicht in jedem Fall ein geeignetes kalibriertes Werkstück zur Verfügung, und der Aufwand für die Wiederholmessreihen ist relativ groß.

Wegen der Vergleichbarkeit der Spezifikationen der Messgeräte und der meisten Messaufgaben können aber auch Messunsicherheitsbilanzen angewendet werden. Dabei sind einige Besonderheiten zu beachten:

1. Der Grenzwert der Längenmessabweichung wird vom Hersteller in der Regel nicht längenabhängig, sondern als Maximalwert *B* angegeben, der im ganzen jeweiligen Messvolumen gilt.
2. Zusätzlich ist die minimale Standardabweichung am Ausgleichselement im Messvolumen zu ermitteln. Dazu werden einige kleine Normale mit vernachlässigbaren Formabweichungen in verschiedenen Lagen gemessen. Aus den Standardabweichungen an den Ausgleichselementen wird die mittlere bestimmt. Damit

können die kleinstmöglichen Messunsicherheiten bei der Messung anderer Objekte berechnet werden.

3. Der Längenmaßstab ist das Einmessnormal. Es kann je nach Hersteller und Ausführungsform aus kohlefaserverstärktem Kunststoff (CFK), Stahl, Aluminimum oder anderen Materialien bestehen. Der lineare thermische Längenausdehnungskoffizient muss bekannt sein bzw. abgeschätzt werden.
4. Wird das Messobjekt bei spiegelnden Oberflächen mit einer aufgesprühten Pulverschicht gemessen, muss die mittlere Dicke und die Standardabweichung dieser Pulverschicht bekannt sein, um sie in der Unsicherheitsbilanz zu berücksichtigen. Im Zweifelsfall sind die Werte mit geeigneten Prüfverfahren (z.B. durch Schichtdickenmessungen) zu ermitteln.
5. Die Pulverschicht wird nur dann berücksichtigt, wenn sie bei der Messung Auswirkungen auf das Ergebnis hat, z.B. beim Abstand zwischen zwei entgegengesetzt gerichteten Oberflächen (Innen- oder Außenmaße). Bei gleichgerichteten Oberflächen z.B. an Stufenmaßen wirkt sich nur die Streuung der Schichtdicke aus, beim Abstand zwischen Mittelpunkten auch diese nicht.
6. Die ermittelten Oberflächenpunkte dürfen nicht zusätzlich gefiltert werden. Das würde zu falschen Standardabweichungen der Punkte von den berechneten mittleren Elementen führen.
7. Alle Unsicherheitsbeiträge für den Durchmesser des Kugelnormals, das Einmessen der Taster, die Tasteranlagekorrektur an Oberflächen, die Tastermittelpunkte und die Rotationsabweichungen der Taster entfallen komplett.
8. Vor allem bei kleinen Messobjekten ergeben sich aufgrund des Maximalwertes B für den Grenzwert der Längenmessabweichung relativ große Unsicherheitsbeiträge für die Geometrieabweichungen. In diesen Fall kann vom Anwender möglicherweise ein kleinerer Grenzwert B festgelegt werden, wenn das Messobjekt in jeder Einzelansicht komplett in das Messvolumen passt. Die Einhaltung dieses Grenzwertes muss natürlich durch entsprechende Prüfungen nachgewiesen werden.

9.4 KMG mit Bildverarbeitung

Bei optischen Koordinatenmessgeräten wird häufig ein Bildverarbeitungssystem (BV-Sensor) eingesetzt. Der BV-Sensor wird meist in einem bevorzugten Betriebsmodus betrieben und an einem Chromkreis auf einer Glasplatte eingemessen. Bei der Messung von beliebigen Werkstücken wird das Messergebnis jedoch wesentlich von der Gestalt und der Beleuchtung der Kanten beeinflusst, so dass die Messungen oft nicht direkt rückführbar sind.

Deshalb wird hier eine Vorgehensweise beschrieben, die die optische auf eine taktile Messung zurückführt. Am Werkstück werden einige ausgewählte, repräsentative Merkmale erst auf einem taktilen KMG und dann auf dem optischen KMG mit Bildverarbeitung gemessen. Für beide Messungen werden die Maße, die Maßdifferenz und die Messunsicherheiten berechnet.

Bei dem taktilen KMG werden die Längenmessabweichungen nach ISO 10360-2 [48] und die Antastabweichungen nach ISO 10360-5 [50] überwacht, bei dem optischen KMG die entsprechenden Abweichungen nach ISO 10360-7 [51]. Es wird vorausgesetzt, dass die Grenzwerte jederzeit eingehalten sind.

Vergleichsmessungen

Die Abweichungen des BV-Sensors an den verschiedenen Kanten werden durch Vergleichsmessungen mit dem taktilen KMG ermittelt. Für den taktilen Sensor, den BV-Sensor und die Auswertung der Vergleichsmessungen werden Messunsicherheitsbilanzen angewendet. Dabei werden die Messunsicherheiten am Messobjekt an einer oder einigen repräsentativen Stellen ermittelt und dann auf andere Stellen mit vergleichbaren Kanteneigenschaften übertragen. Dazu gehört hier auch der Beleuchtungseinfluss. Der Einfluss der Kanteneigenschaften wird dadurch erfasst, dass am Messobjekt Maße durch Vergleichsmessungen mit dem taktilen und dem BV-Sensor bestimmt werden.
Sind die Kanteneigenschaften am Messobjekt unterschiedlich, dann sind die ermittelten Messunsicherheiten nicht übertragbar, und die Vergleichsmessungen müssen an mehreren oder an allen Kanten einzeln durchgeführt werden.
Die Vergleichsmessungen werden an solchen Stellen des Messobjekts durchgeführt, an denen sich Maße bestimmen lassen, d.h. an Durchmessern von kreisförmigen Formelementen oder an gegenüberliegenden geraden Kanten. Bei letzteren sollten direkt gegenüberliegende Kantenbereiche gemessen werden, und die Messpunktanordnung an den Kanten sollte bei beiden Sensoren etwa gleich sein.
Bei der taktilen Messung ist möglichst nahe an der Kante anzutasten, die mit dem BV-Sensor optisch gemessen wird, z.B. bei Stanzteilen im Bereich des Glattschnitts. Bei den Vergleichsmessungen sind möglichst viele Messpunkte zu verwenden, um die zufälligen Messabweichungen zu reduzieren und die systematischen Abweichungen zwischen den Sensoren gut zu erfassen. Alle Messergebnisse sind durch Auswertung der mittleren Elemente bzw. ihrer Maße mittels Ausgleichsrechnung nach Gauß (Methode der kleinsten Quadrate) zu bestimmen, um die Messunsicherheit klein zu halten.
Aus den Vergleichsmessungen werden die systematische Maßabweichung zwischen beiden Sensoren sowie die zufälligen Abweichungen der Messungen mit dem taktilen Sensor und dem BV-Sensor bestimmt. Alle drei Beiträge werden zu einer Standardunsicherheit unter der Voraussetzung zusammengefasst, dass die systematische Abweichung nicht korrigiert wird.
Die ermittelte Standardunsicherheit gilt immer für das Maß zwischen zwei Kanten, die gleiche Eigenschaften haben sollten. Die Kanteneigenschaften sind zu dokumentieren, wobei die wesentlichen Kriterien zunächst an verschiedenen Messobjekten und unter verschiedenen Messbedingungen (z.B. Beleuchtung) zu bestimmen sind. Dabei sollte auch der jeweilige mögliche Streubereich der Messbedingungen ermittelt werden, für den die Messunsicherheiten gelten.
Das Ziel ist, soweit auf Daten basierende Erfahrungen zu sammeln, dass sich die an verschiedenen Messobjekten bestimmten Messunsicherheiten auf Basis der Kanteneigenschaften und der Messbedingungen auf andere, ähnliche Messobjekte übertragen lassen.

Messunsicherheitsbilanzen

Die Abweichung des BV-Sensors wird durch Vergleichsmessungen auf einem taktilen KMG ermittelt. Für den taktilen Sensor, die Vergleichsmessungen und den BV-Sensor werden Messunsicherheitsbilanzen angewendet. Dabei gelten folgende Voraussetzungen:

1. Das Messobjekt wird immer nur mit einem Sensor an einem Geometrieelement gemessen.
2. Es werden die mittleren Elemente bzw. ihre Maße mittels Ausgleichsrechnung nach Gauß (Methode der kleinsten Quadratesumme) bestimmt.
3. Der Messunsicherheitsbeitrag des BV-Sensors spielt nur bei Messungen an Kanten eine Rolle, nicht aber bei Mittelpunkten.
4. Bei der Maßbestimmung an zwei gegenüberliegenden Kanten mit gleichen Eigenschaften oder bei Durchmessern wird ein Unsicherheitsbeitrag berücksichtigt (Sensitivitätskoeffizient $c = 1$).
5. Bei Messungen an einer einzelnen Kante oder an zwei gegenüberliegenden Kanten mit unterschiedlichen Eigenschaften wird für jede Kante ein halber Unsicherheitsbeitrag angesetzt (Sensitivitätskoeffizient $c = 0{,}5$).
6. Da beide Messungen auf verschiedenen KMG ausgeführt werden, ist jeweils der Einfluss der Temperaturen und der Geometrieabweichungen des KMG zu berücksichtigen.

Für BV-Sensoren liegen zunächst keine Erfahrungswerte für die kleinstmögliche Standardabweichung vor. Diese ist deshalb aus Messungen an Normalen mit guter optischer Kantenqualität zu bestimmen. Diese Standardabweichung wird dann bei der Berechnung der Messunsicherheiten für Form, Richtung und Lauf verwendet, und außerdem überall dort, wo auch beim taktilen Sensor mit der minimalen Standardabweichung gerechnet wird, um die kleinstmögliche Messunsicherheit zu ermitteln.

9.5 Multisensor-KMG

Multisensor-Koordinatenmessgeräte arbeiten meist mit einem taktilen und einem oder mehreren optischen Sensoren. Der taktile Sensor wird meist in der senkrechten Stellung am Kugelnormal eingemessen. Die optischen Sensoren können zum Teil in verschiedenen Betriebsarten bzw. Vergrößerungen eingesetzt werden. Sie werden meist an einem Chromkreis auf einer Glasplatte eingemessen. Zueinander werden die taktilen und optischen Sensoren z.B. an einem kalibrierten Einstellring eingemessen, wobei der taktile Sensor in der senkrechten Stellung steht.
Das KMG wird mit allen Sensoren auf die Längenmessabweichungen nach ISO 10360-2 [48] und die Antastabweichungen nach ISO 10360-5 [50] überwacht. Zusätzlich werden die Multisensorik-Abweichungen nach ISO 10360-9 [52] bestimmt. Bei der Messung von Werkstücken werden die einzelnen Geometrieelemente entweder mit dem einen oder mit dem anderen Sensor gemessen, in der Regel aber nicht mit mehreren Sensoren gleichzeitig. Dann werden nur die Multisensorik-Ortsabweichungen benötigt. Es wird vorausgesetzt, dass alle Grenzwerte jederzeit eingehalten sind.

Vergleichsmessungen

Die Abweichungen der optischen Sensoren werden durch Vergleichsmessungen mit dem taktilen Sensor ermittelt. Für den taktilen Sensor, die optischen Sensoren und die Vergleichsmessungen werden Messunsicherheitsbilanzen angewendet.

Dabei werden die Messunsicherheiten am Messobjekt an einer oder mehreren repräsentativen Stellen ermittelt und dann auf andere Stellen mit vergleichbaren Kanten- bzw. Oberflächeneigenschaften übertragen. Dazu gehört auch der Beleuchtungseinfluss. Der Einfluss der Oberflächeneigenschaften wird dadurch erfasst, dass am Messobjekt Maße durch Vergleichsmessungen mit dem taktilen und den optischen Sensoren bestimmt werden. Sind die Oberflächeneigenschaften am Messobjekt unterschiedlich, dann sind die ermittelten Messunsicherheiten nicht oder nur begrenzt übertragbar, und die Vergleichsmessungen müssen an mehreren oder an allen Stellen einzeln ermittelt werden.
Die Vergleichsmessungen werden an den Stellen des Messobjekts durchgeführt, an denen sich Maße bestimmen lassen, d.h. an Durchmessern von kreisförmigen Formelementen oder als Abstände an gegenüberliegenden Kanten. Bei letzteren sollten direkt gegenüberliegende Kantenbereiche gemessen werden, und die Messpunktanordnung an den Kanten sollte bei beiden Sensoren etwa gleich sein. Bei der taktilen Messung ist möglichst nahe an der Kante anzutasten, die mit dem optischen Sensor gemessen wird, z.B. bei Stanzteilen im Bereich des Glattschnitts.
Bei den Vergleichsmessungen sind möglichst viele Messpunkte zu verwenden, um die zufälligen Messabweichungen zu reduzieren und die systematischen Abweichungen zwischen den Sensoren gut zu erfassen. Alle Messergebnisse sind durch Auswertung der mittleren Elemente bzw. ihrer Maße mittels Ausgleichsrechnung nach Gauß (Methode der kleinsten Quadratesumme) zu bestimmen.
Aus den Vergleichsmessungen werden die systematische Maßabweichung zwischen beiden Sensoren sowie die zufälligen Abweichungen der Messungen mit dem taktilen und dem jeweiligen optischen Sensor bestimmt. Alle drei Beiträge werden zu einer Standardunsicherheit unter der Voraussetzung zusammengefasst, dass die systematische Abweichung nicht korrigiert wird. Das entspricht der üblichen Messpraxis.
Die ermittelte Standardunsicherheit gilt immer für das Maß zwischen zwei Kanten mit denselben Eigenschaften. Die Kanteneigenschaften sind zu dokumentieren, wobei die wesentlichen Kriterien zunächst an verschiedenen Messobjekten und unter verschiedenen Messbedingungen (z.B. Beleuchtung) bestimmt werden müssen. Dabei sollte auch der jeweilige mögliche Streubereich der Messbedingungen ermittelt werden, für den die Messunsicherheiten gelten.
Das Ziel ist, soweit auf Daten basierende Erfahrungen zu sammeln, dass sich die an verschiedenen Messobjekten bestimmten Messunsicherheiten auf Basis der Kanteneigenschaften und der Messbedingungen auf andere, ähnliche Messobjekte übertragen lassen.

Messunsicherheitsbilanzen

Die Abweichungen der optischen Sensoren werden durch Vergleichsmessungen mit dem taktilen Sensor ermittelt. Für den taktilen Sensor, die optischen Sensoren und die Vergleichsmessungen werden Messunsicherheitsbilanzen angewendet. Dabei gelten folgende Voraussetzungen:

1. Das Messobjekt wird immer nur mit einem Sensor an einem Geometrieelement gemessen.
2. Es werden die mittleren Elemente bzw. ihre Maße mittels Ausgleichsrechnung nach Gauß (Methode der kleinsten Quadratesumme) bestimmt.

3. Die Messunsicherheitsbeiträge der optischen Sensoren spielen nur bei Messungen an Kanten eine Rolle, nicht aber bei Mittelpunkten.
4. Bei der Maßbestimmung an zwei gegenüberliegenden Kanten mit gleichen Eigenschaften oder bei Durchmessern wird ein Unsicherheitsbeitrag berücksichtigt (Sensitivitätskoeffizient c = 1).
5. Bei Messungen an einer einzelnen Kante oder an zwei gegenüberliegenden Kanten mit unterschiedlichen Eigenschaften wird für jede Kante ein halber Unsicherheitsbeitrag angesetzt (Sensitivitätskoeffizient c = 0,5).
6. Bei Messungen mit verschiedenen Sensoren muss ein zusätzlicher Unsicherheitsbeitrag für die Multisensorik-Ortsabweichungen nach ISO 10360-9 [52] zwischen den Sensoren berücksichtigt werden.
7. Dazu werden die Grenzwerte der Ortsabweichungen zu dem Taster als Referenzsensor verwendet. Werden zwei optische Sensoren ohne Taster kombiniert, werden die Grenzwerte der Abweichungen zum Referenzsensor quadratisch addiert.

Für die verschiedenen optischen Sensoren liegen zunächst keine Erfahrungswerte zu den jeweils kleinstmöglichen Standardabweichungen vor. Diese sind deshalb aus Messungen an Normalen mit guter optischer Kantenqualität zu bestimmen. Diese Standardabweichungen werden dann bei der Berechnung der Messunsicherheiten für Form, Richtung und Lauf verwendet, und außerdem überall dort, wo auch beim taktilen Sensor mit der minimalen Standardabweichung gerechnet wird, um die kleinstmögliche Messunsicherheit zu ermitteln.

9.6 Computertomografiegeräte

Computertomografiegeräte (CT) werden mit denselben Kenngrößen wie taktile Koordinatenmessgeräte (KMG) spezifiziert und nach ähnlichen Prüfverfahren geprüft, jedoch zum Teil mit anderen Normalen. Grundlage sind die Norm ISO 10360-2 [48] und die Richtlinie VDI/VDE 2617 Blatt 13 / VDI/VDE 2630 Blatt 1.3 [71].
Die wichtigste Kenngröße ist die Längenmessabweichung. Sie ist so definiert und wird so geprüft, dass die Genauigkeit der CT-Geräte mit anderen Arten von Koordinatenmessgeräten vergleichbar ist. Damit lassen sich CT-Geräte wie andere KMG behandeln, und für die Messungen können Messunsicherheiten ermittelt werden. Bisher beschreibt dazu nur die Richtlinie VDI/VDE 2630 Blatt 2.1 [69] die Methode mit kalibrierten Werkstücken. Allerdings steht nicht in jedem Fall ein geeignetes kalibriertes Werkstück zur Verfügung, und der Aufwand für die Wiederholmessreihen ist relativ groß.
Wegen der Vergleichbarkeit der Spezifikationen der Messgeräte und der meisten Messaufgaben können aber auch Messunsicherheitsbilanzen angewendet werden. Dabei sind einige Besonderheiten zu beachten:

1. Die aus den Voxeldaten ermittelten Oberflächenpunkte dürfen nicht zusätzlich gefiltert werden. Das würde zu falschen Standardabweichungen von den berechneten mittleren Elementen führen.
2. Der Längenmaßstab ist der Detektor, der in der Regel auf etwa 20°C gekühlt wird. Der lineare thermische Ausdehnungskoeffizient ist relativ klein. Er liegt z.B. bei $\alpha_S = 1{,}5...2{,}5 * 10^{-6}$/K für Silizium (Werth) bzw. $\alpha_S = 3{,}5 * 10^{-6}$/K für Quarzglas (Zeiss XRD 0822 AP3 IND).

3. Bei der Messung eines Werkstücks wirkt sich die Ausdehnung jedoch nicht voll aus, sondern nur zum Teil, entsprechend der Position der Drehachse des Werkstücks im Messvolumen des CT-Gerätes. Es ist also jeweils der aktuelle wirksame Ausdehnungskoeffizient α_M entsprechend dem Abbildungsmaßstab als Verhältnis des Abstandes l der Drehachse des Werkstücks von der Strahlenquelle zum Abstand L des Detektors von der Strahlenquelle zu berücksichtigen:

$$\alpha_M = \alpha_S \frac{l}{L} \tag{9.1}$$

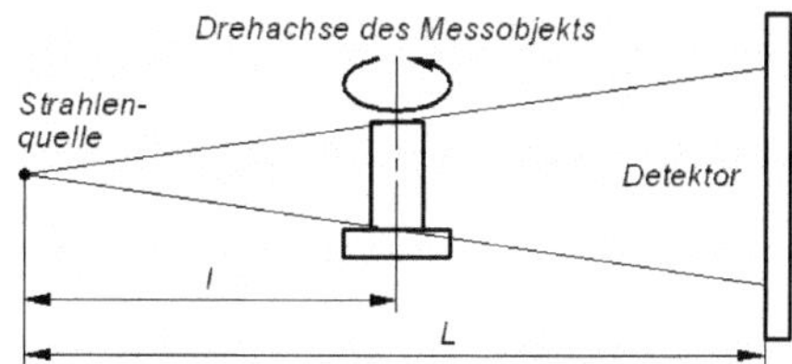

Bild 9.1:
Strahlenquelle, Drehtisch mit Messobjekt und Detektor;
l = Abstand der Drehachse von der Strahlenquelle,
L = Abstand des Detektors von der Strahlenquelle

4. Alle Unsicherheitsbeiträge für den Durchmesser des Kugelnormals, das Einmessen der Taster, die Tasteranlagekorrektur an Oberflächen, die Tastermittelpunkte und die Rotationsabweichungen der Taster entfallen komplett.
5. Erfahrungsgemäß treten bei CT-Messungen immer wieder Messabweichungen auf, die sich keinen eindeutigen Ursachen zuordnen lassen. Deshalb müssen die Ergebnisse regelmäßig durch Vergleiche mit anderen Messverfahren verifiziert werden. Dazu eignen sich z.B. taktile oder optische Messungen am selben Objekt, deren Unsicherheiten durch Messunsicherheitsbilanzen oder durch Simulation mit dem Virtuellen KMG bestimmt werden.
6. Die Abweichungen der Messwerte x_i von ihren kalibrierten Referenzwerten x_{ref} dürfen nicht größer als die Quadratesumme ihrer erweiterten Messunsicherheiten U_i und U_{ref} sein. Dazu wird die E_n-Zahl nach DIN ISO 13528 [54] berechnet. Ist ihr Betrag größer als eins, wird die Abweichung als systematische bewertet:

$$E_n = \frac{|x_i - x_{ref}|}{\sqrt{U_i^2 + U_{ref}^2}} \leq 1 \tag{9.2}$$

7. In Anlehnung an die Richtlinien VDI/VDE 2617 Blatt 8 [69] und VDI/VDE 2630 Blatt 2.1 [73] kann die Unsicherheit unter Einschluss der systematischen Abweichung $b = x_i - x_{ref}$ des Messwertes x_i vom Referenzwert x_{ref} (Kalibrierwert) bestimmt werden. Sie wird quadratisch zur Standardunsicherheit der Messgröße addiert, die sich aus den Standardunsicherheiten des Messwertes aus der CT-Messung und des Kalibrierwertes ergibt:

$$U = 2 \cdot \sqrt{\left(\frac{U_i}{2}\right)^2 + \left(\frac{U_{ref}}{2}\right)^2 + (x_i - x_{ref})^2} \tag{9.3}$$

Damit schließt sie auf jeden Fall die systematische Abweichung ein. Durch die größere Messunsicherheit wird die Messprozesseignung in der Regel schlechter bewertet.

10 Unabhängige Messabweichungen

10.1 Fragestellung

Das wesentliche Problem bei der Unsicherheitsberechnung ist die Bestimmung der Varianz σ^2 der zufälligen und unabhängigen Messabweichungen in Gleichung (3.5) bzw. die Schätzung der entsprechenden Standardabweichung s. Die Abschätzung aus dem konstanten Anteil A des Grenzwertes $E_{0,\,\mathrm{MPE}}$ der Längenmessabweichung liefert nur bei vernachlässigbar kleinen Formabweichungen der Oberfläche richtige Werte, siehe Abschnitt 4.2. Sind die örtlichen Formabweichungen relevant, ergeben sich mit der Standardabweichung am Ausgleichselement besonders bei größeren Messpunktzahlen zu große Unsicherheiten.

Zunächst soll der Begriff "zufällige und unabhängige Messabweichungen" geklärt werden. Dazu werden sie im Bild 10.1 den systematischen Messabweichungen gegenübergestellt. Beide weisen charakteristische Eigenschaften auf.

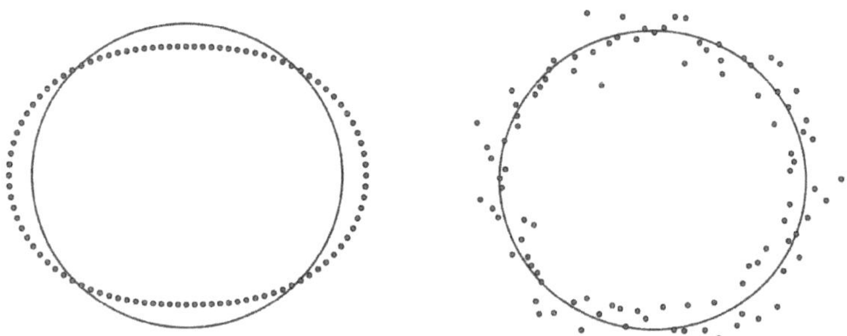

Bild 10.1: Kreisprofile mit je 100 Punkten und gleichen Standardabweichungen; links systematische Abweichungen, rechts zufällige Abweichungen (Messpunkte aus Zufallszahlen)

Bei dem linken Profil unterscheiden sich die Abweichungen von benachbarten Messpunkten kaum voneinander. Beträge und Vorzeichen ändern sich nur in kleinen Schritten, und es gibt ausgedehnte Bereiche mit gleichen Vorzeichen. Bei dem rechten Profil sind die Abweichungen von benachbarten Messpunkten unabhängig voneinander, Beträge und Vorzeichen ändern sich willkürlich innerhalb des gesamten Streubereiches, und es gibt keine Bereiche mit gleichen Vorzeichen.

Diese Eigenschaften lassen sich objektiv z.B. mit den Testwerten ξ_1 und ξ_2 aus DIN 1319-4 [41], Abschnitt 8.2, im Vergleich zu den kritischen Werten prüfen. Der Testwert ξ_1 wird aus den Abweichungen δr_i der Messwerte vom Kreis berechnet, und der Testwert ξ_2 aus den Vorzeichen (*sign*) dieser Abweichungen:

$$\xi_1 = \frac{1}{u^2}\sum_{i=1}^{n} \delta r_{i-1} \cdot \delta r_i \qquad \leq k \cdot \sqrt{n-p} \qquad \text{mit } u^2 = \sum_{i=1}^{n} \delta r_i^2 \tag{10.1}$$

$$\xi_2 = \sum_{i=1}^{n} sign(\delta r_{i-1}) \cdot sign(\delta r_i) \qquad \leq k \cdot \sqrt{n} \qquad \text{mit } \delta r_0 = \delta r_n \tag{10.2}$$

Dabei sind *n* die Anzahl der Messwerte und *p* die Anzahl der freien Parameter (Kreis *p*=3). Der Faktor *k* entspricht dem Erweiterungsfaktor, der abhängig von den *n-p* Freiheitsgraden für den Grad des Vertrauens von *P*=95% mit dem Wert der t-Verteilung festgelegt wird.
Am realen Werkstück überlagern sich Systematik und Zufall mit verschiedenen Anteilen, wobei die Mischung von der Oberflächengestalt selbst, der Anzahl und zufälligen Lage der Messpunkte sowie von der Genauigkeit der Messeinrichtung abhängt. Im Bild 10.2 sind je drei Bereiche mit positiven und mit negativen Vorzeichen der Abweichungen zu erkennen. Die Testwerte ξ_1 (86,1) und ξ_2 (80) sind deutlich größer als ihre kritischen Werte (19,5 bzw. 19,8), d.h. die Abweichungen enthalten nicht nur zufällige, sondern auch wesentliche systematische Anteile. Die Frage ist nun, wie sich die systematischen von den zufälligen Messwertanteilen trennen lassen.

Bild 10.2: Ausgleichskreis durch 100 Messpunkte aus Bild 4.7 b) mit Standardabweichung s_R=4,63 µm

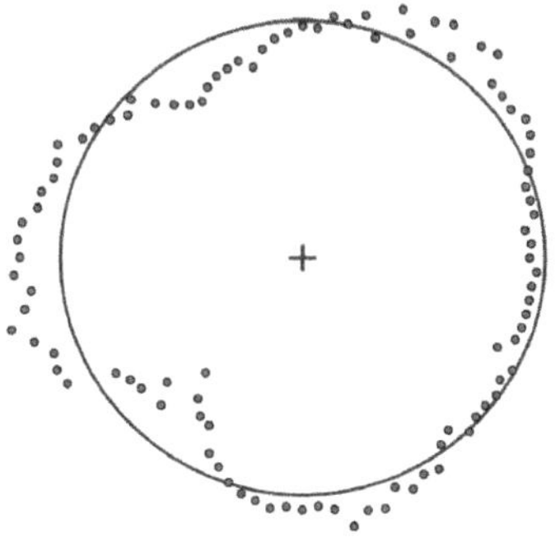

10.2 Filterung

Zur Abtrennung der zufälligen Messabweichungen ("Rauschen") wurden früher elektrische RC-Filter eingesetzt, d.h. eine Kombination aus Widerstand und Kondensator, um das Messsignal zu glätten. Diese wurden später durch Software-Filter ersetzt, von denen die bekanntesten und meist verwendeten das Gaußfilter nach ISO 16610-21 [60] und das Splinefilter nach ISO 16610-22 [61] sind.
Die Filter unterscheiden sich in ihren Gewichts- und Übertragungsfunktionen, wobei die wichtigste Kenngröße die Grenzwellenlänge bzw. Grenzwellenzahl ist, bei der ein bestimmter Anteil der Amplitude einer idealen Sinusfunktion durchgelassen oder abgeschnitten wird.
Üblicherweise werden die Filter mit grob gestuften Grenzwellenlängen bzw. Grenzwellenzahlen eingesetzt, bei Rundheitsmessungen z.B. mit 15, 50, 150 oder 500 Wellen am Umfang. Objektive Regeln zur Auswahl der Filter gibt es bisher nicht. Die entscheidende Frage, ob die abgeschnittenen kurzwelligen Messwertanteile tatsächlich zufällig oder vielleicht auch systematisch sind, wird nicht beantwortet.
Es hat allerdings wenig Sinn, Filter mit einer vorgegebenen Grenzwellenlänge bzw. Grenzwellenzahl zu verwenden. Im Gegenteil muss die Grenze gefunden werden, bei der gerade die zufälligen Messwertanteile von den systematischen abgetrennt werden.
Praktisch beginnt man mit einer großen Grenzwellenlänge bzw. kleinen Grenzwellenzahl und testet die Restabweichungen vom tiefpassgefilterten mittleren Profil

auf Zufälligkeit. Dann wird die Grenzwellenlänge schrittweise verringert (bzw. die Grenzwellenzahl erhöht), bis die Testwerte kleiner als die kritischen Werte sind. In der Regel erhält man eine gebrochene Grenzwellenlänge bzw. Grenzwellenzahl.

Die Filter lassen sich danach unterscheiden, ob sie entweder eine geschlossene Beschreibung des Oberflächenverlaufs liefern oder nur für die mehr oder weniger willkürlich ausgewählten Messstellen. Zu den ersteren gehören die Splinefilter und die Harmonische Analyse, zu den letzteren das Gaußfilter. Auch hier wird üblicherweise das durchgezogene mittlere Profil dargestellt. Tatsächlich können aber nur die Funktionswerte an den Messstellen berechnet werden, und dazwischen liegen keine Informationen vor [22].
Das mittlere Profil hängt weniger von der Art des Filters ab, sondern hauptsächlich von der Grenzwellenzahl bzw. -länge. Im Bild 10.3 werden Gaußfilter, Splinefilter und Harmonische Analyse gegenübergestellt. Die Grenzwellenzahlen (Wellen am Umfang, W/U) sind ähnlich, die mittleren Profile und die Standardabweichungen s_R der zufälligen Restabweichungen fast identisch. Sie liegen etwa bei einem Drittel der Standardabweichung vom Ausgleichskreis im Bild 10.2 [22]. (Die Harmonische Analyse wird im folgenden Abschnitt beschrieben.)

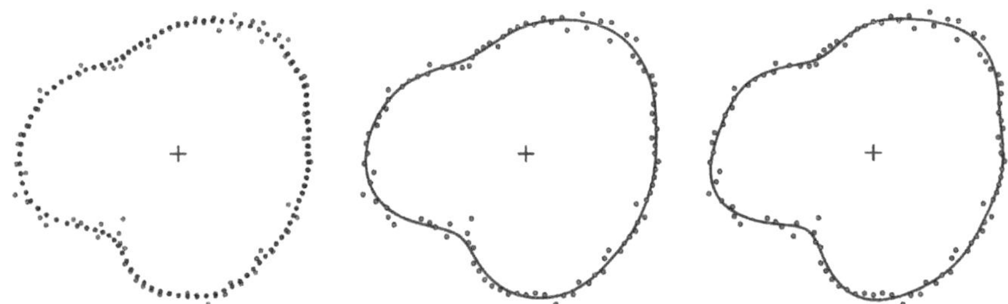

Bild 10.3: Messpunkte aus Bild 10.2 mit Gaußfilter (links, 7,85 W/U und s_R=1,47 µm), mit Splinefilter (mitte, 6,6 W/U und s_R=1,52 µm) und mit Harmonischer Analyse (rechts, 2-7 W/U und s_R=1,53 µm)

10.3 Harmonische Analyse

Eine weitere Möglichkeit zur Trennung der zufälligen von den systematischen Messwertanteilen ist die Harmonische Analyse. Schon nach dem Bild 10.2 mit den je drei Bereichen mit positiven und mit negativen Vorzeichen ist zu erwarten, dass die dritte Harmonische im Amplitudenspektrum heraussticht, siehe Bild 10.4.

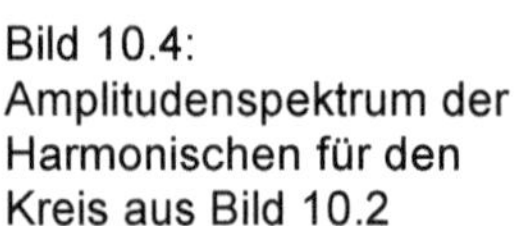

Bild 10.4: Amplitudenspektrum der Harmonischen für den Kreis aus Bild 10.2

Wird nun die dritte Harmonische aus den Messabweichungen herausgerechnet, können die Restabweichungen erneut getestet werden. Auf diese Weise lassen sich nacheinander in der Reihenfolge ihrer Amplitudengröße weitere Harmonische als systematische Messwertanteile erkennen, bis eine statistisch unabhängige Zahlenfolge übrigbleibt. Im Beispiel werden so die 2. bis 7. Harmonische aus den Messwerten eliminiert. Für die verbleibenden Restabweichungen kann die Standardabweichung s_R im Bild 10.3 berechnet werden.

Das aus den eliminierten systematischen Harmonischen zusammengesetzte mittlere Profil nähert den mittleren Verlauf der Messwerte recht gut an, siehe Bild 10.3. Die Restabweichungen sind normalverteilt und damit nicht nur unkorreliert, sondern auch unabhängig voneinander. Die Amplituden der übriggebliebenen zufälligen Harmonischen zeigen eine typische Verteilung (Betragsverteilung 2. Art, siehe Abschnitt 2.4), für die sich ebenfalls kritische Werte (Zufallshöchstwerte) ableiten lassen [4] [5]. Damit steht eine weitere Kenngröße zur Erkennung der zufälligen Messwertanteile zur Verfügung.

Bild 10.5:
Häufigkeitsverteilung der Amplituden der Rest-Harmonischen mit der theoretischen Verteilung und den Zufallshöchstwerten für die Vertrauensniveaus 95 % und 99 %

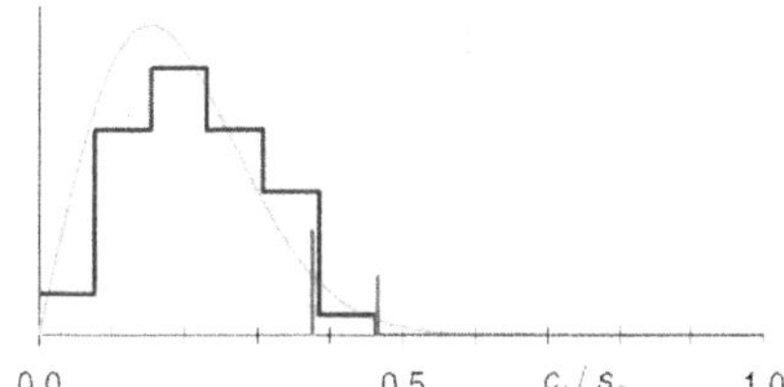

10.4 Modell für Oberflächenmessungen

Mit der Trennung der systematischen und zufälligen Abweichungen ist noch nichts über ihre Ursachen bekannt, da sich die verschiedenen Einflüsse überlagern. Grundsätzlich lässt sich mit einer begrenzten Anzahl von Messwerten immer nur eine mehr oder weniger gute Annäherung der erfassten an die wirkliche Oberfläche erzielen. Der Grad der Annäherung hängt von der Oberfläche selbst, der Messpunktanzahl bzw. -dichte und der Genauigkeit der Messeinrichtung ab. Aus den erfassten Messwerten kann also nicht direkt auf die gesamte Oberfläche zurückgeschlossen werden. Immerhin lässt sich angeben, wie gut die Annäherung ist. Dazu wird das folgende Modell betrachtet (Bild 10.6) [4] [22].

Bei der Messung überlagern sich zufällige und systematische Abweichungen mit den zufälligen und systematischen Abweichungen, die durch die Herstellung auf die Oberfläche aufgeprägt sind. Mit den oben erwähnten Tests lassen sich zunächst nur die systematischen von den zufälligen Abweichungen trennen, ohne dass man sie der Erzeugung oder der Messung zuordnen könnte.
Das Modell für die geometrische Messgröße Y lautet allgemein:

$$Y = f(X_O) \tag{10.3}$$

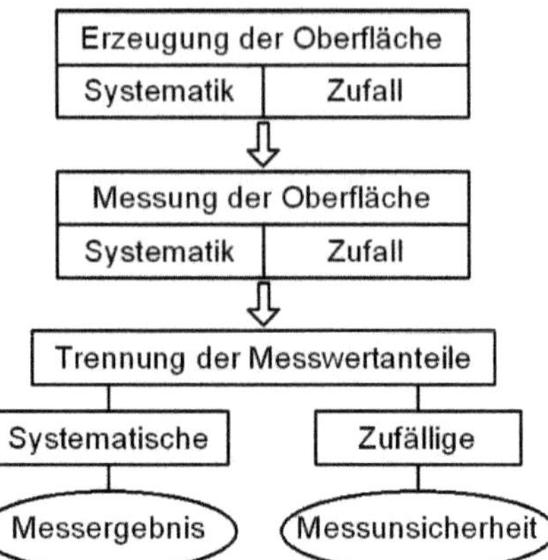

Bild 10.6: Modell für Oberflächenmessungen [4] [22]

Dabei beschreibt die Funktion $f(X_O)$ den mittleren Verlauf der Oberfläche des Messobjekts. Zusätzlich erhält man die Standardabweichung s_{OR} der zufälligen Restabweichungen. In der Regel lassen sich die systematischen Messabweichungen der Messeinrichtung bestimmen, indem z.B. ein geeignetes Normal mit hinreichend kleinen bzw. genau bekannten systematischen Abweichungen gemessen wird. Diese Abweichungen lassen sich ebenfalls nach dem oben beschriebenen Vorgehen ermitteln, und man erhält eine Funktion $f(X_M)$ für den mittleren Verlauf der systematischen Messabweichungen sowie die Standardabweichung s_{MR} der zufälligen Restabweichungen der Messung. Dann kann man die Abweichungen der Messeinrichtung korrigieren, und das Modell (10.3) wird erweitert:

$$Y = f(X_O) - f(X_M) \tag{10.4}$$

Die kleinstmögliche Standardabweichung s_{MRmin} der Messeinrichtung lässt sich durch Messungen an Normalen bestimmen, die vernachlässigbar kleine Formabweichungen haben. Damit steht eine weitere Kenngröße zur Bewertung der Restabweichungen bei der Messung eines beliebigen Objektes zur Verfügung: Solange die Standardabweichung aus dieser Messung größer ist als s_{MRmin}, enthalten die Restabweichungen der Messwerte nach der Filterung noch Anteile, die sich auf die begrenzte Erfassung der Oberfläche mit relativ wenigen Messpunkten zurückführen lassen. In solchen Fällen lässt sich die Genauigkeit durch Messungen mit mehr Punkten verbessern.

Ob das notwendig ist, kann z.B. anhand des Kennwertes der Messprozesseignung nach VDI/VDE 2600 Blatt 1 [66] bewertet werden. Dazu wird die Messunsicherheit U der Messung ins Verhältnis zur Toleranz T der Messgröße gesetzt und mit dem vorgegebenen Grenzwert verglichen. Ist die Unsicherheit schon klein genug, braucht sie nicht mehr verringert werden. Der Grenzwert soll nach der Goldenen Regel der Messtechnik etwa zwischen einem Zehntel und einem Fünftel der Toleranz liegen (siehe Abschnitt 2.6).

10.5 Messunsicherheit

Im Leitfaden zur Angabe der Unsicherheit beim Messen (GUM) [63] wird vorausgesetzt, dass der Messwert der beste Schätzwert der Messgröße ist. Diese Forderung ist immer dann erfüllt, wenn z.B. ein Mittelwert aus einzelnen Messwerten bestimmt wurde. Nicht erfüllt ist die Forderung, wenn die Messgröße als Extremwert definiert ist, z.B. als Spannweite der Abweichungen einer begrenzten Menge von Oberflächenpunkten von einem geometrisch idealen Element. Das betrifft unter anderem alle Formabweichungen nach ISO 1101 [40].
Die tiefpassgefilterte mittlere Oberfläche erfüllt aber die Voraussetzung des GUM, und dafür lassen sich mit der Standardabweichung der zufälligen Restabweichungen die Messunsicherheiten berechnen. Über die Unsicherheiten für die Harmonische Analyse, das Splinefilter und das Gaußfilter wurde schon an anderen Stellen berichtet [4] [11] [27]. Im Bild 10.7 sind die Unsicherheiten am Ausgleichskreis mit der Standardabweichung vom Ausgleichskreis aus Bild 10.2 (links) und mit der Reststreuung der Abweichungen vom mittleren Profil aus Bild 10.3 für das Gaußfilter (rechts) gegenübergestellt [22].

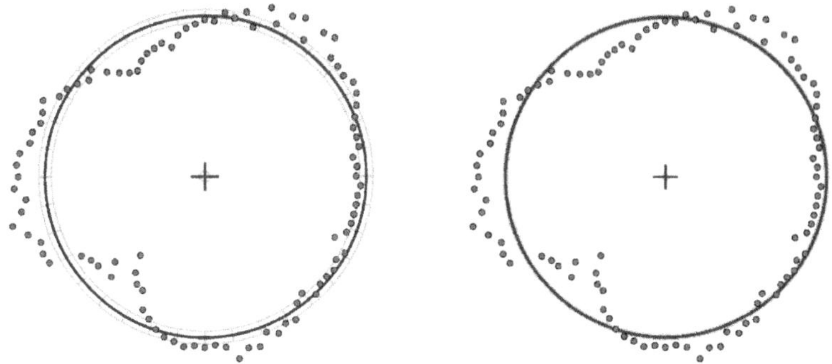

Bild 10.7: Unsicherheiten mit der Standardabweichung vom Ausgleichskreis aus Bild 10.2 (links) und mit der Reststreuung aus Bild 10.3 (rechts)

Es lässt sich zeigen, dass die Messunsicherheit mit den Restabweichungen der Messpunkte zum mittleren Profil realistisch abgeschätzt wird [4] [9]. Die tiefpass-gefilterten mittleren Profile bieten auch eine Grundlage zur Berechnung der funktionsgerechten angrenzenden Elemente, z.B. das kleinste umschriebene Element (Hüllkreis) nach ISO 14405-1 [56]. Die Messunsicherheit dieser Elemente ist ähnlich groß wie die des mittleren Profils. Das Bild 10.8 zeigt links den Hüllkreis an das mittlere Profil für das Gaußfilter mit den Standardunsicherheiten. Mit diesem mittleren Profil lassen sich jetzt z.B. auch Formabweichungen entsprechend der Minimum-Bedingung in ISO 1101 [40] mit kleinen Messunsicherheiten bestimmen.

Beim Gaußfilter liegt der Hüllkreis an den drei am weitesten außen liegenden Punkten an. Beim Splinefilter und der Harmonischen Analyse ist das mittlere Profil dagegen lückenlos bekannt, und die Anlagepunkte können auch zwischen den Messstellen liegen [22].

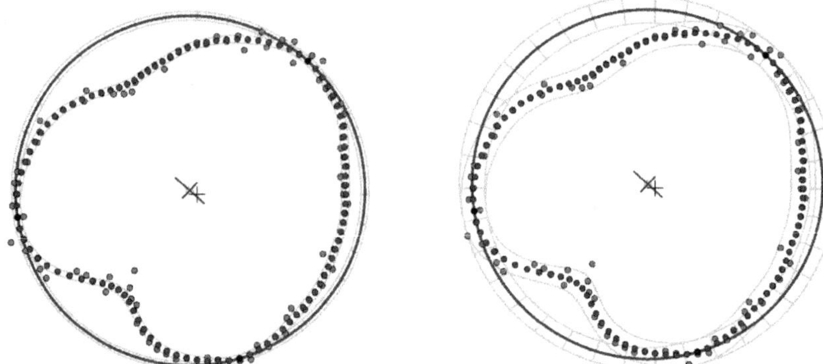

Bild 10.8: Hüllkreise mit erweiterten Messunsicherheiten aus der Standardunsicherheit des Gauß-gefilterten mittleren Profils u_{MP}=0,5 µm (links) und aus der Reststreuung der Abweichungen aus Bild 10.3 s_R=1,47 µm (rechts)

Das praktische Problem ist in allen Fällen, dass immer einige Messpunkte außerhalb des an die mittlere Oberfläche angrenzenden Elements liegen. Eine Welle würde deshalb nicht unbedingt in die Bohrung mit diesem Durchmesser passen. Bei den Abweichungen der Messpunkte lässt sich zunächst nicht eindeutig sagen, ob sie systematischer oder zufälliger Natur sind. Die statistischen Testwerte ξ_1 und ξ_2 weisen sie als zufällige Abweichungen aus. Der Vergleich mit der kleinstmöglichen Reststreuung s_{MRmin} der Messeinrichtung deutet aber auf mögliche nicht erfasste systematische Anteile. Für den Durchmesser des Hüllkreises muss deshalb das Modell erweitert werden [22]:

$$D_{\text{Hüll,korr}} = D_{\text{Hüll}} + \delta D_{\text{Hüll}} \qquad (10.5)$$

Die unbekannte Abweichung $\delta D_{\text{Hüll}}$ des Hüllkreisdurchmessers wird mit dem Nennwert null und ihre Unsicherheit direkt mit der Standardabweichung s_{OR} der zufälligen Restabweichungen aus der Messung des Objekts abgeschätzt. Die Messunsicherheit wird damit deutlich größer. Das Bild 10.8 zeigt rechts die entsprechenden erweiterten Messunsicherheiten des Hüllkreises. Jetzt liegen nur noch drei Messpunkte außerhalb des Unsicherheitsbereiches. Das ist weniger als der zulässige Anteil von 5 %. Ob die Unsicherheit U des Hüllkreisdurchmessers ausreichend klein ist, lässt sich wieder mit dem Verhältnis zur Toleranz T im Vergleich zum Grenzwert der Messprozesseignung bewerten.

Das erweiterte Modell (10.5) gilt sinngemäß für alle angrenzenden Elemente mit direktem Oberflächenkontakt, also auch für die Koordinaten der Oberflächen von Bezugsebenen nach ISO 5459 [44]. Die Unsicherheiten der Mittelpunktkoordinaten und der Winkel der Formelemente werden in jedem Fall ohne die Streuung der Restabweichungen berechnet. Die Unsicherheiten der Mittelpunktkoordinaten sind im Bild 10.8 links und rechts gleich [22].

Das Modell (10.5) ist natürlich nicht vollständig. Dazu kommen noch weitere Eingangsgrößen wie die Abweichungen der Messeinrichtung selbst z.B. nach Gleichung (10.4) und die Temperatur. Der wesentliche Unterschied zu der bisher üblichen Berechnung der angrenzenden Elemente aus den erfassten Messpunkten ist, dass mit dem Modellansatz (10.5) auch der Einfluss der Messpunktanzahl bzw. -dichte auf die Messgröße und die Messunsicherheit berücksichtigt wird. Je größer die Punktzahl, desto kleiner ist dieser Beitrag – und umgekehrt.
Die beschriebene Vorgehensweise lässt sich auch auf die Messung von Freiformflächen übertragen. Es müssen nur geeignete Beschreibungen für die mittleren Oberflächen gefunden werden. Das betrifft auch und besonders die Korrektur von Abweichungen bei der Röntgen-Computertomografie (CT). Hier werden die Messunsicherheiten nach VDI/VDE 2630 Blatt 2.1 [73] mit kalibrierten Werkstücken bestimmt. So lassen sich aber nur bei Maßen die systematischen Abweichungen korrigieren. Bei Form und Lage werden in der Regel maximale Abweichungsbeträge bestimmt, die nicht korrigiert werden können, siehe Abschnitt 6.4. Erst die flächenhafte Beschreibung der Oberflächen bietet einen Ansatz für die Korrektur der durch das Messverfahren hervorgerufenen Abweichungen.

10.6 Beispiele

Im Bild 10.9 sind für das Beispiel aus Bild 10.2 die Messwerte nach verschiedenen Maßdefinitionen und ihre erweiterten Messunsicherheiten gegenübergestellt. Daraus lassen sich folgende Erkenntnisse ableiten:

1. Der Ausgleichskreis liefert immer die Ergebnisse mit der kleinsten Messunsicherheit. Die Unsicherheiten aus den Reststreuungen an den mittleren Profilen sind noch einmal deutlich kleiner.
2. Bei den anderen Maßdefinitionen liegen die Messwerte relativ dicht beieinander. Alle Differenzen liegen deutlich innerhalb der erweiterten Messunsicherheiten.
3. Die Unsicherheiten aus den Reststreuungen an den mittleren Profilen mit Gaußfilter, Splinefilter und Harmonischer Analyse unterscheiden sich kaum.
4. Alle Maßauswertungen an den mittleren Profilen führen zu kleineren Messunsicherheiten als die direkte Auswertung der einzelnen Messpunkte.
5. Die direkte Auswertung aus den Messpunkten liefert immer die größten bzw. kleinsten Messwerte. Sie liegen etwa an der Grenze der erweiterten Messunsicherheiten für die mittleren Profile, nur bei der Rundheit deutlich außerhalb.
6. Bei der Rundheit sind die Messwerte an den mittleren Profilen deutlich kleiner als der Messwert des Rundheitsprüfgerätes, dieser liegt weit außerhalb ihrer Unsicherheitsbereiche.

Wie bereits oben erwähnt, enthält die an den mittleren Profilen ermittelte Messunsicherheit eine Aussage zum Einfluss der Messpunktanzahl – je mehr Punkte, desto kleiner wird die Unsicherheit (und umgekehrt). Die kleinstmögliche Messunsicherheit ist die, die sich aus der kleinstmöglichen Standardabweichung s_{MRmin} der Messeinrichtung ergibt (siehe Abschnitt 10.4). Solange die Reststreuung s_R am mittleren Profil deutlich größer als dieses s_{MRmin} ist, wird die Oberfläche nur unvollständig erfasst. Dann lässt sich durch eine höhere Punktzahl das Ergebnis verbessern, d.h. der Messwert nähert sich weiter an den richtigen Wert an, und die Unsicherheit wird kleiner.

Das trifft auch auf die Rundheitsauswertung zu: Mit den 100 Messpunkten werden die Extremwerte offensichtlich nicht erfasst, die bei der üblichen Rundheitsmessung mit 3600 Punkten ausgewertet werden. Die Reststreuung an den mittleren Profilen im Bild 10.3 beträgt rund s_R=1,5 µm, die Standardabweichung der Messeinrichtung dagegen s_{MRmin}=0,6 µm. Bei der Auswertung der mittleren Profile lässt sich daraus sofort erkennen, dass noch systematische Messwertanteile in der Reststreuung enthalten sind, und eine höhere Messpunktanzahl zu einem besseren Ergebnis führen kann. Bei der Auswertung der Einzelpunkte ist das nicht möglich.

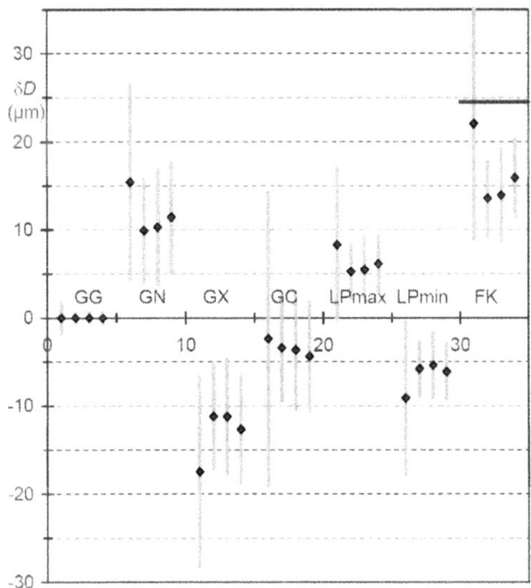

Bild 10.9: Kreisdurchmesser und ihre erweiterten Messunsicherheiten nach verschiedenen Maßdefinitionen: GG Ausgleichskreis, GN Hüllkreis, GX Pferchkreis, GC Minmax-Kreis, LP_{max} Größtes Zweipunktmaß, LP_{min} kleinstes Zweipunktmaß, FK Rundheit am Minmax-Kreis (mit Formabweichung 24,5 µm vom Rundheitsmessgerät) ...
... und mit vier verschiedenen Auswertemethoden (jeweils von links nach rechts): Erfasste Messpunkte mit Standardabweichung am Ausgleichskreis sowie Restabweichungen am mittleren Profil mit Gaußfilter, mit Splinefilter und mit Harmonischer Analyse

11 Literatur

[1] Berndt, G.; Hultzsch, E.; Weinhold, E.: Funktionstoleranz und Messunsicherheit. Wissenschaftliche Zeitschrift der TU Dresden 17 (1968) 2, S. 465-471

[2] DGQ-Band 13-61: Prüfmittelmanagement. Beuth Verlag Berlin 2015

[3] Engeln-Müllges, G.; Niederdrenk, K.; Wodicka, R.: Numerik-Algorithmen. Springer Verlag München 2011

[4] Hernla, M.: Abschätzung der Messunsicherheit bei Koordinatenmessungen unter den Bedingungen der industriellen Fertigung. VDI-Fortschrittberichte Reihe 2, Nr. 274, VDI-Verlag Düsseldorf 1992

[5] Hernla, M.: Unsicherheit von angrenzenden Formelementen. Qualität und Zuverlässigkeit, München 38 (1993) 6, S. 373-378

[6] Hernla, M.: Form- und Lageabweichungen – die Definitionen reichen nicht. Qualität und Zuverlässigkeit, München 39 (1994) 10, S. 1116-1122

[7] Hernla, M.: Messunsicherheit und Fähigkeit. Qualität und Zuverlässigkeit, München, 41 (1996) 10, S. 1156-1162

[8] Hernla, M.; Neumann, H. J.: Einfluss der Temperatur auf die Längenmessung. Qualität und Zuverlässigkeit, München, 42 (1997) 4, S. 464-468

[9] Hernla, M.: Aufgabenspezifische Messunsicherheit bei Koordinatenmessungen. tm – Technisches Messen, München 64 (1997) 7/8, S. 286-293

[10] Hernla, M.: Prüfmittelfähigkeit ist unzureichend. Qualität und Zuverlässigkeit, München, 43 (1998) 2, S. 194-196

[11] Hernla, M.: Anwendung von Filtern bei der Auswertung gemessener Oberflächenprofile. tm – Technisches Messen, München 67 (2000) 3, S. 128-135

[12] Hernla, M.: Messunsicherheit einfach abschätzen. Qualität und Zuverlässigkeit, München 45 (2000) 4, S. 458-464

[13] Hernla, M.: Mathematisch exakt anstatt empirisch vage. Qualität und Zuverlässigkeit, München 46 (2001) 11, S. 1463-1464 (mit ausführlichem Fachbeitrag im QZ-Archiv)

[14] Hernla, M.: Beispiele zur Abschätzung der Messunsicherheit anhand der spezifizierten Längenmessabweichung. In: Neumann, H. J. (Hrsg.): Präzisionsmesstechnik in der Fertigung mit Koordinatenmessgeräten. expert verlag Renningen 2010, S. 241-265

[15] Hernla, M.: Messunsicherheit bei nicht korrigierten systematischen Messabweichungen. tm Technisches Messen, München 75 (2008) 11, S. 609-615

[16] Hernla, M.: Auswertung von Messabweichungen. Messunsicherheit und Fähigkeit für Ortstoleranzen. Quality Engineering, Konradin Verlag Leinfelden-Echterdingen (2009) 7-8, S. 14-15

[17] Hernla, M.; Franke, M.; Wendt, K.: Aufgabenspezifische Messunsicherheit von Koordinatenmessungen. tm Technisches Messen, München 77 (2010) 11, S. 607-615

[18] Hernla, M.; Köhler, F.: Koordinatenmessungen – so genau wie nötig. Serienteile mit optimalen Messstrategien effizient messen. QZ Qualität und Zuverlässigkeit, München 56 (2011) 2, S. 51-53

[19] Hernla, M.; Weißmüller, C.: Ringvergleich Koordinatenmesstechnik 2009. VDI-Bericht 2149, Düsseldorf 2011, S. 245-257

[20] Hernla, M.: Maximum-Material-Bedingung in der Praxis. Prüfung durch Lehren oder rechnerische Toleranzerweiterung? QZ Qualität und Zuverlässigkeit, München 59 (2014) 12, S. 44-47
[21] Hernla, M.: Illusion und Wirklichkeit. Geometrische Produktspezifikationen und -prüfung in der Praxis. QZ Qualität und Zuverlässigkeit, München 60 (2015) 5, S. 108-111
[22] Hernla, M.: Mathematische Modellierung geometrischer Messverfahren. VDI-Bericht 2269, Düsseldorf 2015, S. 183-194
[23] Hernla, M.: Alternative GPS-Standardspezifikationen und -Auswertemethoden. VDI-Bericht 2319, Düsseldorf 2017, S. 287-298
[24] Hernla, M.: Messunsicherheit bei der Best-Einpassung vom Lochbildern. VDI-Bericht 2365, Düsseldorf 2019, S. 147-158
[25] Internationales Wörterbuch der Metrologie (VIM). Beuth Verlag Berlin 2012
[26] Klauenberg, K., Wübbeler, G., Elster, C.: About not correcting for systematic effects; Measurement Science Review 19 (2019) 5, p. 204–208
[27] Krystek, M.: Einfluss des Wellenfilters auf die Unsicherheit eines Messergebnisses bei Rauheitsmessungen. DIN-Tagung Geometrische Produktspezifikation und -prüfung. Beuth Verlag Berlin 1999
[28] Lotze, W.: Aufgabenspezifische Messunsicherheit von Koordinatenmessungen. VDI-Bericht 448, VDI-Verlag Düsseldorf 1982, S. 43-48
[29] Lotze, W.: Zahnradmessung mit Koordinatenmessgeräten. Grundlagen und Algorithmen für die 3D-Auswertung nach dem Flächenmodell. (Eigenverlag) Dresden 2005
[30] Measurement System Analysis (MSA). A.I.A.G. DaimlerChrysler Corporation, Ford Motor Company, General Motors Corporation 2010 (www.carvin.co.uk)
[31] Mikhail, E. M.: Observations and least squares. IEP-A Dun-Donnelley Publisher New York 1976
[32] Neumann, H. J.: Präzisionsmesstechnik in der Fertigung mit Koordinatenmessgeräten. expert verlag Renningen 2010
[33] Pressel, H.-G.: Genau messen mit Koordinatenmessgeräten. expert verlag Renningen 2003
[34] Pressel, H.-G.; Hageney, T.: Messunsicherheit von Prüfmerkmalen in der Koordinatenmesstechnik. expert verlag Renningen 2016
[35] PTB-Erklärung zur Behandlung systematischer Abweichungen bei der Berechnung der Messunsicherheit (Überarbeitete Fassung 2019-10-29). https://www.ptb.de/cms/fileadmin/internet/fachabteilungen/abteilung_8/8.4_mathematische_modellierung/8.42/PraktMU/GUM-systematischeAbweichungen.pdf
[36] Schlipf, M. u.a.: Heilsame Trennung. Separation der Messung in hochpräzisen Produktionsprozessen. QZ Qualität und Zuverlässigkeit, München 55 (2010) 10, S. 68-71
[37] VDA Band 5: Prüfprozesseignung. Verband der Automobilindustrie e.V. (VDA), Qualitätsmanagement-Center (QMC), Berlin 2011 (www.vda-qmc.de)
[38] Zurmühl, R.: Praktische Mathematik für Ingenieure und Physiker. Springer Verlag Berlin 1984
[39] DIN EN ISO 286-1: Geometrische Produktspezifikationen (GPS) – ISO-System für Längenmaße – Teil 1: Längenmaße. Beuth Verlag Berlin 2010
[40] DIN EN ISO 1101: Geometrische Produktspezifikationen (GPS) – Geometrische Tolerierung – Tolerierung von Form, Richtung, Ort und Lauf. Beuth Verlag Berlin 2017

[41] DIN 1319 Teil 4: Grundlagen der Messtechnik; Teil 4: Auswertung von Messungen; Messunsicherheit. Beuth Verlag Berlin 1999
[42] DIN EN ISO 3650: Geometrische Produktspezifikationen (GPS) – Längennormale – Parallelendmaße. Beuth Verlag Berlin 1999
[43] DIN EN ISO 5458: Geometrische Produktspezifikationen (GPS) – Geometrische Tolerierung – Elementgruppen und kombinierte geometrische Spezifikation. Beuth Verlag Berlin 2018
[44] DIN EN ISO 5459: Geometrische Produktspezifikationen (GPS) – Geometrische Tolerierung – Bezüge und Bezugssysteme. Beuth Verlag Berlin 2013
[45] DIN EN ISO 8015: Geometrische Produktspezifikationen (GPS) – Grundlagen – Konzepte, Prinzipien und Regeln. Beuth Verlag Berlin 2011
[46] DIN EN ISO 9001: Qualitätsmanagementsysteme; Anforderungen. Beuth Verlag Berlin 2015
[47] DIN EN ISO 10360-1: Geometrische Produktspezifikationen (GPS) – Annahmeprüfung und Bestätigungsprüfung für Koordinatenmessgeräte (KMG) – Teil 1: Begriffe. Beuth Verlag Berlin 2003
[48] DIN EN ISO 10360-2: Geometrische Produktspezifikationen (GPS) – Annahmeprüfung und Bestätigungsprüfung für Koordinatenmessgeräte (KMG) – Teil 2: KMG angewendet für Längenmessungen. Beuth Verlag Berlin 2010
[49] DIN EN ISO 10360-3: Geometrische Produktspezifikationen (GPS) – Annahmeprüfung und Bestätigungsprüfung für Koordinatenmessgeräte (KMG) – Teil 3: KMG mit der Achse eines Drehtisches als vierte Achse. Beuth Verlag Berlin 2000
[50] DIN EN ISO 10360-5: Geometrische Produktspezifikationen (GPS) – Annahmeprüfung und Bestätigungsprüfung für Koordinatenmessgeräte (KMG) – Teil 5: Prüfung der Antastabweichung von KMG mit berührendem Messkopfsystem. Beuth Verlag Berlin 2011
[51] DIN EN ISO 10360-7: Geometrische Produktspezifikationen (GPS) – Annahmeprüfung und Bestätigungsprüfung für Koordinatenmessgeräte (KMG) – Teil 7: KMG mit Bildverarbeitungssystemen. Beuth Verlag Berlin 2011
[52] DIN EN ISO 10360-9: Geometrische Produktspezifikationen (GPS) – Annahmeprüfung und Bestätigungsprüfung für Koordinatenmesssysteme (KMS) – Teil 9: KMG mit Multisensorik. Beuth Verlag Berlin 2014
[53] DIN EN ISO 10360-12: Geometrische Produktspezifikationen (GPS) – Annahme- und Bestätigungsprüfung für Koordinatenmesssysteme (KMS) – Gelenkarm-Koordinatenmessgeräte (KMG). Beuth Verlag Berlin 2018
[54] DIN ISO 13528: Statistische Verfahren für Eignungsprüfungen durch Ringversuche. Beuth Verlag Berlin 2009
[55] DIN EN ISO 14253-1: Geometrische Produktspezifikationen (GPS) – Prüfung von Werkstücken und Messgeräten durch Messungen – Teil 1: Entscheidungsregeln für die Feststellung von Konformität oder Nichtkonformität mit Spezifikationen. Beuth Verlag Berlin 2017
[56] DIN EN ISO 14405-1: Geometrische Produktspezifikationen (GPS) – Dimensionelle Tolerierung – Teil 1: Lineare Größenmaße. Beuth Verlag Berlin 2017
[57] DIN EN ISO 14660-1: Geometrische Produktspezifikationen (GPS) – Geometrieelemente – Teil 1: Grundbegriffe und Definitionen. Beuth Verlag Berlin 1999 (zurückgezogen, neu siehe ISO 17450-3)
[58] DIN EN ISO 15530-3: Geometrische Produktspezifikationen (GPS) – Verfahren zur Ermittlung der Messunsicherheit von Koordinatenmessgeräten (KMG) –

Teil 3: Anwendung von kalibrierten Werkstücken oder Normalen. Beuth Verlag Berlin 2012

[59] ISO/TS 15530-4: Geometrical product specifications (GPS) – Coordinate measuring machines (CMM): Technique for determining the uncertainty of measurement – Part 4: Evaluating task-specific measurement uncertainty using simulation. Beuth Verlag Berlin 2008

[60] DIN EN ISO 16610-21: Geometrische Produktspezifikation (GPS) – Filterung – Teil 21: Lineare Profilfilter: Gauß-Filter. Beuth Verlag Berlin 2013

[61] DIN EN ISO 16610-22: Geometrische Produktspezifikation (GPS) – Filterung – Teil 21: Lineare Profilfilter: Spline-Filter. Beuth Verlag Berlin 2015

[62] DIN EN ISO 17450-3: Geometrische Produktspezifikationen (GPS) – Grundlagen – Teil 3: Tolerierte Geometrieelemente. Beuth Verlag Berlin 2017

[63] JCGM 100: Evaluation of measurement data – Guide to the Expression of Uncertainty in Measurement (GUM). Bureau International des Poids et Mesures (BIPM), Sèvres 2008 (www.bipm.org)

[64] JCGM 101: Evaluation of measurement data – Supplement 1 to the "Guide to the Expression of Uncertainty in Measurement" – Propagation of distributions using a Monte Carlo Method. Bureau International des Poids et Mesures (BIPM), Sèvres 2008 (www.bipm.org)

[65] JCGM 102: Evaluation of measurement data – Supplement 2 to the "Guide to the expression of uncertainty in measurement" – Extension to any number of output quantities. Bureau International des Poids et Mesures (BIPM), Sèvres 2011 (www.bipm.org)

[66] VDI/VDE 2600-1: Prüfprozessmanagement – Identifizierung, Klassifizierung und Eignungsnachweise von Prüfprozessen. Beuth Verlag Berlin 2013

[67] VDI/VDE 2617 Blatt 4: Genauigkeit von Koordinatenmessgeräten; Kenngrößen und deren Prüfung; Leitfaden zur Anwendung von DIN EN ISO 10360-3 für Koordinatenmessgeräte mit zusätzlichen Drehachsen. Beuth Verlag Berlin 2006

[68] VDI/VDE 2617 Blatt 7: Genauigkeit von Koordinatenmessgeräten; Kenngrößen und deren Prüfung; Ermittlung der Unsicherheit von Messungen auf Koordinatenmessgeräten durch Simulation. Beuth Verlag Berlin 2008

[69] VDI/VDE 2617 Blatt 8: Genauigkeit von Koordinatenmessgeräten; Kenngrößen und deren Prüfung; Prüfprozesseignung von Messungen mit Koordinatenmessgeräten. Beuth Verlag Berlin 2018

[70] VDI/VDE 2617 Blatt 11: Genauigkeit von Koordinatenmessgeräten; Kenngrößen und deren Prüfung; Ermittlung der Unsicherheit von Messungen auf Koordinatenmessgeräten durch Messunsicherheitsbilanzen. Beuth Verlag Berlin 2011

[71] VDI/VDE 2617 Blatt 13 / VDI/VDE 2630 Blatt 1.3: Computertomografie in der dimensionellen Messtechnik – Leitfaden zur Anwendung von DIN EN ISO 10360 für Koordinatenmessgeräte mit CT-Sensoren. Beuth Verlag Berlin 2011

[72] VDI/VDE/DGQ 2618 Blatt 1.2: Anweisungen zur Überwachung von Messmitteln für geometrische Größen – Messunsicherheit. Beuth Verlag Berlin 2003

[73] VDI/VDE 2630 Blatt 2.1: Computertomografie in der dimensionellen Messtechnik – Bestimmung der Messunsicherheit und der Prüfprozesseigung von Koordinatenmessgeräten mit CT-Sensoren. Beuth Verlag Berlin 2015

[74] VDI/VDE 2634 Blatt 3: Optische 3D-Messsysteme – Bildgebende Systeme mit flächenhafter Antastung in mehreren Einzelansichten. Beuth Verlag Berlin 2008

Stichwortregister

Ähnlichkeitsbedingung 73
Angrenzendes Element 59-61, 65, 167-169
Anlagepunkt 60-61, 65-66, 167
Antastabweichung 16, 26, 49, 52, 55, 71, 73, 156, 158
Arcsin-Verteilung 8, 116
Ausdehnungskoeffizient 56-58, 155-156, 160-161
Ausgleichselement 9, 17-18, 49-51, 59, 61-62, 65, 71, 80-81, 147, 155, 162
Ausgleichsrechnung 7, 16-17, 36, 39, 52, 78, 110, 157-159

Beleuchtung 156-157, 159
Best-Einpassung 36-37
Betragsverteilung 10-11, 63-64, 165
Bezugssystem 36, 48, 65-66, 85, 89-92, 125, 127-130, 142
Bildverarbeitung 156

Computertomografie 169-170

Designmatrix 17, 19
Drehtisch 67-69
Dreieckverteilung 8, 10, 116
Durchstoßpunkt 65-66

Ebene 27-28, 60-61
Effektive Freiheitsgrade 9, 50, 80, 112-116
Einflussgröße 2, 48
Eingangsgröße 2, 7-10, 12, 51, 55-56, 70-71, 73, 78-82
Einmessen 26, 39, 48, 52-53, 156, 161
Entscheidungsregeln 15
Erweiterte Messunsicherheit 3, 5-6, 9, 11-12, 14-15, 70-71, 73, 75, 80-81, 116, 161, 168
Erweiterungsfaktor 5-6, 9-10, 12, 50, 71, 75, 80-81, 113-114, 116, 163

Fehlergrenze 2, 7, 16, 40, 42, 45-46, 55
Filterung 110, 155-156, 160, 163-164, 166-170
Flächenform 63-64, 108, 127, 151-152
Freiformfläche 152, 169
Freiheitsgrade 6, 9, 50, 80, 112-116, 163
Formabweichung 16, 39, 43-45, 49-51, 58, 61, 65, 69, 71, 73-78, 80, 108-113, 139, 147, 152-153, 155, 162, 166-167, 170
Fortpflanzungsgesetz 8-9, 33-34
Fourieranalyse siehe Harmonische Analyse

Gauß 16, 36-38, 59, 62, 73, 78, 110, 157-159, 163-164, 167-170
Gelenkarm-KMG 154-155
Genauigkeit 2-3
Geometrieabweichung 39-47, 55, 71-72, 81, 83, 153, 156, 158

Gewichtsmatrix 18, 20-21, 24, 27, 30, 32, 110
Gleichungssystem 17
Goldene Regel 13, 166
Grenzwert 2, 7, 8-10, 13-14, 16, 39-40, 42, 45-47, 50, 52-56, 66-69, 72, 80-81, 88, 109-110, 116, 152, 154-156, 158, 160, 162, 166, 168

Harmonische Analyse 164-165, 167, 169-170
Hüllkreis 59, 167-168, 170

Kalibrieren 2, 12
Kalibriertes Werkstück 14, 70, 74-78, 110, 154-155, 158, 160-161, 169
Kalibrierschein 2, 71, 73, 81
Kegel 31-35, 72
Kegelwinkel 148
Koaxialität 11, 46, 62-64, 69, 72, 78, 80, 82, 99-101
Koaxialität zur gemeinsamen Achse 101-104, 143-145
Koeffizientenmatrix 17, 19-21, 24, 27, 29, 31-32
Konformität 15
Konzentrizität 46
Koordinatenmesssystem 154-155
Korrektur 7, 11, 40, 55-56, 58, 63, 67, 74-75, 77, 80, 156, 161, 169
Korrelation 18, 22, 110
Kovarianz 18-19, 22, 34,110
Kovarianzmatrix 18, 34,110
Kreis 18-23, 35, 44, 50, 59-60, 83-84, 111-114, 115-117, 162-164, 167-170
Kritischer Wert 162-165
Kugel 24-26, 35, 52, 81, 83
Kugelnormal 48, 52, 54, 71, 81, 156, 158, 161

Lageabweichung 10, 42, 45, 48, 54, 56, 58, 62, 77-78
Lagetoleranz 78
Längenmessabweichung 12, 16, 39-47, 50, 52-56, 72, 80-83, 88, 110, 115, 154-156, 158, 160, 162
Linienform...63, 152
Lochmuster 36-38, 127

Matrix der Normalgleichungen 17-18
Mehrfachtaster-Ortsabweichung 53-54, 86, 96, 99, 103, 106, 120-121, 126, 134-135, 139-140, 143-144, 147
Meisterteil 70
Messabweichung 2, 9, 11-12, 14, 18, 22, 33-35, 39, 54, 56-57, 65, 67, 77, 157, 159, 161-163, 165-166
Messen 2-3, 5
Messergebnis 1-4, 6, 11, 15-17, 49, 62-63, 72, 75, 77-78, 82, 108, 147, 151, 156-157, 159
Messgröße 2-12, 16, 18, 33, 36, 48, 59, 69, 71, 78, 81, 110, 115-116, 161, 165-167, 169
Messobjekt 3, 13, 16, 45, 48, 98, 155-159, 161, 166
Messprozess 3, 13-14, 39, 70, 74, 80

Messprozesseignung 3, 11, 13, 39, 63, 78, 80, 94, 161, 166, 168
Messunsicherheit 1-4, 6-7, 9, 11-17, 48, 51, 56, 59, 61-63, 65, 69-81, 83, 85, 88, 94, 96, 101, 103-104, 106, 110-118, 123, 151, 154-161, 166-170
Methode A 7, 50-52, 69, 80, 113-114, 116
Methode B 7, 49, 51, 80, 111-114, 116
Minimax-Bedingung 37-38
Minmax-Maß 60, 170
Mittleres Element 59, 110
Modell, mathematisches 2, 7, 10-11, 17, 48, 70, 73, 81, 89, 115, 153, 165-166, 168-169
Multisensor-KMG 158-160

Neigung 41, 46, 105-107
Neigungswinkel (Kegel) 31-35, 72, 107, 148-149
Normalverteilung 4, 6, 8-11, 39, 45, 54-55, 63-64, 81, 165
Nullebene 65-66, 85-87, 89-90, 94-96

Ortsabweichung 66, 69, 78
Ortstoleranz 62-63, 78

Parallelität 42, 44, 46-47, 72, 105, 149
Position 11, 36-39, 46, 56, 58, 62-64, 69, 74, 78-80, 82, 85, 88-89, 92-94, 115, 124-132
Präzision 2-3
Profil, mittleres 111, 162-165, 167-170
Prozesseigenstreuung 13-14
Prozessgesamtstreuung 13-14
Prüfen 3
Prüfmittel 3, 58
Prüfmittelfähigkeit 3, 13
Prüfprozess 1, 13
Prüfprozesseignung siehe Messprozesseignung
Pulver 156

Rechteckverteilung 8, 10, 68, 108, 116, 151
Rechtwinkligkeit 40-41, 44-47, 55, 65-66, 72, 105, 107, 149, 153-154
Restabweichung 32, 67, 163-168, 170
Richtigkeit 2-3
Rotation 42-43, 45-46, 55, 155, 161
Rotation (Taster) 52-54
Rundheit 44, 46, 60, 108-109, 151-153, 163,169-170

Scanning 71, 110
Sensitivitätskoeffizient 8-9, 45-46, 101, 105, 115, 158, 160
Simulation 1, 10, 37-38, 70-73, 78, 161
Spannweite 4, 54, 167
Standardabweichung 3-7, 9-10, 14, 18, 20-22, 24, 26-28, 30, 32, 34-35, 49-52, 61, 69, 72, 74-75, 80-81, 108, 111-116, 155-156, 158, 160, 162-1700
Standardabweichung, minimale 51, 61, 80-81, 105, 108, 111, 151, 155, 158, 160

Standardunsicherheit 3-5, 7-9, 12, 18, 20-28, 30, 32-38, 49-52, 56, 60, 71, 74-75, 83, 110, 115-116, 157, 159, 161, 167-168
Standardunsicherheit der Messgröße 8, 12, 110, 115-116, 161
Studentverteilung siehe t-Verteilung
Symmetrie 46, 62-63, 69, 78-80, 82, 88-98, 127, 133-137
Systematische Abweichung 8, 12, 14, 50-51, 56, 61, 74-75, 77, 114, 157, 159, 161-166, 168-170

Taster 24-26, 35, 39, 48, 50, 52-54, 71, 74, 78-79, 81, 108-110, 115-116, 127, 151-152, 154-156, 160-161
Tasterbiegung 52, 78, 108-109, 151-152
Temperatur 8, 12, 16, 39-40, 48, 55-58, 70, 74-75, 77, 79-80, 82, 98, 110-111, 115, 155, 158, 169
Temperaturausgleich 58
Temperaturkorrektur 56, 58, 74, 80, 88, 94
Temperaturmessung 58, 80
Testwert 162-164, 168
Toleranz 3, 11, 13-14, 39, 46, 59, 62-64, 78, 80, 85, 89, 94, 101, 127-128, 166, 168
Toleranzzone 11, 62-64, 78
Tschebyschew 37-38
t-Verteilung 6, 9, 116, 163

Umgebung 3, 13, 16, 71, 74-75
Unabhängigkeit 8-10, 12, 18, 20-24, 26-28, 30, 32-36, 49-52, 57
U-Verteilung siehe Arcsin-Verteilung

Varianz 18-19, 22, 162
Verteilung 4-11, 25, 54, 56, 63-64, 68, 70-71, 73, 80, 108-109, 115-116, 151, 163, 165
Verteilungsfaktor 7-9, 116
Verteilungsform 7-8, 56, 80, 115-116
Vertrauensbereich 15
Vierachsenabweichung (Drehtisch) 67-69
Virtuelles KMG 70-73, 110, 161
Vorzeichentest 162

Wahrscheinlichkeitsdichteverteilung 2, 4, 7-10, 70, 73
Werkstückoberfläche 48-51, 75-76, 101, 111
Wiederholungsmessung 3, 7, 49-52, 69-71, 74-77, 80, 111, 113-114, 116, 154, 155, 160
Winkel 27-38, 41-43, 45-46, 53, 61, 64-69, 72, 78-79, 89, 98, 105-106, 127, 148-150, 168

Zufallshöchstwert 165
Zweipunktmaß 59-61, 170
Zylinder 29-30, 35, 60-62, 66, 72, 108-109, 147, 151-153
Zylinderform 44, 46, 108-109, 151-153